W0255480

Thomas W. Zängler · Mobilitätsverhalten in Alltag und Freizeit

Reihenherausgeber: ifmo-Institut für Mobilitätsforschung

Springer-Verlag Berlin Heidelberg GmbH

ifmo
Institut für Mobilitätsforschung (Hrsg.)
Eine Forschungseinrichtung der BMW Group

Thomas W. Zängler

Mikroanalyse des Mobilitätsverhaltens in Alltag und Freizeit

Mit 29 Abbildungen und 247 Tabellen

Springer

Herausgeber
Institut für Mobilitätsforschung
Eine Forschungseinrichtung der BMW Group
Charlottenstraße 43
10117 Berlin
www.ifmo.de

Autor
Dr. Thomas W. Zängler
Zennerstraße 13
81379 München

ISBN 978-3-642-63062-0 ISBN 978-3-642-57175-6 (eBook)
DOI 10.1007/978-3-642-57175-6

Die Deutsche Bibliothek – CIP-Einheitsaufnahme

Zängler, Thomas: Mikroanalyse des Mobilitätsverhaltens in Alltag und Freizeit / Thomas Zängler. Hrsg.: Ifmo, Institut für Mobilitätsforschung. - Berlin ; Heidelberg ; New York ; Barcelona ; Hongkong ; London ; Mailand ; Paris ; Singapur ; Tokio : Springer, 2000
(Mobilitätsverhalten in der Freizeit)

Ursprünglich erschienen bei Springer-Verlag Berlin Heidelberg New York 2000
Softcover reprint of the hardcover 1st edition 2000

Umschlaggestaltung: de'blik, Berlin
Satz: MEDIO, Berlin

Gedruckt auf säurefreiem Papier SPIN: 10746137 68/3020 M – 5 4 3 2 1 0 –

Geleitwort

Das Institut für Mobilitätsforschung hat es sich zur Aufgabe gemacht, Forschungsarbeiten zu solchen Themen zu initiieren und zu fördern, die dazu beitragen können, wichtige Aspekte der physischen Mobilität zu erklären bzw. mitzugestalten.

Das Mobilitätsverhalten privater Haushalte ist ein solches Thema. Obwohl die Alltags- und Freizeitmobilität immer mehr an Bedeutung gewinnt, besteht weiterhin ein hoher Forschungsbedarf. Bisher wurde dieser Anteil der täglichen Mobilität meist als Residualgröße für viele nicht klar definierte Mobilitätsformen und -zwecke behandelt. In einer Zeit, in der regelmäßig die negativen Auswirkungen des Verkehrs thematisiert werden, wird auch immer wieder über Möglichkeiten der Verkehrsvermeidung und -verlagerung gesprochen. Ob und inwieweit Anteile der Alltags- und Freizeitmobilität hierfür zur Verfügung stehen, konnte bisher nicht eindeutig geklärt werden.

Eine möglichst genaue Kenntnis der Rahmenbedingungen ist aber gerade auf dem komplexen Gebiet der Mobilitätsforschung Voraussetzung, um über problemadäquate Lösungen diskutieren und entscheiden zu können. Zu oft werden Auseinandersetzungen auf Basis unvollständiger Daten, persönlicher Wahrnehmungen oder ideologischer Positionen geführt, was zwangsläufig die Qualität von Empfehlungen und Entscheidungen beeinflusst.

Mit der Veröffentlichung der Untersuchung von Thomas W. Zängler will das Institut für Mobilitätsforschung einen Beitrag leisten, um einen wichtigen Bereich der individuellen Mobilität transparenter zu machen und damit die Diskussion zu diesem Thema auf eine neue sachliche Grundlage zu stellen. Wesentliche Basis der vorliegenden Untersuchung ist eine Erhebung, die von einer unabhängigen Einrichtung, der Infratest Burke Wirtschaftsforschung GmbH, durchgeführt wurde.

Naturgemäß ist die Darstellung der Ergebnisse einer Erhebung von mehr als 1300 Haushalten nicht ohne ausführliche Statistiken möglich, was manchmal die Gefahr einer etwas trockenen Wissenschaftlichkeit birgt. Dennoch muss gerade die nüchterne Beschreibung der Ausgangssituation die Basis sein für die sich anschließende Interpretationen des Verfassers – aber eben auch des interessierten Lesers.

Wir hoffen, dass die vorliegende Arbeit eine entsprechende Würdigung in der Fachöffentlichkeit findet und zu vielen Diskussionen zwischen den unterschiedlichsten Interessengruppen anregt.

Berlin, im Juli 2000

Prof. Dr. Hans-Jürgen Ewers
Präsident der Technischen Universität Berlin
Vorsitzender des Kuratoriums
des Instituts für Mobilitätsforschung

Dr. Walter Hell
Leiter des Instituts
für Mobilitätsforschung

Vorwort

Menschen leben in Haushalten und werden durch die Spannung zwischen ihren Bedürfnissen und den knappen Mitteln, die ihnen zur Verfügung stehen, ständig zu wirtschaftlichen Handlungen angetrieben. Die Handlungen können zu Hause oder außer Haus stattfinden. Sofern sie außerhäuslich sind, müssen die entsprechenden Personen mobil sein. Sie verwenden dabei Verkehrsmittel und erzeugen Verkehr. Während nun Mobilität fraglos als unveräußerliches Recht freier Menschen angesehen wird, ist der daraus resultierende Verkehr in den vergangenen Jahren immer mehr zu einem fragwürdigen Phänomen unseres Lebens geworden. Dies ist vorrangig auf die Gefahren und Gefährdungen zurückzuführen, die der Verkehr für unser Leben und unsere Umwelt birgt.

Verschiedene Wissenschaften haben sich deshalb mit dem Problem befasst, wie bei Erhaltung der Mobilität der Menschen die negativen Wirkungen reduziert werden können. Auch die Sozialökonomik des Haushalts hat sich dieser Frage zugewandt. Private Haushalte sind wegen ihrer außerhäuslichen Handlungen bedeutende Verursacher von Verkehr. Die Modifizierung des Mobilitätsverhaltens stellt eine Möglichkeit zur Lösung der genannten Probleme dar. Sie setzt aber voraus, dass man versteht, wie das Mobilitätsverhalten im jeweiligen Haushaltskontext zustande kommt. Die vorliegende Arbeit leistet aus der Sicht der privaten Haushalte einen Beitrag zum besseren Verständnis ihrer Mobilität und des daraus resultierenden Verkehrs.

Freising-Weihenstephan, im Juli 2000

Prof. Dr. Georg Karg, Ph.D.
Institut für Sozialökonomik des Haushalts
Wissenschaftszentrum Weihenstephan
Technische Universität München

Danksagung

An dieser Stelle gilt es, einer Reihe von Personen und Institutionen meinen Dank für ihre Mithilfe und Unterstützung dieser Arbeit auszusprechen.

In besonderer Weise möchte ich mich bei meinem akademischen Lehrer an der Technischen Universität München, Herrn Professor *Georg Karg* bedanken. Die intensive methodische Betreuung und die inhaltliche Freiheit, über das eigene Fachgebiet hinauszudenken sind mir sehr wertvoll geworden. Die intensive Diskussion um die Verwendung von Begriffen hat mir die große Bedeutung der Sprache in der Wissenschaft verdeutlicht. Herrn Professor *Dieter Witt* und Herrn Professor *Hartmut Keller* danke ich für die Tätigkeit als Gutachter dieser Arbeit, Herrn Professor *Günther Wolfram* für die Übernahme des Prüfungsvorsitzes. Frau Professor *Claudia Czado* danke ich für die Ermutigungen im methodisch-statistischen Bereich dieser Arbeit. Frau Professor *Sigrid Weggemann*, Frau Dr. *Waltraud Kustermann* und Herrn Professor *Joachim Ziche* bin ich zu Dank für ihre Unterstützung im Vorfeld dieser Arbeit verpflichtet. Frau Dr. *Andrea Schulze* danke ich für das Job-Sharing in der Arbeitsgruppe Mobilität im letzten Jahr dieser Arbeit und die Unterstützung in der Endphase. Meinen beiden Kolleginnen in der Arbeitsgruppe, Frau Dipl.oec.troph. *Anja Hensel* und Frau Dipl.oec.troph. *Sandra Kohler*, danke ich für die spannende und interessante Arbeit im Team. Allen wissenschaftlichen und nichtwissenschaftlichen Mitarbeitern des Instituts für Sozialökonomik des Haushalts, besonders Frau *Berta Schulz*, danke ich für die angenehme Arbeitsatmosphäre und die konstruktiven Diskussionen, Herrn Dr. *Kurt Gedrich* für die Hilfe in EDV-Problemen. Frau cand.oec.troph. *Isabelle Preissler* danke ich für die umfangreichen Arbeiten am Manuskript.

Der BMW AG danke ich für die Vergabe des Themas und die finanzielle Unterstützung für die Durchführung dieser Arbeit. Besonders danken möchte ich Herrn Dipl.-Ing. *Detlef Frank* (Leiter Wissenschaft und Forschung), Herrn Dipl.-Ing. *Lutz J. Janssen* und Herrn Dipl. Kfm. *Hans-Christian Wagner* für das Interesse und die Bereitschaft, eine verkehrswissenschaftliche Fragestellung von einem Haushaltswissenschaftler bearbeiten zu lassen. Herrn Dipl.-Ing. *Christoph Huß* (Beauftragter des Vorstands für Verkehr und Umwelt) danke ich für die Unterstützung und die Einbindung in die Abteilung Verkehr und Umwelt. Den Mitarbeitern der Abteilung, besonders den Herren Dipl.-Ing. *Joachim*

Sumpf und Dipl.-Wirtschaftsing. *Stephan Bujnoch* danke ich für die inhaltlichen Diskussionen, die zahlreichen Anregungen und die Ermutigung zum „Querdenken".

Den Mitarbeitern der Infratest Burke Wirschaftsforschung GmbH danke ich für die freundliche Aufnahme und die gute Zusammenarbeit bei der Vorbereitung und während der Durchführung der Feldphase von Mobilität '97. Namentlich möchte ich mich bei Frau *Ruth Wagner*, Frau *Ingrid Näßl*, Herrn Dipl. Kfm. *Robert Schröder*, Herrn Dipl.-Math. *Günther Steinacker* und Herrn Dr. *Stephan Tregel* für das Einbringen ihrer fachlichen Expertise bedanken. Dank gilt zudem den beiden Praktikantinnen Frau cand.oec.troph. *Kerstin Bauer* und Frau cand.oec.troph. *Dorothee Martin* für die ausdauernden und gewissenhaften Codier- und Editierarbeiten.

Den MitarbeiterInnen der Fotosatz Blum GmbH, München, und der Firma MAFO-Service G. Götze, Dachau, gilt mein Dank für das geduldige Feilen am Layout der Erhebungsunterlagen (Fasching 1997) bzw. die problemlose Zusammenarbeit bei der Datenerfassung (Jahreswechsel 1997/1998).

Dem Institut für Mobilitätsforschung, Berlin, namentlich Herrn Dr. *Walter Hell* und Herrn Dr. *Franz Steinkohl*, danke ich für das Interesse an dieser Arbeit, die fachlichen Anregungen und die Bereitschaft zur Veröffentlichung der Arbeit in der Schriftenreihe des Instituts.

Ohne die Begleitung meiner Familie und meiner Freunde durch die Höhen und Tiefen der zurückliegenden Zeit wäre diese Arbeit nicht möglich gewesen.

Freising-Weihenstephan, Dezember 1999 Thomas W. Zängler

Prolog

diese arbeit möchte ich widmen

meinen eltern
(geb. 1926 und 1931)
und deren generation
in der nach dunklen zeiten *mobilität*
zum gefühl einer neuen lebensqualität wurde

claudia
(geb. 1968)
und unserer generation
in der die grenzen des verkehrswachstums
zum problem für die *mobilität*
geworden sind

tobias
(geb. 1999)
und seiner generation
in der die neugestaltung von *mobilität*
thema sein wird

* * *

mich interessiert weniger
wie sich menschen bewegen
als was sie bewegt

Pina Bausch, Choreographin
Tanztheater Wuppertal

Inhaltsverzeichnis

Verzeichnis der Abbildungen

Verzeichns der Tabellen im Text

Verzeichnis der Tabellen im Anhang

Verzeichnis der Abkürzungen

BAfSt	Bundesamt für Statistik (Schweiz)
BFALuR	Bundesforschungsanstalt für Landeskunde und Raumordnung
BIK	BIK Aschpurwis und Partner GmbH; erstellen die BIK-Gemeindetypen
Bj.	Baujahr
BMBF	Bundesministerium für Bildung, Wissenschaft, Forschung und Technologie; seit 1998: Bundesministerium für Bildung und Forschung
BMFuS	Bundesministerium für Familie, Senioren, Frauen und Jugend
BMV	Bundesministerium für Verkehr; seit 1998: Bundesministerium für Verkehr, Bau- und Wohnungswesen
BUND	Bund für Umwelt und Naturschutz Deutschland
DVWG	Deutsche Verkehrswissenschaftliche Gesellschaft
EKD	Evangelische Kirche in Deutschland
Erw.	Erwachsene
FGSV	Forschungsgesellschaft für Straßen- und Verkehrswesen
HH	Privater Haushalt
IDK	Iso-Distanz-Kurve
IDW	Institut der Deutschen Wirtschaft
ITMS	Infratest-Telefonhaushalts-Master-Sample
IV	Individualverkehr
J.	Jahr
k.A.	Keine Angabe
KONTIV	Kontinuierliche Erhebung zum Verkehrsverhalten
LKW	Lastkraftwagen
mIV	Motorisierter Individualverkehr
N.N.	Nomen nominandum
NRW	Nordrhein-Westfalen
n.z.	Nicht zutreffend
nIV	Nichtmotorisierter Individualverkehr
ÖPNV	Öffentlicher Personennahverkehr
ÖV	Öffentlicher Verkehr

P+R	Park and Ride
PKW	Personenkraftwagen
s	Streckenlänge
sd	Standardabweichung
SMM	Sozialökonomisches Modell des Mobilitätsverhaltens
SPSS	Statistical Product and Service Solutions (ehemals: Statistical Package for the Social Sciences)
StBA	Statistisches Bundesamt (Bundesrepublik Deutschland)
t	Zeit
VDA	Verband der Automobilindustrie
VDV	Verband Deutscher Verkehrsunternehmen

1 Einführung

1.1 Problemstellung

Mobilität als Teil der menschlichen Kultur

Infrastruktur und Fahrzeugtechnik gehören spätestens seit der Antike zu den kulturellen Gütern der Menschheit. In modernen, arbeitsteiligen Gesellschaften sind viele Handlungen mit Ortsveränderungen von Personen und Gütern verbunden. Verkehrsmittel ermöglichen heute die Überwindung von großen räumlichen Distanzen in angemessener Zeit. Dadurch ergeben sich neue Formen der Lebensgestaltung in beruflicher und privater Hinsicht. Die mobile Gesellschaft ist damit längst zur Realität geworden.

Verkehr als unerwünschte Nebenwirkung

Die Nutzung von Verkehrsmitteln hat jedoch auch unerwünschte Nebenwirkungen. Diese zeigen sich in Emissionen, Staus, überfüllten Zügen und überlasteten Flughäfen. Wachsender Stress und steigender Zeitaufwand für den einzelnen Verkehrsteilnehmer sowie die zunehmende Belastung von natürlichen Ressourcen sind Erscheinungsbilder einer hoch mobilen Gesellschaft. Mobilität und Verkehr werden immer mehr zu Beispielen für einen Konflikt zwischen Kultur und Natur.

Im Personenverkehr spielt der Anteil die wichtigste Rolle, den private Haushalte direkt mit ihren Handlungen verursachen. Nach Abzug von Fahrten mit dienstlichem bzw. geschäftlichem Zweck sind 88% der Verkehrsleistung des Personenverkehrs in der Bundesrepublik Deutschland auf die Mobilität im sozialen und ökonomischen Kontext der privaten Haushalte zurückzuführen.

Die privaten Haushalte als «die» Verursacher

In über 48 Mrd. Fahrten mit motorisierten Verkehrsmitteln legten die privaten Haushalte im Jahr 1997 mehr als 800 Mrd. Personenkilometer zurück (geschätzt nach BMV, 1997, S. 221; vgl. Zängler und Karg, 1997, S. 202ff.). Die Analyse der verkehrlichen Mobilität privater Haushalte ist daher von großer Bedeutung.

Die amtliche Verkehrsstatistik des Kraftfahrt-Bundesamtes, das Datenwerk des Bundesverkehrsministeriums «Verkehr in Zahlen» und die KONTIV-Erhebungen (z.B. EMNID, o.J.) lassen zudem keine Aussagen über die Zusammensetzung des Freizeitverkehrs zu. Das BMV definiert diesen Bereich des Personenverkehrs wie folgt:

Statistische Graubereiche: Freizeit und Versorgung

«Im Freizeitverkehr sind alle übrigen Fahrten und Wege erfasst, die nicht den anderen definierten fünf Fahrt- bzw. Wegzwecken zuzuordnen sind (...)». Diese Zwecke sind Beruf, Ausbildung, Dienstlich/Geschäftlich, Einkauf und Urlaub (BMV, 1998, S. 209). Nimmt man an, dass auch dem Einkaufsverkehr viele heterogene Aktivitäten pauschal zugeordnet werden, ergeben die nicht genau definierten Fahrt- bzw. Wegezwecke einen Graubereich von über 50% der Personenverkehrsleistung (vgl. BMV, 1998, S. 221).

Eine Diskussion von Vermeidungs- bzw. Verlagerungspotentialen im Personenverkehr aus hochaggregierten Daten und ohne ausreichende Kenntnisse der damit verbundenen Aktivitäten kann zu einer Fehleinschätzung insbesondere für den Graubereich Freizeitverkehr führen. In der (verkehrs-)politischen Diskussion werden Freizeit und Freizeitmobilität häufig mit stark hedonistischen Beweggründen in Verbindung gebracht. Es wird dabei eine für die Gesellschaft wichtige Komponente nicht berücksichtigt. Die sozialen Beziehungen und die resultierenden sozialen Kontakte als Gründe für Ortsveränderungen werden vernachlässigt. Einige Autoren berücksichtigen die soziale Interaktion sehr wohl, erzielen jedoch noch keine quantitativen Aussagen zur Freizeitmobilität (z.B. Hautzinger, 1994; Fuhrer, 1993).

Verkehrs- und Haushaltswissenschaften können sich ergänzen

Betrachtet man die Disziplinen, die sich mit dem privaten Personenverkehr und privaten Haushalten befassen, wird folgendes Dilemma offenkundig. Die Verkehrswissenschaft untersucht vorrangig den privaten Personenverkehr und nachrangig seine Beziehung mit dem privaten Haushalt. Herkömmliche Erhebungen zum Verkehrsverhalten haben den privaten Haushalt zwar zum Gegenstand, betrachten seine Innenstruktur aber weitgehend als Black Box.

Die Haushaltswissenschaft betrachtet vorrangig den privaten Haushalt, nachrangig seine Verflechtung mit dem privaten Personenverkehr. Dabei zeigen die Ergebnisse der Zeitbudgeterhebung 1991/92 (StBA, 1995a, S. 30) und der Einkommens- und Verbrauchsstichprobe 1993 (StBA, 1997, S. 35ff.), dass Mobilität für die Führung eines privaten Haushalts in der zeitlichen und geldlichen Dimension eine ähnliche Bedeutung hat wie Ernährung[1]. Damit empfiehlt sich Mobilität als Gegenstand für die Haushaltsökonomik und das Konsumentenverhalten.

Forschungsbedarf

Herkömmliche Erhebungen stehen in der Kritik, kurze Wege (sog. Fein- oder Mikromobilität) und Servicewege quantitativ zu wenig genau zu erfassen (Waschke, 1988, S. 36; Häberli und Greuter, 1996, S. 20ff.). Außerdem wurden subjektive Einschätzungen der Verkehrsteilnehmer zu ihren Aktivitäten und zur Verkehrsmittelwahl bisher nicht quantitativ auf der Ebene einzelner Wege erfasst.

Die Ausschreibungen des Bundesministeriums für Bildung und Forschung[2] (z.B. BMBF, 1997 und 1999; Hautzinger et al., 1997) zum Themenfeld «Mobilität und Verkehr besser verstehen» insbesondere in Bezug auf die Freizeit zeigen, dass auf diesem Gebiet auch weiterhin ein erheblicher Forschungsbedarf gesehen wird.

1.2 Zielsetzung

Erhebung und Analyse differenzierter Daten

Ziel dieser Arbeit ist es, auf der Grundlage eines haushaltswissenschaftlichen Modells empirische Daten zum messbaren Mobilitätsverhalten zu erheben, die anschließend eine differenzierte Analyse der Mobilität pri-

1 Ernährungsökonomik und -verhalten gehören zu den klassischen Gegenständen der Haushaltswissenschaft. Für Mobilität und Ernährung werden jeweils rund ein Fünftel des Privaten Verbrauchs bzw. nahezu 1,5 Stunden pro Tag und Person verwendet.

2 Es wird die aktuelle Bezeichnung des Ministeriums verwendet.

vater Haushalte nach Art, Umfang und Zweck der Ortsveränderungen ermöglichen.

Die Analyse soll ein differenziertes Bild ergeben von der Integration von Mobilität in den Alltag der Menschen (auch der Feinmobilität), von der Mobilität, die bisher pauschal der «Freizeitmobilität» zugeordnet wurde, von Bestimmungsgründen, die das Mobilitätsverhalten beeinflussen und von den Möglichkeiten und Grenzen einer Vermeidung bzw. Verlagerung im privaten Personenverkehr bei gegebenen Rahmenbedingungen.

Ergebnisse der bisherigen Forschung (z.B. der KONTIV-Erhebung) sollen mit den erzielten verglichen werden.

Mobilität aus der Sicht der Haushaltswissenschaft

Insgesamt sollen die Ergebnisse einen Beitrag der Haushaltswissenschaft zum besseren Verständnis der Gründe und Hintergründe des Personenverkehrs darstellen und zu einer interdisziplinären Vorgehensweise innerhalb der Verkehrswissenschaft beitragen. Der vorliegende Ansatz soll damit einen Beitrag zur Schließung der Lücke zwischen Haushalts- und Verkehrswissenschaft leisten.

1.3 Aufbau der Arbeit

Die vorliegende Arbeit gliedert sich in einen theoretischen und einen empirischen Teil. Im theoretischen Teil werden in Kap. 2 zunächst die wissenschaftliche und gesellschaftspolitische Ausgangslage dargestellt.

Theorie: Grundlagen und Modell

In Kap. 3 wird, ausgehend von grundlegenden Definitionen sowie allgemeinen Überlegungen zur Mobilität und zum privaten Haushalt, ein Sozialökonomische Modell des Mobilitätsverhaltens (SMM) entwickelt. Das Modell wird darin verbal und mathematisch formuliert.

Empirie: «Mobilität '97»

Der empirische Teil der Arbeit beginnt in Kap. 4 mit der Übertragung der theoretischen Grundlagen des Modells auf die Erhebung Mobilität '97. Die Erhebungsmethodik wird darin vorgestellt.

In Kap. 5 werden Ergebnisse der Datenanalyse zur Beschreibung und Erklärung des Mobilitätsverhaltens vorgestellt und Ansatzpunkte für Verkehrsvermeidung und

Verkehrsverlagerung aus der Sicht der privaten Haushalte erörtert.

In Kap. 6 werden das Modell, die Erhebungsmethode und die Ergebnisse diskutiert. Kapitel 7 fasst wichtige Gedanken und Ergebnisse dieser Arbeit nochmals zusammen und gibt einen Ausblick auf mögliche Ansatzpunkte für künftige Arbeiten zum besseren Verständnis von Mobilität und Verkehr.

Sprache: Gebrauch der Begriffe

Am Ende der Arbeit befindet sich ein Glossar, das die in dieser Arbeit verwendeten Begriffe definiert, da in interdisziplinären Untersuchungsgebieten der Verkehrs- bzw. der Haushaltswissenschaft viele Begriffe nicht einheitlich verwendet werden.

A
Theoretischer Teil

2 Grundlagen

Entsprechend der Zielsetzung dieser Arbeit sind Grundlagen zu erörtern, auf denen der vorliegende Ansatz aufbaut. Da das alltägliche Mobilitätsverhalten unter besonderer Berücksichtigung der Freizeitmobilität analysiert werden soll, sind folgende Grundlagen von Bedeutung:

- Haushalts- und verhaltenswissenschaftliche Grundlagen,
- bisher angewandte verkehrswissenschaftliche Ansätze,
- Arbeiten zur differenzierten Behandlung von Mobilität in Alltag und Freizeit,
- Ansätze zur Verkehrsvermeidung und -verlagerung.

2.1 Ansätze der Haushaltswissenschaft und der Verhaltenswissenschaften

Mobilität als Phänomen des Konsumentenverhaltens

Das Mobilitätsverhalten kann als Teil des Konsumentenverhaltens betrachtet werden. Dabei spielen neben den ökonomischen Rahmenbedingungen v.a. soziale und psychische Bestimmungsgründe eine Rolle.

Modelle zum Verständnis und zur Systematisierung sozialökonomischer Handlungen von privaten Haushalten geben Tschammer-Osten (1979), v. Schweitzer (1983) sowie Karg und Lehmann (1991).

Bedeutende Beiträge zum Verständnis dessen, was im Menschen vorgeht, bevor sich ein beobachtbares Verhalten manifestiert, liefern beispielsweise Maslow (1977), Heckhausen (1980), Scitovsky (1989) und Kroeber-Riel (1992). Aus den Arbeiten lässt sich ableiten, dass auch für das Verständnis von Mobilitätsverhalten Erkenntnisse der Motivationspsychologie einen wichtigen Beitrag liefern können. Besonders zur Erklärung des Verkehrsmittelwahlverhaltens werden solche Ansätze gewählt. Beispiele hierfür sind die Arbeiten von Held (1980), Bamberg und Schmidt (1994) und Gorr (1997).

Eine zentrale Bedeutung kommt den Motiven (Bedürfnissen) der Personen zu. Zusammen mit individuellen Prädispositionen (Einstellungen) bilden sie eine wichtige Grundlage für die Erklärung von Verhalten. Allerdings stellt sich die umfassenden Hintergründe menschlichen Verhaltens als Black Box dar. Gerade die Wirkung von gemessenen Einstellungen auf eine Verhaltensintention und damit indirekt auf das tatsächliche Verhalten ist nicht ausreichend bewiesen (Diekmann und Peisendörfer, 1992; Gorr, 1997, S. 22). Der umgekehrte Einfluss des Verhaltens auf die Einstellungen bleibt oftmals unberücksichtigt, eine zeitliche Konstanz der Einstellung wird vorausgesetzt, ist jedoch nicht grundsätzlich gegeben (Kroeber-Riel, 1992, S. 166ff.).

Die Verkehrswissenschaft braucht zunehmend auch nicht-technisches Know-How

Eine interdisziplinäre Vorgehensweise unter vermehrter Berücksichtigung sozialwissenschaftlicher Disziplinen wird bei der Komplexität des Mobilitätsverhaltens immer wieder gefordert. Eine Übersicht über Hintergründe des Mobilitätsverhaltens aus umweltpsychologischer Sicht bieten Beiträge in Flade (1994). Eine vergleichende Untersuchung des Mobilitätsverhaltens wurde in Freiburg und Schwerin durchgeführt. Darin wurden verhaltensähnliche Gruppen identifiziert (Götz et al., 1997). Eine außergewöhnliche Vorgehensweise findet sich bei Dietiker und Regli (1998). Das Mobilitätsverhalten von nur sechs Probanden wird anhand von Mobilitätsprotokollen in Einzelgesprächen von Wissenschaftlern unterschiedlicher Disziplinen (z.B. Soziologie, Psychologie, Ethologie, Ethnologie, Philosophie, Verkehrsplanung) mit den Probanden aus dem jeweiligen Blickwinkel analysiert. Heine (1998) sieht in der Etablierung einer Mobilitätspsychologie Chancen zur Veränderung des Mobilitätsverhaltens.

Für den im Wesentlichen quantitativen Ansatz dieser Arbeit werden auf der Grundlage der genannten verhaltenswissenschaftlichen Erkenntnisse menschliche Bedürfnisse als die Motive von Mobilität gesehen. Im Fokus stehen das tatsächliche messbare Mobilitätsverhalten von Personen und subjektive Bewertungen ihres Handelns.

Wenn sich menschliches Handeln grundsätzlich auf der Grundlage von Bedürfnissen und Rahmenbedingungen manifestiert, kann eine differenzierte Analyse des Verhaltens Rückschlüsse auf die Bedürfnisse und Einstellungen zulassen.

Im Mittelpunkt: Der Mensch

2.2 Ansätze der Verkehrswissenschaft

Eine große Bedeutung zur Beschreibung und Erklärung des Mobilitätsverhaltens haben die Aktivitätenansätze der Verkehrswissenschaft. Sie lassen sich nach Axhausen (1995) bis auf das Jahr 1949 zurückverfolgen. Die Ansätze wurden zunächst entwickelt, um auf der Grundlage der erfassten Daten die Entwicklung in einzelnen Verkehrsbereichen abbilden zu können und Planungsempfehlungen zu geben. In den letzten 20 Jahren werden zusätzlich Anstrengungen unternommen, die Hintergründe des Verkehrs auf mikroanalytischen Wegen zu verstehen. Dabei spielen Merkmale von Personen und privaten Haushalten eine zentrale Rolle (z.B. Wermuth et al. (1984), Mentz (1984), Jones et al. (1985), Dix et al. (1986), Holz-Rau (1990), Golob et al. (1996), Seguin und Brassière (1997), Bhat (1997)]. Einen umfangreichen Überblick zu weiterführender Literatur und regionalen Erhebungen geben Handy (1992), Kunert (1992) und Axhausen (1995).

Eine Methodik mit langer Tradition: Aktivitätenansätze

Wegen der Bedeutung des Verkehrs für die Gesellschaft werden umfangreiche nationale Erhebungen durchgeführt. Hierbei sind zu nennen z.B. der britische National Travel Survey, die französische Enquête Transport und der Schweizer Mikrozensus Verkehr (BAfSt, 1996). In Deutschland orientieren sich die Aktivitätenansätze am Design der KONTIV (Kontinuierliche Erhebung zum Verkehrsverhalten). Die letzte derartige Untersuchung wurde 1989 durchgeführt (vgl. Emnid, o.J. (a)). Ein Vergleich der Ergebnisse aus mehreren KONTIV-Erhebungen wurde von Kloas und Kunert (1993) durchgeführt. Die Möglichkeiten einer auf dem KONTIV-Design aufbauenden Zeitreihenuntersuchung zum Mobilitätsverhalten wurden durch das Haushaltspanel zum Verkehrsverhalten getestet (Chlond et al., 1997 und Infratest, 1997).

Die Vorgehensweise der Aktivitätenansätze kann grundsätzlich auch der empirischen Sozialforschung zugeordnet werden. Sie nähern sich ihrer Problemstellung durch die Erfassung und Analyse quantitativer Daten zum Verhalten von Menschen. Dabei werden die Wege und Aktivitäten protokolliert und in der Regel zusätzlich personen- und haushaltsbezogene Merkmale erfasst. Gemeinsam haben alle diese Ansätze, dass das Verhalten von Personen nach seinem zeitlichen Auftreten erfasst wird[1]. Sie lassen sich unterteilen in etappen-basierte Erhebungen (Umsteigen im ÖV wird miterfasst) oder wege-basierte Erhebungen. Eine Aktivität an einem Zielort markiert dabei jeweils das Ende eines Weges.

Die Aktivitäten werden i.d.R. offen bzw. halb offen abgefragt, der Differenzierungsgrad hält sich dabei in Grenzen. Für einen grundsätzlichen Überblick über die Aufteilung der Mobilität in Aktivitätenbereiche reicht diese grobe Differenzierung aus. Eine Analyse der Versorgungsmobilität oder der als Restgröße definierten Freizeitmobilität ist nur dann möglich, wenn die Aktivitäten detaillierter erfasst werden.

Die Integration von subjektiven Merkmalen auf Wegeebene kann den Aktivitätenansatz ebenfalls erweitern.

Diese Arbeit steht daher in der methodischen Tradition der verkehrswissenschaftlichen Aktivitätenansätze unter Berücksichtigung subjektiver Merkmale, die in den verhaltenswissenschaftlichen Ansätzen ihren Ursprung haben.

2.3 Ansätze zur Differenzierung von Mobilität in Alltag und Freizeit

Handlungen werden in den verkehrswissenschaftlichen Analysen mit den Daseinsgrundfunktionen Wohnen, Arbeiten, Erholen (Krönes, 1993, S. 29) in Verbindung gebracht. Nach ihrer Art können Handlungen auch dem Alltag und der Freizeit zugeordnet werden.

1 Auch Zeitbudgetansätze erfassen nach einem vorgegebenen Raster alle Aktivitäten, die in einem Zeitintervall (z.B. 5 bzw. 15 Minuten) stattfinden (Ehling und v. Schweitzer, 1991). Die räumliche Dimension der Aktivitäten wird i. d. R. allerdings nicht erfasst.

Arbeit, Einkauf, Kinder, das «bisschen Haushalt...»: Der «Alltag»

Für den *Alltag* ist dann weiter zu unterscheiden, welche Art von «Arbeit» verrichtet wird und welchen Bezug diese zur Mobilität privater Haushalte hat. In den Erhebungen im KONTIV-Design wird dieser Teil der Mobilität in die Wege zur Arbeit oder zur Schule/Ausbildungsstätte und Wege während der Arbeitszeit unterschieden. Diese Differenzierung wird in dieser Arbeit weitgehend übernommen. Auch die dienstlich/geschäftlichen Wege werden der Vollständigkeit halber in die Betrachtung des Alltags einbezogen, obwohl sie streng genommen nicht zur Mobilität privater Haushalte zu zählen sind. Die Arbeit, die nicht für Ausbildung oder Einkommenserzielung, sondern zur Führung eines privaten Haushalts verrichtet wird, findet sich in der Beschreibung als Versorgungsmobilität wieder. Es wird dabei weiter zwischen Beschaffung von Waren und Inanspruchnahme von Dienstleistungen unterschieden. Eine differenziertere Erfassung findet in den konventionellen Erhebungen in der Regel nicht statt. Wege zur Betreuung von Kindern werden nur dann erfasst, wenn es sich um einen berichteten sog. Serviceweg handelt. An dieser Differenzierungsebene setzt die vorliegende Arbeit an, um zu einer weiteren Differenzierung der Analyse der Alltagsmobilität beizutragen.

Die Rosinen im Alltag: Die «Freizeit»

Für die *Freizeit* gibt Lanzendorf (1996, S. 14) eine Übersicht über die gebräuchlichen Begriffe der formalen Zuordnung von Aktivitäten in der Verkehrswissenschaft. Dort wird ein breiter Überblick über Arbeiten zur bisherigen Analyse des Freizeitverkehrs gegeben. Man kann danach grundsätzlich den Freizeitverkehr nach der Dauer der Abwesenheit von zu Hause in den alltäglichen und nicht-alltäglichen Freizeitverkehr differenzieren. Freizeitverkehr mit vier und mehr Übernachtungen wird in der Verkehrsstatistik als Urlaub bezeichnet. Der übrige Freizeitverkehr wird dort exklusiv definiert als alle übrigen Fahrten oder Wege, die nicht der o.g. Alltagsmobilität und dem Urlaub zuzuordnen sind (BMV, 1998, S. 209). Quantitative Erhebungen bleiben i.d.R. auf diesem Differenzierungsniveau. Die KONTIV ´89 (Emnid, o.J. (c)) sieht zwar eine etwas differenziertere Analyse der Freizeitmobilität vor (private Kontakte, Erholung, Lokalbesuch, Vereins-/Sportaktivitäten, Kirche/Friedhof, Hobby, Kultur, Urlaub). Durch die Zusammenfassung von Zielzweck und Zielort zu einer Variablen könnte eine Auswertung aber zu verzerrten Ergebnissen führen. Außerdem werden ehrenamtliches Engagement oder privater Kontakt undifferenziert der Freizeit zugeordnet.

Welche Aktivitäten bewegen Menschen in der Freizeit?

Eine weitergehende Differenzierung der Aktivitäten in der Freizeit liefert ein Vorschlag von Opaschowski (1991, S. 7ff.). Die Aktivitäten werden in Tabelle 2.1 aufgeführt. Auf ihre Mobilitätsrelevanz wird hingewiesen. Allerdings sind einige Aktivitäten aufgeführt, die nach ihrem Wesen nicht einem engen Freizeitbegriff standhalten. Dies sind Schwarzarbeit, Hilfe für andere Menschen und jegliche Art von ehrenamtlichem Engagement.

Auch Hautzinger (1994, S. 3f.) zählt differenzierte Freizeitzwecke mit Mobilitätsrelevanz auf. Gerade im Freizeitbereich greift der vorliegende Ansatz auch auf die differenzierte Systematik der Freizeitaktivitäten in der bundesdeutschen Zeitbudgetstudie 1991 zurück (Ehling und v. Schweitzer, 1991, S. 280ff.) und übernimmt deren enge Definition von Freizeit. In diesem Ansatz wird daher über eine theoretische Systematisierung hinaus die quantitative Erfassung und Analyse der Freizeitaktivitäten außer Haus unternommen.

Als weiterführende Literatur zum Verständnis und zur Gestaltung von Freizeitmobilität über die quantitative Erfassung hinaus sind zu nennen: Infratest (1993), Fuhrer (1993), Fuhrer und Kaiser (1994), Herzog et al. (1994), Lüking und Meyrat-Schlee (1994), Gstalter und Fastenmeier (1995), Heinze und Kill (1997).

2.4 Ansätze zur Vermeidung und Verlagerung von Personenverkehr

Private Haushalte werden in Bezug auf ihr Umweltverhalten mit gesellschafts- und umweltpolitischen Leitbildern konfrontiert. Diese Leitbilder

Tabelle 2.1. Freizeit und ihre Mobilitätsrelevanz

Medienzeit	Konsumzeit	Eigenzeit	Aktivzeit	Sozialzeit	Kulturzeit
Zeitung lesen	Einkaufsbummel	In Ruhe etwas trinken	Herumfahren (Auto)	Über wichtige Dinge reden	Sich persönlich weiterbilden
Radio hören	Flohmarkt, Bazar	Sich in Ruhe pflegen	Heimwerken	Briefe schreiben	Beim Sport zuschauen
CD, Cassetten, Schallplatten hören	Volksfest	Gedanken nachgehen	Gartenarbeit (inkl. Gartenmarkt)	Mit Familie zusammen sein	Museum, Ausstellung besuchen
Buch lesen	Freizeitpark	In Ruhe rauchen	Handarbeiten	Sexualität	Oper, Konzert, Theater besuchen
Fernsehen	Tanzen, Disco	Ausschlafen	Fahrrad fahren	Feste, Partys	Rock-, Pop-, Jazzveranstg. besuchen
	Zoo	Gottesdienst besuchen	Wochenendfahrten, Kurzurlaub	In Bürgerinitiative engagieren	Musizieren
	Spielhalle	Faulenzen	Handw. Tätigkeit für Freunde, Schwarzarbeit	Ehrenamt	
	Kino		Selbst Sport treiben	Mit Freunden zusammen sein	
	Kneipe		Hund ausführen	Einladen, eingeladen werden	
	Essen gehen		Wandern, Spazieren gehen	Telefonieren	

Quelle: Eigene Bearbeitung nach Opaschowski (1991, S. 7ff.). Aktivitäten mit besonderer Mobilitätsrelevanz sind grau hinterlegt.

werden aufgestellt, um die auf makroskopischer Ebene als negativ bewerteten Folgen des individuellen Umwelthandelns zu reduzieren.

Gesellschaftliches Leitbild: «Nachhaltigkeit»

Allgemein ist die nachhaltige Entwicklung, formuliert auf der Konferenz von Rio (1992), zum breit diskutierten Leitbild geworden. Gesellschaftliche Institutionen wie Parteien, Umweltverbände oder Kirchen regen die Diskussion an. In vielen Kommunen wurde eine Lokale Agenda 21 ins Leben gerufen, die ein nachhaltiges Handeln der Individuen fördern will. Auch hier sind die privaten Haushalte und ihr Mobilitätsverhalten zum Zielobjekt von Handlungsempfehlungen geworden. «Verkehrsvermeidung ist das Herzstück einer ökologischen Verkehrswende», die Erhöhung von Raumwiderständen wird diskutiert (BUND und Misereor, 1997, S. 159). Selbst das Eigentum eines privaten Pkw wird zur Disposition gestellt (v. Weizsäcker, 1994, S. 95), um Verkehr auf öffentliche Verkehrsmittel zu verlagern. Auch die Enquete-Kommission «Schutz der Erdatmosphäre» des Deutschen Bundestages (1994, S. 125ff. und 148ff.) schlägt Verkehrsvermeidung und Verkehrsverlagerung zur Verbesserung der Situation vor, gibt aber zu bedenken, dass der dazu notwendige Wertewandel in der Gesellschaft bisher noch kaum Früchte hervorgebracht hat. Für die Verlagerung werden die Aufnahmekapazitäten des ÖV diskutiert. Die Kirchen fordern eine «Verkürzung der Wege, Verlagerung des Verkehrs auf umweltschonende Transportmittel (...). Nötig ist aber auch, dass die Verkehrsteilnehmer ihr Mobilitätsverhalten und ihren Lebensstil ändern» (EKD, 1997, S. 91). Verbraucherverbände und die staatliche Verbraucherberatung setzen Methoden der Aufklärung, Information, Beratung und Kampagnen ein, um zu einem veränderten Mobilitätsverhalten beizutragen (Stiftung Verbraucherinstitut, 1998; Beik et al., 1998).

Einen breiten Überblick zur Begriffsbestimmung, Theorie und Umsetzung von verkehrsreduzierenden Maßnahmen geben u.a. FGSV (1995), BFALuR (1995) und Prehn et al. (1997). Letztere weisen darauf hin, dass die Begriffe Verkehrsreduzierung, Verkehrsvermeidung und Verkehrsverlagerung teilweise ineinander greifen bzw. synonym verwendet werden. «Verkehrsreduzierung ist im Grunde genommen ein Querschnittsbegriff von Verkehrsvermeidung und -verlagerung» (Prehn et al., 1997, S. 50.).

Ansatzpunkte: Verkehrsreduzierung durch Änderung des Verhaltens

In dieser Arbeit werden daher unter Verkehrsvermeidung Ansatzpunkte zur grundsätzlichen Vermeidung von Wegen oder der Reduzierung von Distanzen gesehen, unter Verkehrsverlagerung werden lokale, temporale und modale Ansatzpunkte gesehen. Verkehrsreduzierung wird als Begriff nicht weiter verwendet. Der vorliegende Ansatz greift die Forderung nach Verkehrsvermeidung und -verlagerung auf und gleicht sie mit dem erhobenen Mobilitätsverhalten 1997 in Bayern ab. Der mögliche Beitrag der privaten Haushalte zu einer Veränderung des Mobilitätsverhaltens (ohne eine Veränderung der Rahmenbedingungen) soll durch die subjektive Bewertung der Verkehrsmittelwahl und der Aktivitäten durch die Untersuchungsteilnehmer selbst kritisch betrachtet werden.

3 Modelle

Um das Mobilitätsverhalten der Menschen in Alltag und Freizeitanalysieren zu können, ist es notwendig, ein Modell zu entwickeln. Das Modell soll die Realität der Mobilität privater Haushalte nach Art, Umfang und Zweck hinreichend differenziert abbilden.
Da aus dem Spannungsfeld zwischen Verkehrs- und Haushaltswissenschaft ein Beitrag zum Verständnis von Mobilität erarbeitet werden soll, werden in einem ersten Schritt ein allgemeines Mobilitätsmodell und ein allgemeines Haushaltsmodell formuliert.
In einem zweiten Schritt wird an der Schnittstelle der beiden allgemeinen Modelle das Sozialökonomische Modell des Mobilitätsverhaltens (SMM) entwickelt.

3.1 Allgemeines Mobilitätsmodell

Zur Formulierung des allgemeinen Mobilitätsmodells werden zunächst die Begriffe Mobilität und Verkehr definiert. Es schließen sich grundlegende verkehrliche und physikalische Überlegungen zur Bewegung von Personen in Raum und Zeit an.

3.1.0 Definition: Mobilität und Verkehr

Mobilität (von lat. *mobilitas*: Beweglichkeit, Schnelligkeit, Gewandtheit, Wankelmut) ist allgemein die Beweglichkeit von Personen und Sachen, sowohl in rein physischer, bei Personen auch in geistiger oder sozialer Art.

In Abb. 3.1 wird der Mobilitätsbegriff dieser Arbeit vom allgemeinen Mobilitätsbegriff abgeleitet und von anderen Verwendungen abgegrenzt:

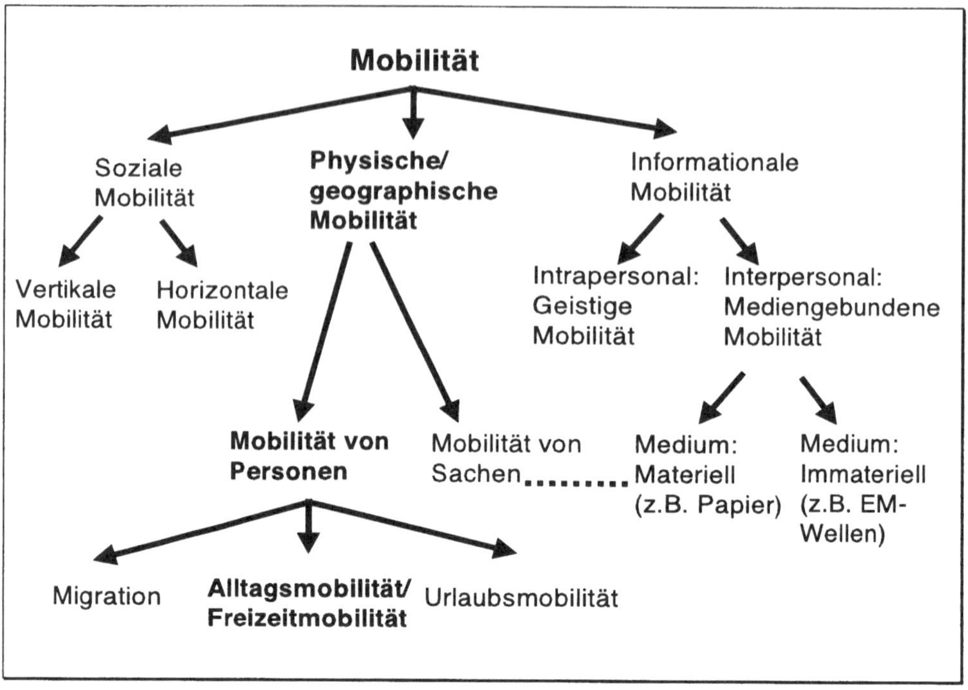

Abb. 3.1. Ableitung des Untersuchungsgegenstands vom allgemeinen Mobilitätsbegriff

Mobilität ist weit mehr als räumliche Beweglichkeit

Grundsätzlich lässt sich die physische Mobilität im geographischen Raum von der sozialen Mobilität und der informationalen Mobilität unterscheiden.

Die soziale Mobilität in einer Gesellschaft lässt sich weiter differenzieren in die vertikale Mobilität zwischen den gesellschaftlichen Schichten und die horizontale Mobilität zwischen den gesellschaftlichen Gruppen innerhalb einer Schicht.

Die informationale Mobilität lässt sich weiter differenzieren in die geistige Mobilität eines Individuums (intrapersonal) und den mediengebundenen Informationsaustausch zwischen Personen (interpersonal). Abhängig von den Medien der Übertragung ist Information entweder ohne Materialtransport realisierbar (z.B. durch elektromagnetische Wellen) oder an ein Transportgut gebunden (z.B. Zeitungspapier). Der letzte Bereich überschneidet sich wiederum mit der physischen Mobilität von Sachen.

Die physische Mobilität von Personen wird in Abgrenzung zum Gütertransport betrachtet. Außerhalb des Untersuchungsgegenstands liegen die Migration als grundsätzliche und die Urlaubsmobilität als vorübergehende und reversible Standortänderung von Personen.

Mobilität ist demnach die mögliche oder tatsächliche Ortsveränderung von Personen eines geographischen Raumes innerhalb einer zeitlichen Periode nach ihrer Art und ihrem Umfang. In die vorliegende Arbeit geht Mobilität nur in die Betrachtung ein, soweit sie dem Alltag oder der Freizeit zuzuordnen ist.

Mobilität ist damit grundsätzlich aus der Sichtweise der *transportierten Einheiten*[1] zu beschreiben, zu erklären und zu modifizieren.

Der Begriff «Mobilität» wird hier an Personen gebunden

Beispiele:

1) Disaggregierte Form: Anzahl, Zwecke, Distanzen und Zeitdauern von Wegen *einer bestimmten Person* an einem bestimmten Tag.
2) Aggregierte Form: Mobilitätsrate, Mobilitätsstreckenbudget, Mobilitätszeitbudget nach Wegezwecken und Verkehrsmitteln *der deutschen Wohnbevölkerung* im Jahr 1999.

Die anteilige Nutzung von Verkehrsmitteln durch Individuen lässt sich als deren Modal Mix bezeichnen. Mobilität zeichnet sich folglich dadurch aus, wie Individuen die zur Verfügung stehenden verkehrlichen Ressourcen anteilig nutzen.

Verkehr resultiert aus der räumlichen Mobilität

Verkehr ist im Gegensatz dazu der messbare Durchfluss von *transportierenden Einheiten* (Verkehrsmittel) auf einem bestimmten Verkehrsweg (Strecke) oder aggregiert in einem geographischen Raum innerhalb einer zeitlichen Periode nach ihrer Art und ihrem Umfang. Verkehr ist daher aus der Sichtweise des Raumes, in dem sich Verkehrsmittel-Einheiten bewegen, zu definieren. Für die Beschreibung der Verkehrsabläufe reicht diese Sichtweise aus. Für die Erklärung der Hintergründe und zur Veränderung von Verkehr reicht diese Sichtweise allein nicht aus.

1 Personen, ggf. auch Waren oder Informationen.

Beispiele:

1) Disaggregierte Form: Anzahl, Distanzen, Durchfahrts- und Aufenthaltszeit *von Verkehrsmitteln* in einer bestimmten Verkehrszelle zwischen 8.00 Uhr und 9.00 Uhr eines bestimmten Tages, differenziert nach Wegezwecken, Quell- und Zielorten.
2) Aggregierte Form: Verkehrsaufkommen und Verkehrsleistung nach Verkehrsbereichen *in Deutschland* im Jahr 1999.

Die anteilige Bewegung von Verkehrsmitteln in einem geographischen Raum wird als Modal Split bezeichnet. Verkehr zeichnet sich folglich dadurch aus, wie sich ein Kollektiv die verkehrlichen Ressourcen teilt.

Mobilität und Verkehr: Zwei Seiten einer Medaille

Verkehr ist damit die resultierende Größe der Mobilität von Individuen. Aus den aggregierten Kennzahlen zur Mobilität der Bevölkerung eines geographischen Raumes lassen sich unter Berücksichtigung der Ein- und Auspendler Kennzahlen des Verkehrs errechnen. Aus dieser Sicht kann die Kritik von Becker (1998, S. 632f.) am Versuch von Canzler und Knie (1998, S. 376f.) zur Reduktion von Mobilität auf die Möglichkeit von Bewegung im Raum geteilt werden. Der Vorschlag Beckers kommt dem Ansatz dieser Arbeit entgegen auch wenn er andere Begriffe verwendet: Verkehr wird dort als das Mittel bezeichnet, das Mobilität ermögliche. Genau genommen müssen die Infrastruktur und die Verkehrs*mittel* als die Mittel (vgl. 3.2.3) zur Gestaltung von Mobilität, Verkehr als die Konsequenz erkannt werden. Zur Meidung des Begriffs «Raumüberwindung» wird in 3.1.1 Stellung genommen.

Die Modellentwicklung dieser Arbeit beschränkt sich im weiteren auf Mobilität als die tatsächliche Ortsveränderung von Personen für Zwecke in Alltag und Freizeit.

Bei der Beschreibung von Mobilität geht es zunächst analog zu einer physikalischen Betrachtung der Welt um die Beobachtung von Raum, Zeit und Materie. Materie lässt sich innerhalb der Verkehrswissenschaft in Personen, Transportgüter und Informationen differenzieren (vgl. Cerwenka, 1993, S. 133ff.). Bewegte Personen und Transportgüter im Raum sind immer Objekte der Bewegung, der Mensch kann durch seinen Willen und seine

Freiheit zusätzlich Subjekt seiner Bewegung oder der Bewegung anderer Menschen sein.

Für ein allgemeines Modell der Mobilität von Personen müssen ihre Handlungen in Raum und Zeit abgebildet werden.

3.1.1 Raum

Raum als geographisches Ordnungsprinzip

Raum ist das fundamentale Ordnungsprinzip von Materie (d.h. auch Personen, Sachen und i.w.S. Informationen). Von Menschen wird Raum dreidimensional wahrgenommen.

Grundsätzlich wird in dieser Arbeit die Bewegung im Raum als Raumdurchquerung bezeichnet, da der Raum als solcher analog zur Zeit nicht überwunden werden kann[2].

Relevante Merkmale des Raumes für die Beschreibung von Bewegungen:

- Startpunkt im Raum P_0 (x_0, y_0, z_0)
- Zielpunkt im Raum P_1 (x_1, y_1, z_1)
- Tatsächliche räumliche Distanz $\Delta P = P_1 - P_0$

ΔP ist im Allgemeinen mehrdeutig. Hier wird nur die tatsächliche Distanz $\Delta P = s$ auf der gewählten Route zwischen P_0 und P_1 verwendet.

3.1.2 Zeit[3]

Zeit als Ordnungsprinzip von Handlungen

Zeit ist das fundamentale Ordnungsprinzip der Ereignisse und damit implizit der menschlichen Handlungen. Die Handlungen im Raum werden chronologisch aneinander gereiht. «Ereignisse sind über die abstrakten Skalen der Uhr vergleichbar, sodass die absichtsvolle Koordination und Synchronisation von Aktivitäten möglich wird. (...) Das lineare Zeitverständnis ist der wichtigste Ordnungsfaktor der Koordination gesellschaftlicher

2 Vgl. auch die Diskussion um einen Beitrag von Cerwenka (1998, S. 12ff.).

3 Eine ausführliche Betrachtung der Zeit für die verkehrswissenschaftliche Diskussion liefert Kunert (1992, S. 20ff.).

Subsysteme und das notwendige strukturierende Prinzip sozialen Handelns in und zwischen diesen» (Geißler, 1992, S. 57).

Die verfügbare Zeit eines Tages beträgt 1.440 Minuten pro Person. Sie steht allen Personen gleichermaßen zur Verfügung und kann physikalisch nicht gespeichert werden[4].

Relevante Merkmale der Zeit für die Beschreibung von Bewegungen:

- Startzeit t_0
- Zielzeit t_1
- Zeitdauer $\Delta t = t_1 - t_0$
- Geschwindigkeit $v = s / \Delta t$.

3.1.3 Handlungen

Handlungen finden in Raum und Zeit statt. Sie sind für ein Mobilitätsmodell zu differenzieren in stationäre und mobile Handlungen.

Stationäre Handlungen sind an einen bestimmten geographischen Ort gebunden. Sie werden nachfolgend als *Aktivitäten* bezeichnet.

Mobile Handlungen werden zur Raumdurchquerung durchgeführt und sind daher nicht an einen Ort gebunden. Sie werden nachfolgend als *Bewegung* bezeichnet. Handlungen, die gleichzeitig den Charakter von Bewegung *und* Aktivität erfüllen (z.B. Bootsfahrt), werden in 3.3.1.3 pragmatisch zugeordnet.

---

4 Die Wahrnehmung von Zeit könnte man auch lediglich als von der kosmischen Bewegung abgeleitetes Phänomen begreifen (ursprüngliche Wahrnehmung und Bezeichnung durch den Menschen: Bewegung der Erde um die Sonne: 1 Jahr, Bewegung der Erde um sich selbst: 1 Tag, Bewegung des Mondes um die Erde: 1 Monat). Auch nach der Definitionsänderung der Sekunde vom 86.400sten Teil einer Erddrehung um die eigene Achse zur «9.192.331.770-fachen Periodendauer der dem Übergang zwischen den beiden Hyperfeinstrukturniveaus des Grundzustandes von Atomen des Nukleids ^{133}Cs entsprechenden Strahlung» (Hammer und Hammer, 1976, S. 59) bleibt der Bezug zur Bewegung erhalten.
Für die Beschreibung der Alltagsmobilität spielt eine objektive Zeitdilatation aufgrund der geringen Geschwindigkeiten keine Rolle. Allerdings dehnt und staucht sich offensichtlich die Zeit in der Wahrnehmung.

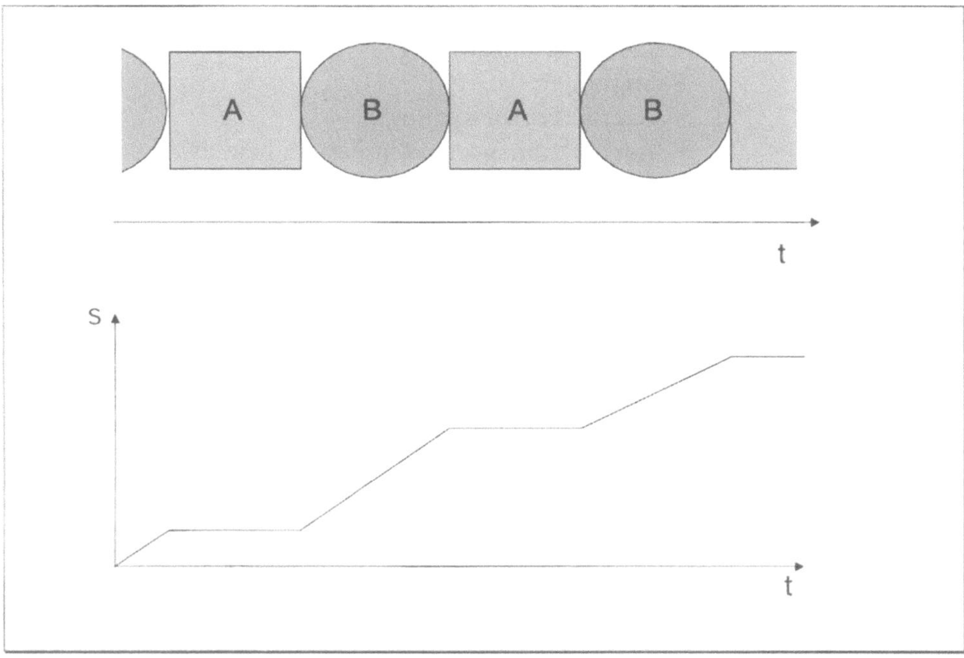

Abb. 3.2. Allgemeines Mobilitätsmodell als Abfolge von stationären (A-Aktivität) und mobilen (B-Bewegung) Handlungen nach der Zeit t und der zurückgelegten Distanz s

Das Leben: Abfolge von Aktivität und Bewegung

Das menschliche Leben zeichnet sich durch eine lebenslange Abfolge von stationären und mobilen Handlungen aus. Aktivität und Bewegung reihen sich chronologisch aneinander. Ein Modell kann Mobilität in verschiedenen zeitlichen Abschnitten abbilden (z.B. Mobilität an einem Tag, in einem Jahr, in einem Leben).

Abbildung 3.2 zeigt diese Abfolge über die Zeit bzw. über Zeit und zurückgelegte Distanzen (vgl. Jones et al., 1985, S. 34; Axhausen, 1995, S. 5ff.).

Diese Abfolge kann je nach Wahl der Bezugsperiode monolokal (keine Bewegung im Raum) oder polylokal (mit Ortswechsel) erfolgen.

Relevante Merkmale der Handlungen für die Beschreibung von Mobilität sind:

Aktivität

- Art der Aktivität
- Art des Ortes

- Räumliche Einordnung
- Zeitliche Einordnung.

Bewegung

- Art der Fortbewegung
- Art der transportierten Person bzw. des transportierten Gutes
- Räumliche Einordnung
- Zeitliche Einordnung.

Zusammenfassung

Wichtige Punkte des allgemeinen Mobilitätsmodells lassen sich wie folgt zusammenfassen:

Mobilität und Verkehr sind Begriffe, die jeweils an die Bewegung von Materie in Raum und Zeit geknüpft sind. Sie müssen daher in einer engen Beziehung zueinander gesehen werden. Dennoch sind die Begriffe nicht synonym zu verwenden, da sie die Phänomene aus unterschiedlichen Blickwinkeln angehen:

Mobilität wird in dieser Arbeit als die tatsächliche zeitliche Abfolge von Aktivitäten *und* Bewegungen *von Personen*[5] eines gegebenen geographischen Raums in einer Periode in Alltag und Freizeit definiert.

Verkehr wird als Bewegung *von Verkehrsmitteln*[6] in einem gegebenen geographischen Raum und damit als resultierende Größe der Mobilität von Personen und Gütern definiert.

Hintergründe des Verhaltens sind zu ergänzen

Das allgemeine Mobilitätsmodell kann die Handlungen von Personen räumlich und zeitlich abbilden und damit beschreiben. Für die Erklärung und Veränderung des Mobilitätsverhaltens müssen darüber hinausgehende Bestimmungsgründe berücksichtigt werden.

3.2 Allgemeines Haushaltsmodell

Das allgemeine Haushaltsmodell umfasst grundlegende sozialökonomische und sozialpsychologische Überlegungen zum Verhalten der Menschen im Haushaltskontext.

---

5 Die Mobilität von Gütern ist nicht Gegenstand dieser Arbeit.

6 Inklusive Fußgängerverkehr und ggf. weiter differenziert nach Fortbewegungsarten (z.B. Pkw als Fahrer/Mitfahrer).

3.2.0
Definition: Privater Haushalt

Der private Haushalt als sozialökonomische und sozialpsychologische Einheit

Die amtliche Statistik versteht unter dem privaten Haushalt «(...) eine Gruppe von verwandten oder persönlich verbundenen (auch familienfremden) Personen, die sowohl einkommens- als auch verbrauchsmäßig zusammengehören (...). Sie müssen über ein oder mehrere Einkommen oder Einkommensteile verfügen und voll oder überwiegend im Rahmen einer gemeinsamen Hauswirtschaft versorgt werden. Als Haushalt gilt auch eine Einzelperson mit eigenem Einkommen, die für sich alleine wirtschaftet.» Haus- und Betriebspersonal, Untermieter, Kostgänger und Besucher gehören nicht zum Haushalt (StBA, 1990, S. 6). Über diese ökonomischen Konventionen hinaus hat der private Mehrpersonenhaushalt eine sozialpsychologische Rahmenfunktion für das Leben in Alltag und Freizeit.

Die Handlungen von Mitgliedern eines privaten Haushalts erfolgen zu Hause *und* außer Haus. Damit kann der Begriff «privater Haushalt» nicht auf seinen Wohnstandort begrenzt werden.

3.2.1
Personen

Nach der Definition von 3.2.0 wird ein privater Haushalt zunächst durch seine personale Zusammensetzung charakterisiert. Die Personen eines Haushalts sind folglich wesentlich für die Modellbildung. Sie haben einerseits ihre spezifischen Bedürfnisse, andererseits bringen sie Fähigkeiten ein. Die Bedürfnisse haben einen Bezug zu den Zielen des Haushalts, die Fähigkeiten haben einen Bezug zu den Mitteln des Haushalts.

Viele sozialpsychologische Merkmale von Personen (z.B. Charakter, Erfahrungen, Sozialisation und Habitualisierungen) sind relevant für ihr Verhalten.

3.2.2
Ziele

Bestmögliche Bedürfnisbefriedigung

Das wichtigste Ziel eines privaten Haushalts ist, die Bedürfnisse der Haushaltsmitglieder bestmöglich zu befriedigen. Die Bedürfnisse können in immaterielle und materielle Bedürfnisse differenziert werden. Das Ziel bezüglich immaterieller Bedürfnisse ist ihre direkte Befriedigung. Materielle Bedürfnisse müssen zunächst zu Bedarfen objektiviert werden (vgl. Scherhorn, 1959, S. 32 u. 99). Ziel ist nach Feststellung der Bedarfe die Bedarfsdeckung durch die Beschaffung an den Dienstleistungs- und Gütermärkten. Ein weiteres Ziel besteht darin, die bestmögliche Bedürfnisbefriedigung im Haushalt mittel- und langfristig zu sichern. Dies bedeutet, dass die Bedürfnisse der Haushaltsmitglieder der Gegenwart so zu befriedigen sind, dass dies auch in der Zukunft gewährleistet wird[7].

3.2.3
Mittel

Als Mittel zur direkten Bedürfnisbefriedigung bzw. zur Bedarfsdeckung stehen dem Haushalt freie Güter (z.B. Luft) und knappe Güter, bestehend aus öffentlichen Gütern (z.B. Infrastruktur) und privaten Gütern, zur Verfügung. Letztere umfassen das Humanvermögen (d.h. die Fähigkeiten und die personale Zeit der einzelnen Haushaltsmitglieder), das Sachvermögen und das Finanzvermögen des jeweiligen Haushalts.

3.2.4
Handlungen

Die Handlungen zum Zwecke der Bedürfnisbefriedigung erfolgen innerhalb einer zeitlichen Periode. Sie sind so zu gestalten, dass sie innerhalb der verfügbaren Zeit und mit den verfügbaren Ressourcen möglich und

7 Das Prinzip haushaltsweisen Wirtschaftens wird im gesellschaftlichen und globalen Zusammenhang in Anlehnung an einen Begriff aus der Forstwissenschaft als «Nachhaltigkeit» bezeichnet.

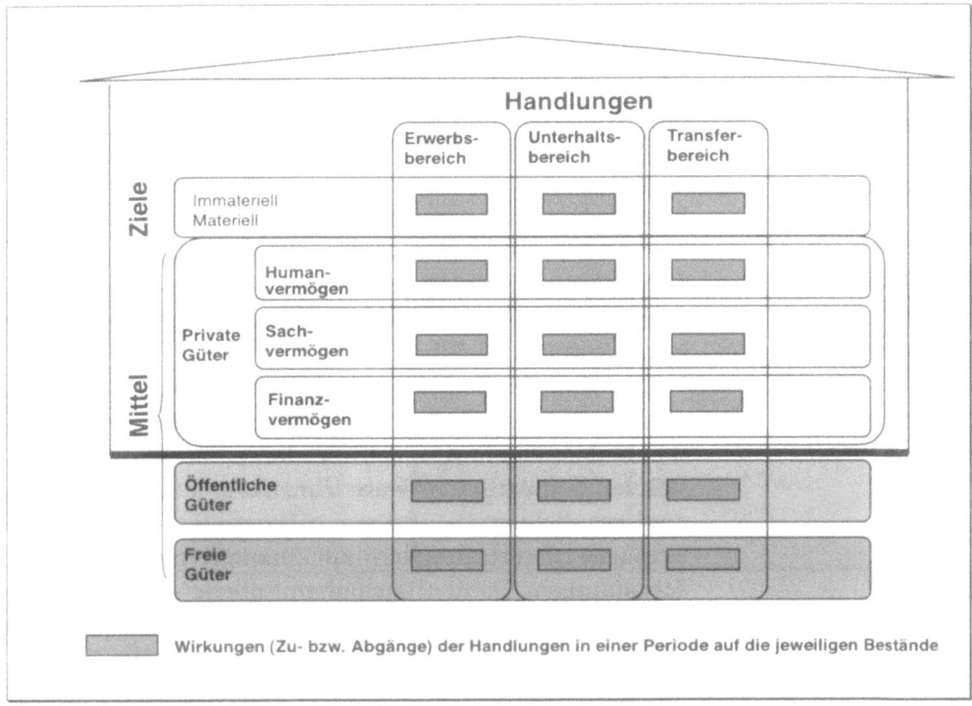

Abb. 3.3. Allgemeines Haushaltsmodell (ziel-, mittel- und handlungsbezogene Darstellung)

der resultierende Nutzen, gemessen am Niveau der Bedürfnisbefriedigung, optimal ist. Dies ist das intraindividuelle Allokationsproblem. Wenn der Haushalt aus mehreren Personen besteht, kommt ein interindividuelles Allokationsproblem hinzu, d.h. die Befriedigung der Bedürfnisse ist nach ihrer sachlichen und personellen Priorität vorzunehmen.

Die Handlungen eines Haushalts können unter Berücksichtigung der Funktionsbereiche von Tschammer-Osten (1979, S. 31ff.) und der Einbettung des Haushalts in die Mikro-, Meso- und Makroebene des Haushaltssystems (v. Schweitzer, 1983, S. 69ff.) nach ihrem Wesen in drei Handlungsbereiche differenziert werden.

Drei Handlungsbereiche mit stark unterschiedlichem Charakter

Dies sind der Erwerbsbereich, der Unterhaltsbereich und der Transferbereich.

Der *Erwerbsbereich* umfasst alle Handlungen, die dem gegenwärtigen und künftigen Erwerb von Einkommen (z.B. Lohn, Miete, Zins) dienen. Zum künftigen Erwerb zählen die schulische und berufliche Ausbildung von Kindern und Jugendlichen, die berufliche Fort- und Weiterbildung sowie die allgemeine Zukunftssicherung.

Der *Unterhaltsbereich* stellt den zentralen Handlungsbereich des privaten Haushalts dar: Immaterielle Bedürfnisse (z.B. menschliche Nähe) können unmittelbar befriedigt werden. Materielle Bedürfnisse werden befriedigt, indem Waren und Dienstleistungen am Markt beschafft und, soweit sie nicht konsumreif sind, veredelt und schließlich konsumiert werden.

Der *Transferbereich* umfasst die sozialen und gesellschaftlichen Handlungen des Haushalts. Die Solidarsysteme des Gemeinwesens (öffentliche Haushalte) unterstützen bedürftige private Haushalte bedarfsbezogen und verpflichten die übrigen Mikroeinheiten leistungsbezogen (Erwerbsbereich) zur Finanzierung der Transferzahlungen. Da die Haushaltsmitglieder soziale Wesen sind, pflegen sie persönliche Beziehungen außerhalb des eigenen Haushalts, sodass u.a. zahlreiche Dienste für andere Haushalte informell verrichtet werden. Die föderative Staatsordnung mit ihrem vielfältigen Verbands-, Vereins- und Parteienwesen fördert zusätzlich formelles bzw. institutionalisiertes ehrenamtliches Engagement z.B. karitativer, kultureller und politischer Art.

Da die Transferleistungen von und für private Haushalte auch in der gesellschaftlichen Diskussion an Bedeutung gewinnen, werden sie in dieser Arbeit in einem eigenen Handlungsbereich berücksichtigt. Das Modell von Karg und Lehmann (1991, S. 11ff.) wird damit um diesen Handlungsbereich erweitert.

Periodische Darstellung

Wichtige Punkte des allgemeinen Haushaltsmodells lassen sich wie folgt auch für eine Periode darstellen:

Die immateriellen und materiellen Ziele des Haushalts werden innerhalb einer zeitlichen Periode angestrebt und in ihr erreicht bzw. nicht erreicht (Zielerreichungsgrad). Es werden dazu die Mittel eingesetzt, über die der Haushalt verfügt (Human-, Sach- und Finanzvermögen) bzw. zu denen der Haushalt Zugang hat (öffentliche und freie Güter). Ausgehend von den Anfangsbeständen führen die Veränderungen (Zu- und Ab-

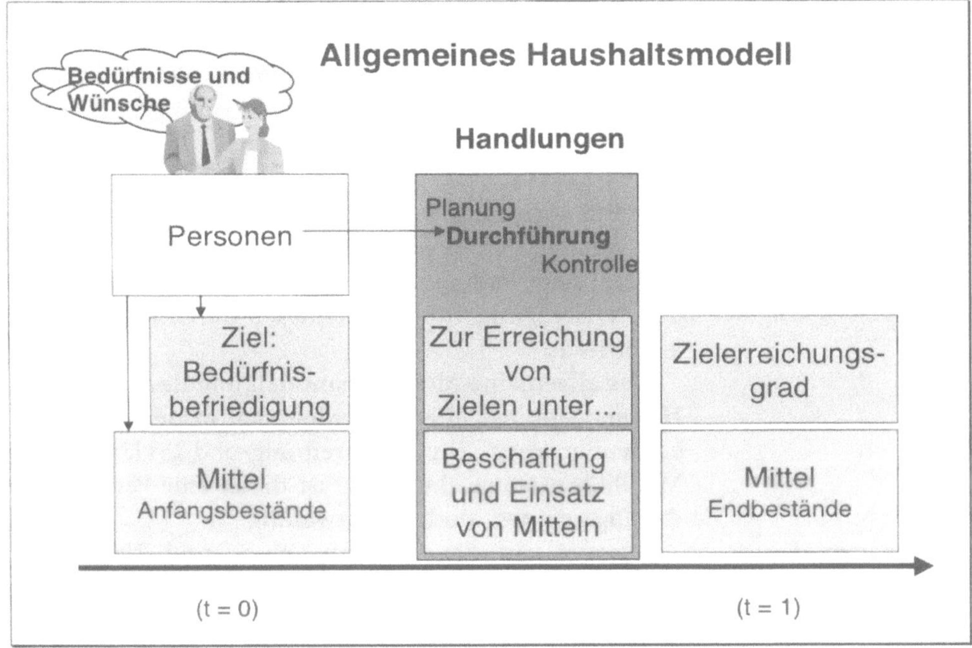

Abb. 3.4. Allgemeines Haushaltsmodell (periodenbezogene Darstellung)

gänge) dieser Bestände im Gefolge von Handlungen zu den Endbeständen der Periode (Abb. 3.4).

Das allgemeine Haushaltsmodell kann die Handlungen im Spannungsfeld von Zielen und Mitteln nach ihren sozialen und ökonomischen Wirkungen abbilden. Die damit verbundene Bewegung im Raum wird nicht berücksichtigt. Da Handlungen in der Haushaltsführung häufig mobilitätsrelevant sind, muss das Modell um die Bewegungen im Raum erweitert werden.

Die Bewegung im Raum ist zu ergänzen

3.3 Sozialökonomisches Modell des Mobilitätsverhaltens (SMM)

Im Folgenden wird zunächst definiert, was im Rahmen dieser Arbeit unter Mobilität privater Haushalte zu verstehen ist. In 3.3.1 wird verbal beschrieben, welche Merkmale zur Abbildung des Mobilitätsverhaltens verwendet werden. Die Reduktion und Abstraktion der

Realität wird beschrieben und begründet. In 3.3.2 wird das Modell mathematisch formuliert.

3.3.0
Definition: Mobilität privater Haushalte

Mobilität privater Haushalte ist die Ortsveränderung von Personen eines privaten Haushalts (Haushaltsmitglieder) innerhalb einer zeitlichen Periode zum Zwecke der Befriedigung von Bedürfnissen durch Handlungen außer Haus.

Das allgemeine Mobilitätsmodell und das allgemeine Haushaltsmodell überschneiden sich in den Handlungen außer Haus. Zur Beschreibung und Erklärung der Mobilität privater Haushalte ist daher eine Verbindung der allgemeinen Modelle notwendig.

Zusammenfassung der Modelle

Bezogen auf die Problemstellung und Zielsetzung dieser Arbeit muss in der Synthese der Modelle auf die bestmögliche Erfassung der Realität in Alltag und Freizeit geachtet werden. Wegen der Komplexität der Thematik ist es im Rahmen dieser Arbeit nicht möglich, Mobilität in ihren physikalischen, geographischen, sozialökonomischen und sozialpsychologischen Aspekten vollständig darzustellen. Das Bild der Realität wird daher im Folgenden vereinfacht.

3.3.1
Verbale Formulierung des Modells

3.3.1.1
Voraussetzungen für Mobilität

Der private Haushalt ist die sozialökonomische und sozialpsychologische Einheit, in der Mobilität grundsätzlich benötigt, ermöglicht und konkret entschieden wird. Haushalte werden zu Nutznießern ihrer Mobilität und zu Verursachern von Verkehr. In ungünstigen Fällen müssen sie Nachteile des Verkehrs erdulden. Hier sind alltägliche Nachteile im Verkehrsfluss (z.B. Stau, Zugverspätungen), die Beeinträchtigung der Lebensqualität durch Geräusch- und Schadstoffemissionen an ungünstigen Wohnstandorten bis hin zu den physischen, psychischen, sozialen und ökonomischen Konsequenzen aus Verkehrsunfällen zu nennen.

Rahmenbedingungen in drei Ebenen

Die Voraussetzungen und Rahmenbedingungen für die Mobilität privater Haushalte sind in verschiedenen Ebenen der Betrachtung zu beschreiben. In der *Mikroebene* können Merkmale von Personen und Haushalten für eine Analyse herangezogen werden. In der *Mesoebene* ist die natürliche und kulturelle Umwelt des Haushalts zu betrachten. Die Handlungsmöglichkeiten, die sich für die Haushaltsmitglieder in ihrem erreichbaren Umfeld ergeben, sind ihr persönlicher Möglichkeitsraum (vgl. Canzler und Knie, 1998, S. 376). Zum Möglichkeitsraum in Alltag und Freizeit gehören z.B. die Einbettung in soziale Netzwerke und andere grundsätzlich erreichbare und durchführbare Aktivitäten außer Haus. Der Möglichkeitsraum ist auf Individuen zu beziehen, da seine geographische Ausdehnung an die persönlichen Möglichkeiten zur Raumdurchquerung und die Nutzung des Angebots an die persönliche Präferenzstruktur gebunden ist. In der *Makroebene* können die gesellschaftlichen Rahmenbedingungen für das Verhalten herangezogen werden (z.B. Normen und Gesetze).

Bei der vorliegenden Arbeit handelt es sich um einen *mikroanalytischen Querschnittsansatz*. Meso- und Makroebene gehen in die Untersuchung ein, soweit sie einen Bezug zu Merkmalen der Mikroebene haben[8].

Im Folgenden werden einzelne Merkmale angesprochen, die als hypothetische Voraussetzungen und Rahmenbedingungen eine Bedeutung haben können. Da Personen in ihren Haushalt, der Haushalt wiederum in seine geographische Umwelt eingebettet ist, werden die Merkmale in dieser Reihenfolge aufgeführt.

8 Grundsätzlich ist die Makroebene einheitlich für alle Personen in der Gesellschaft, sie kann unterschiedliche Auswirkungen auf die Merkmale der Mikroebene haben. Beispiel für das Merkmal Fahrerlaubnis: Es ist gesetzlich vorgesehen, dass eine Fahrerlaubnis für Pkw i.d.R. erst ab dem vollendeten 18. Lebensjahr erteilt werden darf.
Von größerer Bedeutung wird die Makroebene, wenn die Auswirkungen von Änderungen der gesellschaftlichen Rahmenbedingungen im Zeitablauf untersucht werden.

Personen sind mehr als die klassischen soziodemographischen Merkmale

Personen

Personen lassen sich mit sozialökonomische Merkmalen charakterisierten. In der Regel fallen darunter Alter, Geschlecht, Familienstand, Bildungsstand und Stellung in Beruf bzw. Ausbildung. Darüber hinaus kann das Mobilitätsverhalten spezifisch durch den persönlichen Beitrag zum Haushaltseinkommen beeinflusst sein. Der persönliche Zugang zu Gütern für Mobilität, gekennzeichnet durch den Führerscheinbesitz *und* die Nutzungsmöglichkeiten von haushaltseigenen und öffentlichen Verkehrsmitteln, ist ein wichtiges Merkmal für die Verkehrsmittelwahl. Merkmale zu verkehrsmittelbezogenen Präferenzen, Prädispositionen und Habitualisierungen können über das Verkehrsmittelwahlverhalten in der Vergangenheit und Meinungen zur Verkehrspolitik bestimmt werden.

Der Umgang mit der Zeit kann über das gebundene Zeitbudget bzw. regelmäßig durchgeführte Aktivitäten im Erwerbs-, Unterhalts- und Transferbereich bestimmt werden. Auch die Zufriedenheit mit dem Wohnstandort geht in das Modell ein.

Individuen bilden private Haushalte

Haushalt

Als soziale Merkmale sind von Bedeutung die Haushaltsgröße als die Anzahl der Personen im Haushalt und zusätzlich die Anzahl der Kinder unter 10 Jahren.

Der Haushaltstyp gibt die Art der Zusammensetzung des Haushalts an[9].

Für diese Arbeit wurden sechs Haushaltstypen festgelegt:

Typ 1: Ein Erwachsener (Single)
Typ 2: Zwei Erwachsene
Typ 3: Alleinerziehende mit Kindern/Jugendlichen
Typ 4: Zwei Erwachsene mit Kindern/Jugendlichen
Typ 5: Mindestens drei Erwachsene
Typ 6: Erwachsene und Kind(er) aus mindestens drei Generationen.

9 Zur Typisierung von Haushalten siehe auch Jones et al. (1985, S. 69ff.) und Seguin und Bussière (1996, S. 60f.). Die Untergliederung dieser Arbeit ist nicht so differenziert, da der Stand im Familienzyklus über personenbezogene Variablen wie Alter der Personen ins Modell eingeht.

Als haushaltsökonomische Merkmale gehen das Haushaltseinkommen bzw. das geschätzte Pro-Kopf-Einkommen in das Modell ein. Auskunft über den Lebensstil geben der Wohnstatus (Anm.: Der Wohnstatus ist gegeben durch die Art der Wohnung und die Eigentumsverhältnisse, ggf. die zusätzliche Ausstattung mit einem Wochenendhaus, Wohnwagen oder Nutzgarten außerhalb des Wohngrundstücks) und weiteres relevantes Sachvermögen. Letzteres ist die Ausstattung mit haushaltseigenen bzw. privat nutzbaren Pkw, die Ausstattung mit langlebigen Gebrauchgütern sowie Haustieren.

Als geographische Merkmale gehen der Regierungsbezirk, der BIK-Gemeindetyp als die Art des Wohnstandorts des Haushalts[10], der Zugang zu wichtigen Einrichtungen und zu öffentlichen Verkehrsmitteln in das Modell ein. Von Interesse ist ferner die subjektive Bewertung dieser Anbindung und der Parkplatzsituation in der Wohnumgebung durch den Haushalt.

Unter diesen Merkmalen sind die Mittel (private, öffentliche und freie Güter) entscheidende Voraussetzungen zur Realisierung von Mobilität (vgl. 3.2.3).

Die ökonomische Struktur des Haushalts kann einen starken Bezug zu Art und Umfang der Ausstattung mit haushaltseigenen Verkehrsmitteln (z.B. Pkw, Fahrrad) haben. Der gewählte Wohnstandort bedingt bei gegebener Infrastruktur die Anbindung an den öffentlichen Verkehr.

Diese sozialen, ökonomischen und geographischen Voraussetzungen bilden in der vorliegenden Querschnittsuntersuchung[11] die Rahmenbedingungen für die Mobilität eines privaten Haushalts zum Zeitpunkt der Erhebung. Es gilt daher innerhalb dieser Rahmenbedingungen folgende Beziehung:

- Handlungen bedingen Mobilität
- Mobilität ermöglicht Handlungen.

10 Die Zuordnung von Gemeinden bzw. Stadtteilen zu BIK-Gemeindetypen nach der Einwohnerzahl und der relativen Lage zu einem Ober- oder Mittelzentrum wird von den Firma BIK – Aschpurwis und Behrens GmbH vorgenommen (vgl. BIK, o.J., S. 3ff.).

11 Über einen längeren Zeitabschnitt (z.B. Betrachtung der Mobilität im Lebenszyklus eines Haushalts in einer Paneluntersuchung) ist dagegen von einer Interdependenz dieser äußeren Rahmenbedingungen mit den Handlungen auszugehen.

3.3.1.2
Bedürfnis nach Mobilität und Bedarfe an Mobilität[12]

Nach 3.2.1 werden die Bedürfnisse von den Haushaltsmitgliedern als Mangel an immateriellen und materiellen Gütern empfunden und verlangen nach Befriedigung[13]. Ist ein Bedürfnis soweit objektiviert, dass es Handlungsalternativen zur Befriedigung gibt, so kann man von einem Bedarf sprechen. Die Bedürfnisse der einzelnen Haushaltsmitglieder werden mit den in 3.3.1.1 beschriebenen aktuellen Rahmenbedingungen konfrontiert.

Mobilität befriedigt u.a. das Bedürfnis nach freier Bewegung im Raum

Auch die Mobilität kann als originäres Bedürfnis empfunden werden. Dies ist dann der Fall, wenn sich ein Mensch um der Bewegung willen bewegen möchte. Die freiheitliche Staatsordnung der Bundesrepublik Deutschland berücksichtigt dieses Bedürfnis und garantiert in Artikel 11 des Grundgesetzes die Freizügigkeit der Bürger als wichtiges Gut. Der Staat behält sich allerdings vor, schweres Fehlverhalten mit Mobilitätsbeschränkungen zu ahnden. Das originäre Bedürfnis nach Bewegung im Raum kann direkt an ein bestimmtes Verkehrsmittel geknüpft sein. Da die Mobilität selbst das Bedürfnis ist, resultiert in diesem Fall ein primärer Mobilitätsbedarf.

Meist steht Mobilität jedoch im Dienst der Befriedigung anderer Bedürfnisse (z.B. der Stillung des Hungers, der Pflege sozialer Kontakte und der Gewinnung sozialer Anerkennung).

---

12 Zum Mobilitätsbedürfnis am Beispiel des ländlichen Raumes siehe Witt (1997, S. 133).

13 Diese Darstellung aus ökonomischer Sicht kann durch folgende verhaltenspsychologische Konstrukte ergänzt werden: Die subjektiven Bedürfnisse tragen als Motive zur Motivation eines beobachtbaren Verhaltens bei, daher lassen sich aus dem Verhalten Rückschlüsse auf die Bedürfnisse ziehen. Die Antriebe für das Verhalten werden aus verhaltenspsychologischer Sicht der Motivation zugeordnet. Motivation ist ein hypothetisches Konstrukt, mit dem das «Warum» des Handelns beantwortet werden soll. «Aus der Interaktion zwischen aktivierenden emotionalen und triebhaften Vorgängen und verschiedenen kognitiven Prozessen, die zu Zielbestimmung und Handlungsprogrammen führen, erwächst die Motivation» (Kroeber-Riel, 1992, S. 135f.). Eine Analyse der aktivierenden und kognitiven Vorgänge lässt dieser Ansatz nicht zu.

So ergibt die Objektivierung dieser Bedürfnisse entsprechende primäre Bedarfe (z.B. den Bedarf nach bestimmten Lebensmitteln, den Bedarf, bestimmte Personen zu treffen, den Bedarf nach materiellen Gütern, die erfahrungsgemäß zu sozialer Anerkennung führen).

Befriedigung weiterer Bedürfnisse durch Bewegung im Raum oder Nutzung von Verkehrsmitteln

Nachdem jedoch nur wenige Bedürfnisse ausschließlich zu Hause befriedigt werden können, entsteht ein zusätzlicher Bedarf an Mobilität, um Personen und Güter zum Ort der Bedürfnisbefriedigung zu transportieren. Es handelt sich folglich um einen sekundären Mobilitätsbedarf (vgl. Scherhorn, 1959, S. 89; Karg und Lehmann, 1991, S. 15ff.; Spannrad, 1995, S. 9).

Über die funktionelle Bedürfnisbefriedigung hinaus können von einer als angenehm empfundenen Art der Fortbewegung zusätzliche Erlebnisse und stimulierende Reize ausgehen. Das Bedürfnis nach sozialer Anerkennung kann u.a. auch durch demonstratives Mobilitätsverhalten befriedigt werden (vgl. Kroeber-Riel, 1992, S. 112 und S. 151; Beier, 1993, S. 111; Scitovsky, 1989, S. 22ff.).

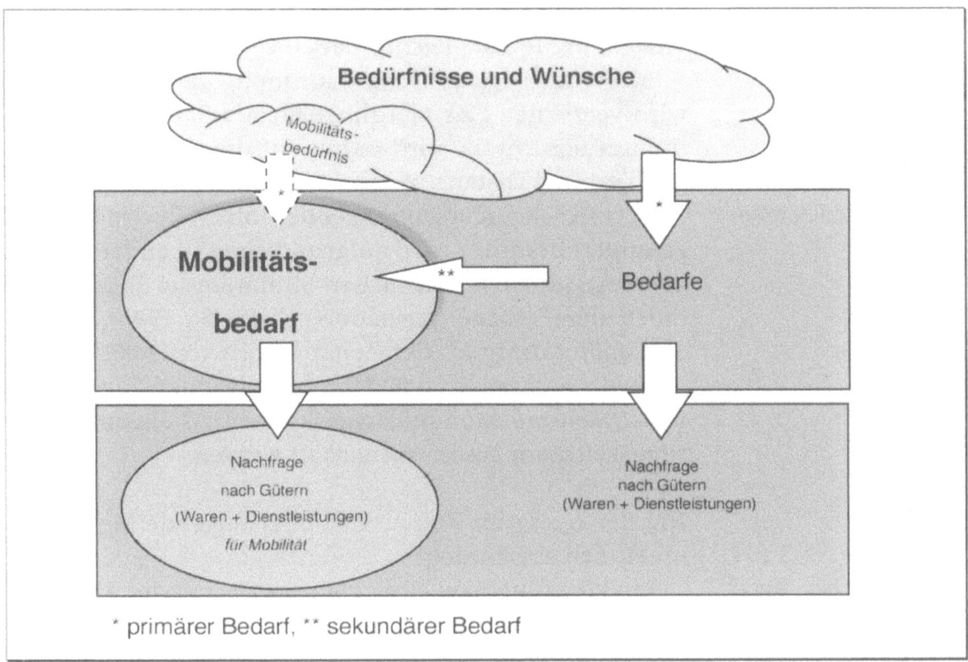

Abb. 3.5. Mobilitätsbedürfnis, Mobilitätsbedarf und Nachfrage nach Mobilität

Primäre und sekundäre Mobilitätsbedarfe werden u.a. mit den zur Verfügung stehenden Mitteln des Haushalts, den gesellschaftlichen Normen und Gesetzen konfrontiert (vgl. Kroeber-Riel, 1992, S. 169). Bei möglicher Bedarfsdeckung kommt es schließlich zur Nachfrage. Nachfrage gibt allgemein an, welche Mengen eines Gutes bestimmter Qualität bei gegebenen Präferenzen in Abhängigkeit von Preisen und Einkommen am Markt nachgefragt werden. Präferenzen lassen sich über Einstellungen (Prädispositionen) und geäußerte Meinungen erfassen.

3.3.1.3
Realisierung von Mobilität

Innerhalb der aktuellen Rahmenbedingungen (vgl. 3.3.1.1) wird zur Befriedigung von Bedürfnissen ein beobachtbares Mobilitätsverhalten aktiviert.

Im folgenden werden die Merkmale des Modells zur Beschreibung des Mobilitätsverhaltens nach der Bewegung im Raum und den Aktivitäten am Zielort erörtert.

Reduzierung der Realität auf Zeit und Distanz

Folgende den Raum und die Zeit betreffende grundsätzliche Konventionen werden für Bewegung und Aktivitäten im Modell gleichermaßen getroffen.

Auf eine geographische Zuordnung der Handlungen wird verzichtet. Das vierdimensionale Raum-Zeit-Kontinuum der Physik wird damit auf die zwei Dimensionen Zeit und Distanz reduziert.

«Mobilitätstag»

Als zeitlich gut abzugrenzendes Intervall wird ein Tag gewählt. Allerdings wird aufgrund eines in anderen Studien festgestellten nächtlichen Minimums in Tagesganglinien des Personenverkehrs (vgl. BAfSt, 1996, S. 78f.) ein *Mobilitätstag* als der Zeitabschnitt von 4.00 Uhr eines Wochentages bis 4.00 Uhr des folgenden Tages definiert. Mehrere Mobilitätstage können zu einem Erfassungszeitraum zusammengefasst werden.

Die *Bewegung* im Raum wird über folgende Merkmale im Modell abgebildet:

Was ist ein «Weg»?

Ein Weg führt von einem Startort P_0 mit der Aktivität A_0 und der Startzeit t_0 zu einem Zielort P_1 mit der Aktivität A_1 und der Ankunftszeit t_1. Dabei wird in der Zeitdauer $\Delta t_1 = t_1 - t_0$ mit dem Verkehrsmittel bzw. den Verkehrsmitteln V_1 die Entfernung s_1 zurückgelegt. Auf die Erhebungstiefe einer genauen Abbildung von Etappen[14] wird verzichtet, um v.a. die Teilnahmebereitschaft der Benutzer von öffentlichen Verkehrsmitteln nicht zu beeinträchtigen. Innerhalb eines Weges werden Etappen daher nur qualitativ über die Nennung der benutzten Verkehrsmittel abgebildet. Subjektive Gründe für die Verkehrsmittelwahl eines Weges werden erfasst.

Über die Anzahl der Personen hinaus, die gemeinsam unterwegs sind (z.B. Pkw-Besetzungsgrad), wird die soziale Zusammensetzung abgebildet. Anstelle von schwer erfassbaren Merkmalen zur geographischen Einordnung der Route wird lediglich eine Differenzierung in Wege nach dem Streckentyp (innerorts bzw. außerorts) vorgenommen. Bei der großen Anzahl von zusätzlichen Merkmalen im Vergleich zu klassischen Erhebungen im KONTIV-Design wäre eine zusätzliche Angabe z.B. der Postleitzahlen von Start- und Zielort den Teilnehmern nicht vermittelbar.

Der Zielzweck eines Weges definiert sich analog zu KONTIV über die Aktivität A_n am Zielort P_n des Weges.

Integration von subjektiven Merkmalen

Es wird angenommen, dass innerhalb des Mobilitätsverhaltens und besonders bezüglich des Verkehrsmittelwahlverhaltens Habitualisierungen eine große Rolle spielen. Daher wird zur Erklärung des Mobilitätsverhaltens im Querschnitt die subjektive Bewertung der Verkehrsmittelwahl eines Weges aus Gewohnheit ebenso erfasst wie das vergangene bzw. grundsätzliche Mobilitäts- und Reiseverhalten.

Die *Aktivitäten* werden über folgende Merkmale im Modell abgebildet:

Eine Aktivität A_1 findet an einem bestimmten Zielort P_1 zwischen der Ankunftszeit des vorangegangenen Weges t_1 und der Startzeit des folgenden Weges t_2 statt mit der Zeitdauer $\Delta t_2 = t_2 - t_1$.

Mehr Aussagekraft durch Trennung von Zielort und Zielzweck

Die Merkmale Zielort und Zielzweck werden sehr differenziert und getrennt ins Modell integriert. Abbildung 3.6 zeigt die Systematik der Aktivitäten des vorliegen-

14 Eine Etappe ist der Teil eines Weges, der mit einem Verkehrsmittel ohne Unterbrechung (z.B. durch Umsteigen auf ein anderes Verkehrsmittel) zurückgelegt wird. Als Unterbrechung zählen nicht Stopps an Ampeln oder Stau.

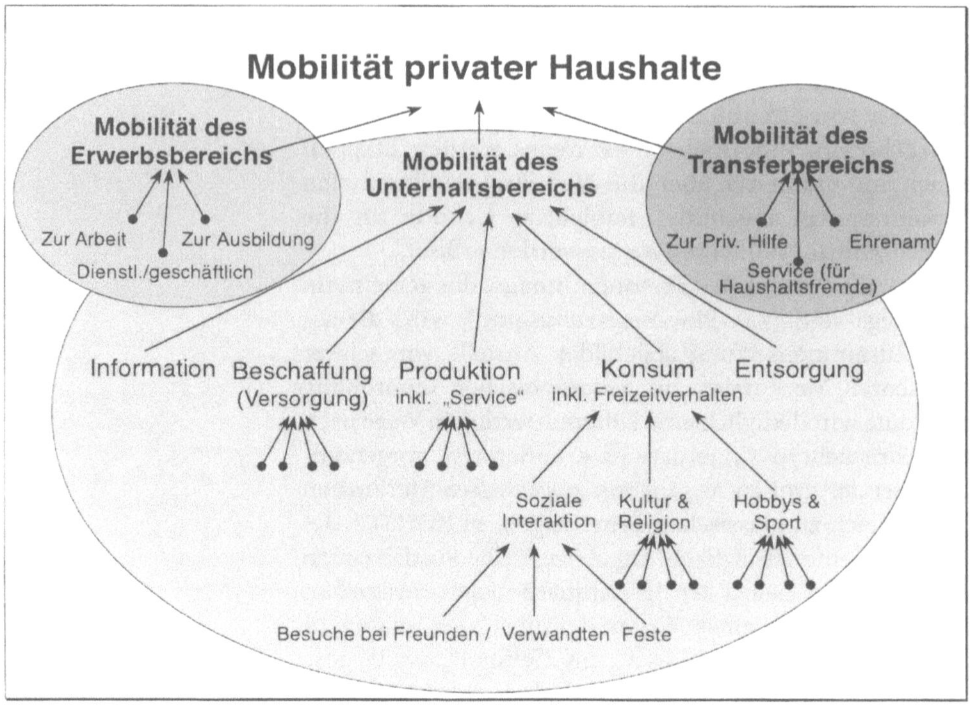

Abb. 3.6. Differenzierung von Mobilität nach Handlungsbereichen und Aktivitäten

den Modells. Die ausführliche Zuordnung von Aktivitäten zu Zielzwecken und Zielorten finden sich in den Tabellen D1 und D2 im Anhang.

Eine implizite Erfassung des Zielorts innerhalb des Zielzwecks würde zwangsläufig zu einer Verringerung der Aussagekraft der beiden Variablen führen. Für eine Einschätzung der räumlichen Verlagerbarkeit von Aktivitäten ist die Stärke der Bindung an einen bestimmten Zielorttyp (z.B. einer privaten Wohnung) wichtig. Zur Verbesserung der Abbildung der sog. Feinmobilität wird der Begriff Zwischenstopp eingeführt. Dieser Begriff steht für eine Unterbrechung der Bewegung im Raum durch eine relativ kurze Aktivität unterwegs (z.B. Tanken). Die Differenzierung von Ziel und Zwischenstopp ist der subjektiven Beurteilung der Befragungsteilnehmer überlassen. Nach der Aktivität an einem Zwischenstopp beginnt ebenfalls der nächste Weg.

Bewegung und Aktivität werden vom aktuellen Wettergeschehen und den grundsätzlichen klimatischen Bedingungen der Jahreszeiten begleitet. Daher werden objektive Wetterwerte erfasst und einer subjektiven Bewertung ausgesetzt, soweit die Personen einen Bezug zur Verkehrsmittelwahl sehen.

Die starke Differenzierung verursacht Klassifikationsprobleme

Den genannten Vorteilen einer differenzierten Erfassung von Aktivitäten stehen Nachteile bei der Klassifikation entgegen. Abbildung 3.7 zeigt horizontal Beispiele für die Zuordnung von Handlungen zu Aktivität bzw. Bewegung nach dem Kriterium der geographischen Bewegung. Letzteres ist erfüllt, wenn die Bewegung außerhalb von geschlossenen Grundstücken und Geländen stattfindet. Vertikal ist ergänzend die Zuordnung zur physiologischen Bewegung mit Beispielen belegt.

Pragmatische Lösung der Klassifikationsprobleme

Klassifikationsprobleme werden ebenfalls mit Hilfe von Beispielen in Abb. 3.7 benannt und im Folgenden pragmatisch gelöst:

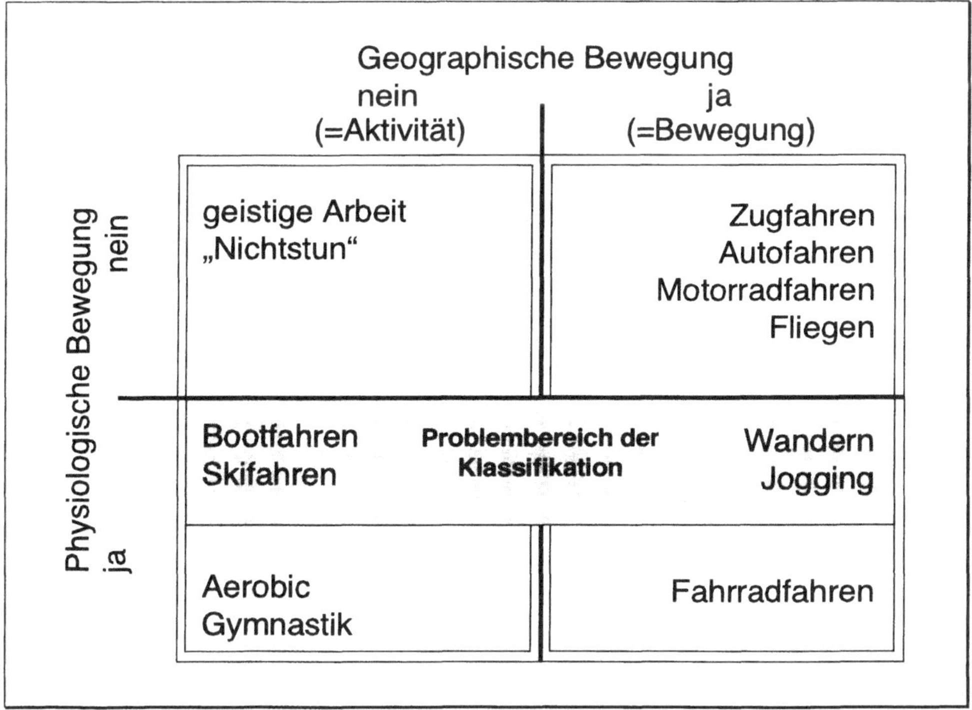

Abb. 3.7. Beispiele für die Zuordnung zu geographischer und physiologischer Bewegung

1) Eine Handlung kann subjektiv sowohl als Aktivität am Zielort als auch als Bewegung im Raum empfunden werden. (Beispiel: Für einen Anwohner des Waldes ist ein Waldspaziergang ein kleiner Rundgang und wird als Bewegung empfunden. Ein angereister Wanderer betrachtet den gleichen Rundgang jedoch als Aktivität am Zielort Wald). Es fällt auf, dass diese Unschärfen hauptsächlich bei Fortbewegungsarten mit physiologischem Bewegungsaufwand bei Menschen verbunden sind. Die Zuordnung im Modell erfolgt über die Bedeutung der Fortbewegungsart im Alltag: Wege zu Fuß oder mit dem Fahrrad werden als Bewegung im Raum abgebildet, Fortbewegungsarten mit überwiegendem Freizeitcharakter (z.B. Bootfahren, Skifahren) werden als Aktivität betrachtet.
2) Kombinationen von Aktivitäten (z.B. Stadtbummel) können subjektiv als eine Aktivität oder als mehrere Aktivitäten und entsprechende Wege beschrieben werden. Diese Zuordnung muss den Untersuchungsteilnehmern überlassen werden.

Wege und Aktivitäten werden zu Touren und Mobilitätsprofilen zusammengefasst

Aus den einzelnen Merkmalen zur Beschreibung von Mobilität setzen sich komplexere Konstrukte zusammen, die für das Verständnis von Mobilität herangezogen werden.

Eine Zusammenfassung von Wegen zu einer Tour ist sinnvoll, um alle zeitlich und sachlich aufeinanderfolgenden Bewegungen und Aktivitäten zwischen zwei Aufenthalten zu Hause oder an adäquaten Orten in Verbindung zueinander zu sehen. Zwischen der Verkehrsmittelwahl für einen Weg und einer gesamten Tour dürfte sich ein starker Bezug feststellen lassen. Touren können entweder aus einem Rundweg von zu Hause nach zu Hause, einem Hin- und einem Rückweg oder aus stärker verketteten Einheiten bestehen. Als Wegekette ist damit eine zeitliche und sachliche Aneinanderreihung von Wegen innerhalb einer Tour zu verstehen.

Die Merkmale der Aktivitäten und Bewegungen einer Person an einem Mobilitätstag lassen sich zu einem Mobilitätsprofil[15] zusammenfassen.

In Tabelle 3.1 wird ein Beispiel für ein Mobilitätsprofil im Modell dargestellt (die Etappen gehen nur qualitativ über den Umsteigevorgang zwischen zwei Verkehrsmitteln ein, im Beispiel erscheinen sie daher in Klammern):

Tabelle 3.1. Beispiel für ein Mobilitätsprofil

Handlung (Abkürzung)	Aktivität	Bewegung	Tour/Weg/(Etappe)	Dauer [h.min]	Entfernung [km]
N.N. in Wohnung (W)	X			4.00	0
Fahrt mit der Straßenbahn		X	1.1 (1)	0.15	3
Umsteigen zur U-Bahn (H)		(X)		0.05	0
Fahrt mit der U-Bahn		X	1.1 (2)	0.10	5
Einkauf (V)	X			0.20	0
Fußweg		X	1.2	0.10	1
Arbeiten (A)	X			7.30	0
Fahrt mit dem Bus		X	1.3 (1)	0.15	3
Umsteigen zur Straßenbahn (H)		(X)		0.05	0
Fahrt mit der Straßenbahn		X	1.3 (2)	0.15	3
N.N. in Wohnung (W)	X			1.30	0
Fahrt mit dem Pkw		X	2.1	0.10	5
Schwimmen (F)	X			1.30	0
Fahrt mit dem Pkw		X	2.2	0.10	5
N.N. in Wohnung (W)	X			7.35	0

15 In Bezug auf die verträgliche Abwicklung von Mobilität wird über die stärkere Verkettung von Wegen (d.h. innerhalb von Touren) nachgedacht (vgl. 5.3.1.3). Derzeit gestalten sich die Mobilitätsprofile von Personen mit einem Anteil von 80% bis 90% als überwiegend sternförmig mit den Typen «Wohnen-Aktivität-Wohnen», «Wohnen-Aktivität-Wohnen-Aktivität-Wohnen» usw.. Die Aktivitäten außer Haus sind damit eben gerade *nicht* verkettet (vgl. Zumkeller, 1997, S. 21). Daher erscheint es nicht sinnvoll, das Mobilitätsprofil eines ganzen Tages generell als Wegekette zu bezeichnen (vgl. Kloas und Kunert, 1993, S. 40).

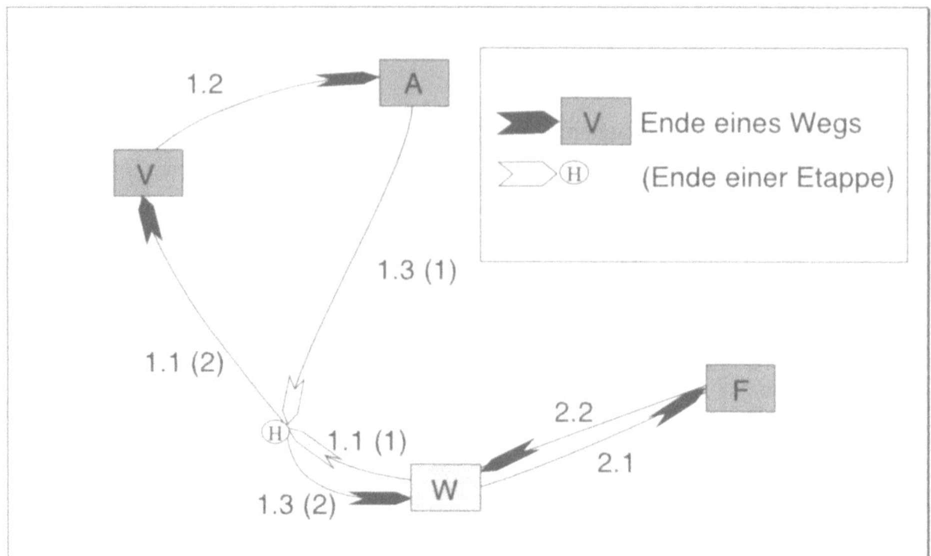

Abb. 3.8. Beispiel für ein Mobilitätsprofil eines Tages (räumliche Darstellung)

In den 24 Stunden des Mobilitätstages ergeben sich für die Beispiel-Person eine Mobilitätsrate von fünf Wegen, ein Mobilitätsstreckenbudget von 25km und ein Mobilitätszeitbudget von 95 Minuten[16]. Die durchschnittliche Geschwindigkeit unterwegs beträgt 16km/h, die theoretische durchschnittliche Tagesgeschwindigkeit liegt damit bei rund 1km/h.

Das Mobilitätsprofil lässt sich grundsätzlich räumlich (Abb. 3.8), strecken- und zeitbezogen (Abb. 3.9 und 3.10) darstellen (vgl. Axhausen, 1995, S. 5ff.). Die Buchstaben und Ziffern für die Benennung der Aktivitäten und der Bewegung entsprechen denen aus Tabelle 3.1.

Die Überlegungen zur räumliche Abbildung der Mobilität und die genaue Abbildung von Etappen dienen als Ausgangspunkte für die weiteren Vereinfachungen des Modells. Auf ihre Abbildung im Modell wird aus den genannten Gründen verzichtet. Aussagen über alternative Routen lassen sich somit aus diesem Modell nicht ableiten. Aktivität und Bewegung in Raum und Zeit können nach Abb. 3.9 und 3.10 strecken- bzw. zeitbezogen abgebildet werden.

16 Inkl. 10 Minuten für Umsteigen und Warten.

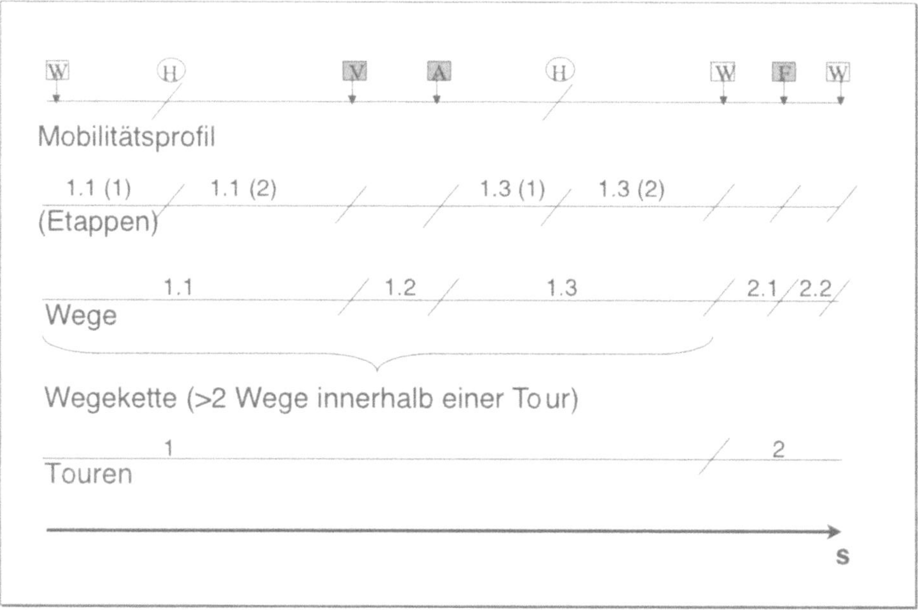

Abb. 3.9. Beispiel für ein Mobilitätsprofil eines Tages (streckenbezogene Darstellung)

Abb. 3.10. Beispiel für ein Mobilitätsprofil eines Tages (zeitbezogene Darstellung)

3.3.1.4
Veränderbarkeit von Mobilität

Verkehr reduzieren – aber Mobilität gewährleisten

Für die Gestaltung einer zukunftsfähigen Mobilität werden Forderungen nach einer Reduzierung der Nachteile von Verkehr bei gleichzeitiger Erhaltung der Mobilität der Bevölkerung gestellt (vgl. BMBF, 1997, S. 12). Der vorliegende Ansatz soll bei gegebenen Rahmenbedingungen und ausgehend vom realisierten Mobilitätsverhalten Ansatzpunkte für eine Veränderung des Mobilitätsverhaltens privater Haushalte liefern. In das Modell werden folglich Überlegungen zu Verkehrsvermeidung und Verkehrsverlagerung einbezogen.

Verkehrsvermeidung

Vermeidung bzw. Substitution von physischer Mobilität

Eine Reduzierung des Verkehrs kann erreicht werden durch Mobilitätsvermeidung und Streckenreduzierung. Letztere erfordert die lokale Verlagerung von Aktivitäten und wird daher der Verkehrsverlagerung zugeordnet. Eine Mobilitätsvermeidung kann nur dann Erfolg bei den Menschen haben, wenn (mindestens) der gleiche Nutzen durch Aktivitäten zu Hause erbracht werden kann (z.B. durch Telebanking anstelle eines Schalterbesuchs). Die Aktivitäten außer Haus müssen folglich nach ihrer Substituierbarkeit mit Aktivitäten zu Hause beurteilt werden. Eine (ersatzlose) Vermeidung von Aktivitäten kann erreicht werden, wenn letztlich aufgrund von veränderten persönlichen Präferenzen ein primärer Bedarf nicht entsteht. Zur Vermeidung von Verkehr könnte auch eine besser geplante Mobilität im Alltag beitragen. Dazu wird erfasst, welcher Anteil der Mobilität von den Personen als «geplant» bewertet wird. Ein Beitrag der privaten Haushalte zu einer verträglicheren Abwicklung von Verkehr könnte eine bessere Verknüpfung von Aktivitäten innerhalb einer Tour sein, d.h. ein räumlich sternförmiges Mobilitätsprofil müsste durch ein stärker verkettetes Mobilitätsprofil ersetzt werden. Entsprechende Kennzahlen zu Touren können aus wegbezogenen Variablen abgeleitet werden.

Verkehrsverlagerung
Eine Verlagerung des Verkehrs kann grundsätzlich hinsichtlich des Raums (lokal), der Zeit (temporal) und des Verkehrsmittels (modal) erfolgen.

lokal, temporal, modal

Die Abbildung von Potentialen zur lokalen Verlagerung ist nicht möglich, da die geographische Lage der Alternativen mit der vorliegenden Methode nicht erfasst werden kann.

Die Abbildung von Potentialen für eine temporale Verlagerung wird der subjektiven Einschätzung der Untersuchungsteilnehmer zur Dringlichkeit und Fristigkeit einer Aktivität am Zielort überlassen. Die Abbildung von Potentialen für eine modale Verlagerung und die Gründe für die Verkehrsmittelwahl werden ebenfalls der Einschätzung der Untersuchungsteilnehmer überlassen. Dazu werden entsprechende subjektive Variablen definiert.

3.3.2 Mathematische Formulierung des Modells

In diesem Abschnitt werden zunächst die Variablen des Modells definiert. Anschließend werden Gleichungen formuliert, die das Mobilitätsverhalten von Personen in privaten Haushalten in verschiedenen Verkehrsbereichen und Handlungsbereichen in Abhängigkeit von möglichen Bestimmungsgründen darstellen.

3.3.2.1 *Variablen*

Spezifische Annahmen für die Querschnittsuntersuchung

In diesem Rahmen ist nochmals wegen der angenommenen Interdependenz zwischen Mobilität und der sonstigen Gestaltung des Lebens auf den Querschnittscharakter dieser Untersuchung hinzuweisen: Für den Analysezeitraum von zwei bzw. drei Tagen werden die Rahmenbedingungen und die hypothetischen Hintergründe als gegeben akzeptiert und können deshalb als unabhängige Variablen des Modells betrachtet werden. Wäre der Beobachtungszeitraum länger (z.B. ein Jahr und mehr) müsste diese Annahme gelockert werden.

Für die Erklärung des Mobilitätsverhaltens ist es zunächst notwendig, die Variablen des Modells in abhängige und unabhängige Variablen zu differenzieren. Abhängige Variablen werden mit y, unabhängige Variablen mit x bezeichnet.

Abhängige Variablen

Relevante Kennzahlen für das Mobilitätsverhalten werden in dieser Arbeit in zwei Ebenen der Betrachtung erfasst: In der Ebene eines Personentages und in der Ebene des einzelnen Weges.

Die Kennzeichen des Mobilitätsverhaltens werden als $y_{k,a,v,m}$ beschrieben, wobei

$k = 1, 2, 3, 4, 5$ und
$k = 1$: Mobilitätsrate Σn*
$k = 2$: Mobilitätsstreckenbudget Σs [km]*
* Ebene eines Personentages

$k = 3$: Distanz s [km]**
$k = 4$: Zeitdauer Δt [min]**
$k = 5$: Wahl eines Verkehrsbereichs**
** Ebene eines Weges

$a = 1, 2$ und
$a = 1$: Alltag
$a = 2$: Freizeit

$v = 1, 2, 3, 4$ und
$v = 1$: Verkehrsbereich zu Fuß
$v = 2$: Verkehrsbereich Fahrrad
$v = 3$: Verkehrsbereich ÖV
$v = 4$: Verkehrsbereich mIV

$m = 1, 2, ..., M$ für die Personen.

Abhängig von der Fragestellung können die $y_{k,a,v,m}$ auch als erklärende Variablen in das Modell eingehen.

Die abhängigen Variablen sind in Tabelle 3.2 dargestellt.

Tabelle 3.2. Abhängige Variablen des Modells

Variablen	
Bedeutung	**Bezeichnung**
Personentagbezogene Variablen	
Mobilitätsrate	y_{1av}
Mobilitätsstreckenbudget	y_{2av}
Wegbezogene Variablen	
Distanz	y_{3av}
Zeitdauer	y_{4av}
Wahl eines Verkehrsbereichs	y_{5av}

Unabhängige Variablen

Die unabhängigen Variablen x_{jm} lassen sich differenzieren in

- Erhebungsbezogene Variablen, wobei $j = 1,..., J_1$
- Haushaltsbezogene Variablen, wobei $j = J_1+1,..., J_2$
- Personenbezogene Variablen, wobei $j = J_2+1,..., J_3$
- Wegbezogene Variablen, wobei $j = J_3+1,..., J_4$ (nur zur Erklärung von abhängigen Variablen in der Wegeebene)

$m = 1, 2, ..., M$ für die Personen.

Die unabhängigen Variablen des Modells sind im Einzelnen in Tabelle 3.3 aufgelistet.

3.3.2.2
Gleichungen

Im Folgenden werden die Gleichungen des Modells dargestellt. Dabei wird unterschieden zwischen Definitionsgleichungen und Verhaltensgleichungen. Der Unterschied ist folgender. In Definitionsgleichungen sind die funktionale Form und die Parameter der Gleichungen bekannt. In Verhaltensgleichungen sind die funktionale Form und die Parameter der jeweiligen funktionalen Form unbekannt.

Tabelle 3.3. Unabhängige Variablen des Modells

Variablen	
Bedeutung	**Bezeichnung**
Erhebungsbezogene Variablen	
Jahreszeit	x_1
Mobilitätstag	x_2
Durchschnittliche Tagestemperatur	x_3
Sonnenscheindauer	x_4
Niederschlagsmenge	x_5
Haushaltsbezogene Variablen	
Haushaltsgröße	X_6
Zahl der Kinder unter 10 J.	X_7
Haushaltstyp	X_8
Haushaltseinkommen	X_9
Pro-Kopf-Einkommen im Haushalt	X_{10}
Wohnstatus	X_{11}
Ausstattung mit Wochenendhaus etc.	x_{12}
Anzahl privat nutzbarer Pkw	x_{13}
Ausstattung mit haushalttechnischen Geräten	x_{14}
Ausstattung mit elektronischen Geräten und Medien	x_{15}
Besitz von min. einem Hund	x_{16}
Besitz von min. einem anderen Haustier	x_{17}
BIK-Gemeindetyp des Wohnstandorts	x_{18}
Regierungsbezirk	x_{19}
Umfang der Versorgung mit diversen Einrichtungen	x_{20}
Anbindung an den öffentlichen Verkehr	x_{21}
Zufriedenheit mit der Anbindung an den öffentlichen Verkehr	x_{22}
Parkplatzsituation zuhause	x_{23}
Personenbezogene Variablen	
Altersgruppe	x_{24}
Geschlecht	x_{25}
Familienstand	x_{26}
Schulabschluss	x_{27}
Berufsabschluss	x_{28}
Stellung im Beruf bzw. Ausbildung	x_{29}
Arbeitszeit (Teilzeit/Vollzeit)	x_{30}
Art der Relation: Wohnen-Arbeiten	x_{31}
Beitrag zum Haushaltseinkommen	x_{32}
Fahrerlaubnis der Klasse 1	x_{33}
Fahrerlaubnis der Klasse 2	x_{34}
Fahrerlaubnis der Klasse 3	x_{35}
Nutzungsmöglichkeit eines Pkw	x_{36}
Alter des genutzten Pkw	x_{37}
Nutzungsmöglichkeit eines Fahrrades	x_{38}
Nutzungsmöglichkeit eines Kraftrades	x_{39}
Nutzung von Fahrgemeinschaften	x_{40}
Besitz einer ÖV-Netzkarte	x_{41}

Tabelle 3.3. Fortsetzung

Variablen	
Bedeutung	**Bezeichnung**
(Fortsetzung: Personenbezogene Variablen)	
Besitz einer Bahncard	x_{42}
Nutzung von Sonderangeboten im ÖV	x_{43}
Mobilitätsverhalten im Rückblick nach Aktivitäten	x_{44}
Mobilitätsverhalten im Rückblick nach Verkehrsmitteln	x_{45}
Zahl der Urlaubsreisen	x_{46}
Gebundene Zeit im Alltag zuhause	x_{47}
Gebundene Zeit im Alltag außer Haus	x_{48}
Bevorzugte Orte für Freizeit	x_{49}
Bevorzugte Freizeitaktivitäten	x_{50}
Bevorzugte Orte für Tagesreisen	x_{51}
Bevorzugte Orte für Kurzreisen	x_{52}
Informelle Hilfe für andere	x_{53}
Ehrenamtliches Engagement	x_{54}
Einstellung zum mIV	x_{55}
Einstellung zum ÖV	x_{56}
Zufriedenheit mit der Ortsgröße	x_{57}
Wegbezogene Variablen	
Zeitabschnitt	x_{58}
Temperatur	x_{59}
Sonnenschein	x_{60}
Niederschlag	x_{61}
subjektiver Grund der Verkehrsmittelwahl	x_{62}
Art des Zielorts	x_{63}
Art der Aktivität	x_{64}
Dringlichkeit und Fristigkeit der Aktivität	x_{65}
Anzahl der Personen, die gemeinsam unterwegs sind	x_{66}

Beispiel:

Gleichung 1.1 gibt die Definitionsgleichung für die Mobilitätsrate in der Freizeit an, d.h. k=1, a=2 (pro Personentag), als die Summe der Mobilitätsraten der einzelnen Verkehrsbereiche in der Freizeit:

$$y_{12.m} = y_{121m} + y_{122m} + y_{123m} + y_{124m}, \quad \text{wobei } m = 1, 2, \ldots, M \text{ für die Personen.} \tag{1.1}$$

Zur Vereinfachung wird die Summe über ein Subskript durch einen Punkt an der entsprechenden Subskript-Stelle angedeutet.

Angenommen $y_{12.m}$ soll erklärt werden. Zu diesem Zweck werden die Verhaltensgleichungen für die Komponenten von $y_{12.m}$ definiert. In erster Näherung sind dies stochastische lineare Gleichungen folgender Art:

$$y_{121m} = \beta_{121,0} + \beta_{121,1}\,x_{1m} + \beta_{121,2}\,x_{2m} + \beta_{121,3}\,x_{3m} + \ldots + \beta_{121,J}\,x_{Jm} + u_{121,m} \quad (2.1.1)$$

$$y_{122m} = \beta_{122,0} + \beta_{122,1}\,x_{1m} + \beta_{122,2}\,x_{2m} + \beta_{122,3}\,x_{3m} + \ldots + \beta_{122,J}\,x_{Jm} + u_{122,m} \quad (2.1.2)$$

$$y_{123m} = \beta_{123,0} + \beta_{123,1}\,x_{1m} + \beta_{123,2}\,x_{2m} + \beta_{123,3}\,x_{3m} + \ldots + \beta_{123,J}\,x_{Jm} + u_{123,m} \quad (2.1.3)$$

$$y_{124m} = \beta_{124,0} + \beta_{124,1}\,x_{1m} + \beta_{124,2}\,x_{2m} + \beta_{124,3}\,x_{3m} + \ldots + \beta_{124,J}\,x_{Jm} + u_{124,m} \quad (2.1.4)$$

wobei:

$\beta_{kav,0}$ = Konstante

$\beta_{kav,j}$ (j>0) = Koeffizient, mit dem der Bestimmungsgrund x_{jm} auf die abhängige Variable wirkt

$u_{kav,m}$ = Fehler.

daraus folgt mit Gl. 1.1

$$y_{12.m} = \beta_{12.,0} + \beta_{12.,1}\,x_{1m} + \beta_{12.,2}\,x_{2m} + \beta_{12.,3}\,x_{3m} + \ldots + \beta_{12.,J}\,x_{Jm} + u_{12.,m} \quad (2.1.5)$$

wobei

$\beta_{12.,j}$ (j = 0, 1, ..., J) = $\Sigma\, \beta_{12v,j}$

Die Schätzung der $\beta_{12.,j}$ ist damit auf zwei Wegen möglich:

a) indirekt über $\beta_{12v,j}$ in Gl. 2.1.1 bis Gl. 2.1.4

b) direkt über $\beta_{12.,j}$ in Gl. 2.1.5 .

Zur Vereinfachung der Schätzung wird das direkte Verfahren gewählt. Eine Schätzung der abhängigen Variablen erfolgt dann mit der Gleichung:

$$\hat{y}_{12.m} = \hat{\beta}_{12.,0} + \hat{\beta}_{12.,1}\,x_{1m} + \hat{\beta}_{12.,2}\,x_{2m} + \hat{\beta}_{12.,3}\,x_{3m} + \ldots + \hat{\beta}_{12.,J}\,x_{Jm} \quad (2.1.5')$$

Bei dichotomen abhängigen Variablen (hier: y_{5avm}) kann die Wahrscheinlichkeit p_{5avm} ihrer Merkmalsausprägung y_{5avm} = 1 mit folgender logistischer Beziehung ausgedrückt werden (vgl. Bühl und Zöfel, 1998, S. 336ff.):

$$p_{5avm} = 1/(1+\exp(-z_{5avm})), \quad (3.1.1)$$

wobei

$$z_{5avm} = \gamma_{5av,0} + \gamma_{5av,1}\, x_{1m} + \gamma_{5av,2}\, x_{2m} + \gamma_{5av,3}\, x_{3m} + \ldots + \gamma_{5av,J}\, x_{Jm} + w_{5av,m} \quad (3.1.2)$$

wobei:

z_{5avm} = Funktion der Wahrscheinlichkeit für das Zutreffen der Merkmalsausprägung $y_{5avm} = 1$ (z.B. $z_{5avm} = 0 \Rightarrow p_{5avm} = 50\%$)

$\gamma_{5av,0}$ = Konstante

$\gamma_{5av,j}$ $(j>0)$ = Koeffizient, mit dem der Bestimmungsgrund x_{jm} auf z_{5avm} wirkt

$w_{5av,m}$ = Fehler.

Eine Schätzung der Wahrscheinlichkeit für das Zutreffen der Merkmalsausprägung $y_{5avm} = 1$ erfolgt mit der Gleichung:

$$\hat{p}_{5avm} = 1/(1+\exp(-\hat{z}_{5avm})), \quad (3.1.1')$$

wobei

$$\hat{z}_{5avm} = \hat{\gamma}_{5av,0} + \hat{\gamma}_{5av,1}\, x_{1m} + \hat{\gamma}_{5av,2}\, x_{2m} + \hat{\gamma}_{5av,3}\, x_{3m} + \ldots + \hat{\gamma}_{5av,J}\, x_{Jm} \quad (3.1.2')$$

SMM in Kürze

Wichtige Punkte des Sozialökonomischen Modells des Mobilitätsverhaltens lassen sich wie folgt zusammenfassen (Abb. 3.11):

Um die vielfältigen Aktivitäten der Menschen und die damit verbundene Mobilität analysieren zu können, ist es notwendig, ein Modell zu entwickeln. In diesem Modell kann die Realität der Mobilität privater Haushalte nach Art, Umfang und Zweck hinreichend differenziert abgebildet werden.

Paradigma des SMM

Das Sozialökonomische Modell des Mobilitätsverhaltens (SMM) erfasst die Aktivitäten der Haushaltsmitglieder und die damit verbundene Bewegung im Raum und ordnet sie den Handlungsbereichen Erwerbs-, Unterhalts- bzw. Transferbereich differenziert zu. Subjektive Angaben zur wegspezifischen Verkehrsmittelwahl sowie zur Dringlichkeit bzw. Fristigkeit des Zielzwecks werden ebenfalls abgebildet.

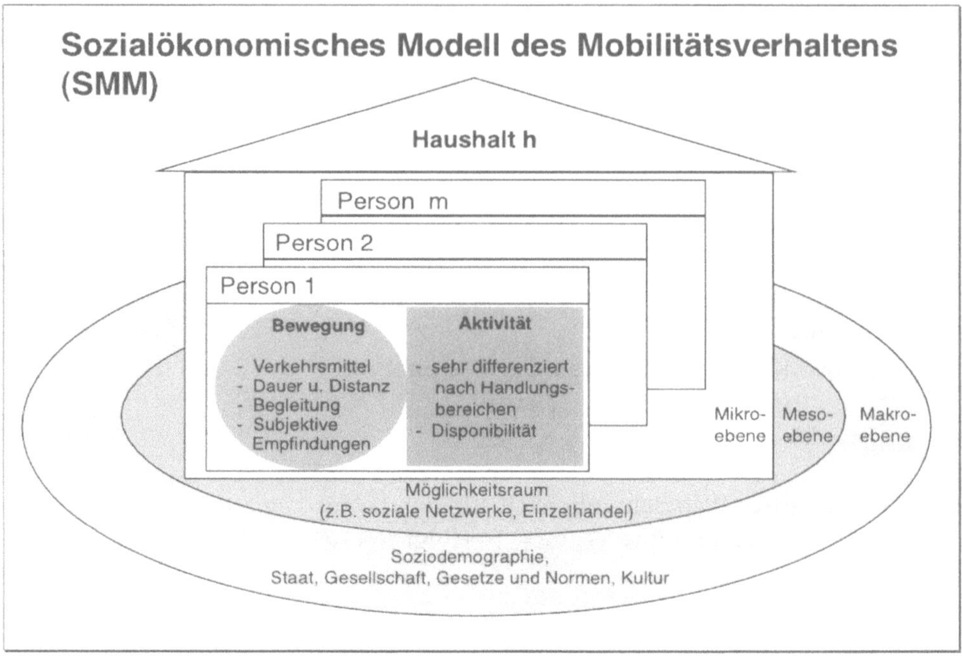

Abb. 3.11. Mobilität im Kontext eines privaten Haushalts

Die erfassten Kenngrößen des Mobilitätsverhaltens weisen eine Varianz auf. Diese soll durch Merkmale der Person und des Haushalts erklärt werden. Soziale, ökonomische und standortbezogene Merkmale werden dazu erfasst. Entsprechende Gleichungen sind formuliert.

B
Empirischer Teil

4 Methode

In diesem Kapitel wird dargestellt, wie das Sozialökonomische Modell des Mobilitätsverhaltens (SMM) in der Untersuchung Mobilität ´97 umgesetzt wurde. In der Reihenfolge der Arbeiten werden die Planung der Erhebung, die Durchführung der Feldphase, die manuellen und EDV-basierten Bearbeitungen der erhobenen Daten und schließlich die Verfahren ihrer statistischen Auswertung beschrieben.
Mit der Datenerhebung für die Untersuchung Mobilität ´97 wurde die Abteilung Verkehrsforschung der Infratest Burke Wirtschaftsforschung GmbH & Co., München, beauftragt.

4.1 Planung der Erhebung

Das Untersuchungsdesign musste folgende Rahmenbedingungen erfüllen:

- Anknüpfung an andere Erhebungen (z.B. KONTIV oder Zeitbudgetstudie) und Möglichkeit zum Vergleich grundlegender Kennzahlen
- Erfassung der Ausprägungen der Variablen des Modells
- eine forschungsökonomische Kostenrestriktion ($K_{max} \leq$ 285.000 DM)
- eine bevölkerungsrepräsentative Stichprobe (n $\geq$ 2.000 Personen).

Diese Vorgaben ließen sich mit einer schriftlichen Befragung bestehend aus einem protokollierenden Teil mit ergänzendem Fragebogen am besten erfüllen (vgl. Friedrichs, 1990, S. 236ff.; Atteslander, 1993, S. 163ff.).

4.1.1 Konzeption der Erhebungsunterlagen

Die Variablen des Modells wurden nach den Ebenen der Betrachtung (ein Haushalt, eine Person bzw. ein Weg) einem Haushaltsfragebogen, einem Personenfragebogen und einem Mobilitätstagebuch zugeordnet. Die Originalunterlagen finden sich in Anhang A.

Haushaltsfragebogen

Der Haushaltsfragebogen enthält Fragen zur Lage und Art des Wohnorts, des Zugangs zu verschiedenen Einrichtungen des täglichen Lebens, der Gestaltung hauswirtschaftlicher Aufgaben (z.B. Versorgung, Kinderbetreuung, Ausstattung mit Haushaltsgeräten), Ausstattung mit Pkw und Zugang zu öffentlichen Verkehrsmitteln sowie der Einkommenssituation. Ferner sind im Haushaltsfragebogen die Haushaltsgröße und soziodemographische Merkmale der einzelnen Haushaltsmitglieder enthalten. Die soziodemographischen Merkmale wurden nicht einzeln im Personenfragebogen, sondern zur Vereinfachung im Haushaltsbogen erfragt, um den Teilnehmern die Arbeit zu erleichtern. Der Haushaltsfragebogen sollte in Mehr-Personen-Haushalten von der Person mit dem besten Überblick zu den Fragestellungen ausgefüllt werden.

Personenfragebogen

Der Personenfragebogen enthält Fragen zum Führerscheinbesitz und zum Zugang zu privat nutzbaren Verkehrsmitteln (Pkw, Fahrrad, Kraftrad), zur Gestaltung des alltäglichen Mobilitätsverhaltens nach Aktivitäten und Verkehrsmitteln, zu verkehrspolitischen Meinungen und zum persönlichen Beitrag zum Monatseinkommen des Haushalts. Direkte Einstellungsmessungen über Likert-Skalen werden vermieden, um gesellschaftlich erwünschte Angaben zu vermeiden (sog. Respond Sets). Prädispositionen bezüglich der Nutzung des Pkw bzw. des ÖV werden indirekt über offene Fragen zu verkehrspolitischen Problemfeldern abgefragt.

Mobilitätstagebuch

Das Mobilitätstagebuch enthält Fragen zu einzelnen Wegen, die von einer Person eines Haushalts durchgeführt werden. Analog zu den klassischen Travel-Diaries wurden die zeitliche Einordnung nach Wochentag, Start- und Zielzeit des Weges, die Entfernung[1] und das bzw. die gewählten Verkehrsmittel erhoben (Frage 1).

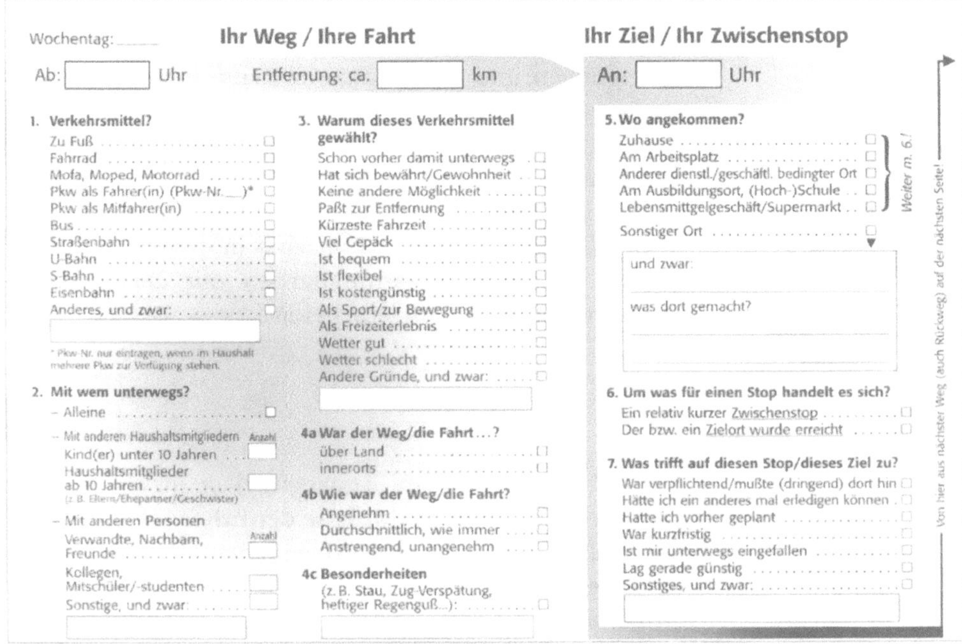

Wochentag: ______

Ihr Weg / Ihre Fahrt

Ab: [ ] Uhr Entfernung: ca. [ ] km

1. Verkehrsmittel?
- Zu Fuß ☐
- Fahrrad ☐
- Mofa, Moped, Motorrad ☐
- Pkw als Fahrer(in) (Pkw-Nr. __)* ☐
- Pkw als Mitfahrer(in) ☐
- Bus ☐
- Straßenbahn ☐
- U-Bahn ☐
- S-Bahn ☐
- Eisenbahn ☐
- Anderes, und zwar: ☐

* Pkw-Nr. nur eintragen, wenn im Haushalt mehrere Pkw zur Verfügung stehen.

2. Mit wem unterwegs?
- Alleine ☐
- Mit anderen Haushaltsmitgliedern (Anzahl)
  - Kind(er) unter 10 Jahren [ ]
  - Haushaltsmitglieder ab 10 Jahren [ ] (z. B. Eltern/Ehepartner/Geschwister)
- Mit anderen Personen (Anzahl)
  - Verwandte, Nachbarn, Freunde [ ]
  - Kollegen, Mitschüler/-studenten [ ]
  - Sonstige, und zwar: [ ]

3. Warum dieses Verkehrsmittel gewählt?
- Schon vorher damit unterwegs ☐
- Hat sich bewährt/Gewohnheit ☐
- Keine andere Möglichkeit ☐
- Paßt zur Entfernung ☐
- Kürzeste Fahrzeit ☐
- Viel Gepäck ☐
- Ist bequem ☐
- Ist flexibel ☐
- Ist kostengünstig ☐
- Als Sport/zur Bewegung ☐
- Als Freizeiterlebnis ☐
- Wetter gut ☐
- Wetter schlecht ☐
- Andere Gründe, und zwar: ☐

4a War der Weg/die Fahrt…?
- über Land ☐
- innerorts ☐

4b Wie war der Weg/die Fahrt?
- Angenehm ☐
- Durchschnittlich, wie immer ☐
- Anstrengend, unangenehm ☐

4c Besonderheiten (z. B. Stau, Zug-Verspätung, heftiger Regenguß…): ☐

Ihr Ziel / Ihr Zwischenstop

An: [ ] Uhr

5. Wo angekommen?
- Zuhause ☐
- Am Arbeitsplatz ☐
- Anderer dienstl./geschäftl. bedingter Ort ☐
- Am Ausbildungsort, (Hoch-)Schule ☐
- Lebensmittgelgeschäft/Supermarkt ☐

Weiter m. 6.!

- Sonstiger Ort ☐

und zwar:

was dort gemacht?

6. Um was für einen Stop handelt es sich?
- Ein relativ kurzer Zwischenstop ☐
- Der bzw. ein Zielort wurde erreicht ☐

7. Was trifft auf diesen Stop/dieses Ziel zu?
- War verpflichtend/mußte (dringend) dort hin ☐
- Hätte ich ein anderes mal erledigen können ☐
- Hatte ich vorher geplant ☐
- War kurzfristig ☐
- Ist mir unterwegs eingefallen ☐
- Lag gerade günstig ☐
- Sonstiges, und zwar: ☐

Von hier aus nächster Weg (auch Rückweg) auf der nächsten Seite!

Abb. 4.1. Erfassung eines Weges im Mobilitätstagebuch

Zusätzlich wird bei Wegen, die gemeinsam mit anderen Personen durchgeführt werden, die formale soziale Beziehung erfasst (Frage 2). Frage 3 befasst sich mit möglichen subjektiven Gründen der Verkehrsmittelwahl. Frage 4 erfasst den Streckentyp und subjektive Eindrücke. In Frage 5 wird die methodische Trennung von Ortstyp und Aktivität umgesetzt (Wermuth et al., 1984, S. 124). Die Fragen 6 und 7 geben Aufschluss über die subjektive Bewertung einer Aktivität als Zwischenstop in einer Wegekette bzw. zur Dringlichkeit und Fristigkeit der Aktivität.

Das Layout stützt sich visuell auf die Wahrnehmung von Mobilität

Wie Abb. 4.1 zeigt, wurde auch bei der Protokollierung auf die Trennung der Fragen zur Charakterisierung der Bewegung und der Aktivitäten am Zielort geachtet. Das gewählte Layout unterstützt die Trennung

1 Nach den Erkenntnissen über die Wahrnehmung und die Auskunftsbereitschaft von Untersuchungsteilnehmern werden die Zeit- und Streckenlängenmerkmale als Schätzungen der handelnden Personen akzeptiert.

zwischen Weg und Ziel zudem grafisch, sodass das Mobilitätstagebuch der menschlichen Wahrnehmung von Bewegungen und Aktivitäten in Raum und Zeit entgegenkommt.

Insgesamt wurde auf eine möglichst ansprechende und klare Gestaltung der Erhebungsunterlagen in Formen und Farben geachtet.

Die Umsetzung dieses Konzepts in das Fragebogen-Layout wurde in Zusammenarbeit mit der Fotosatz Blum GmbH, München, erarbeitet.

4.1.2 Pretest

Zur Überprüfung der Umsetzbarkeit des Untersuchungsdesigns in die Feldphase der Erhebung wurde im Januar 1997 ein Pretest mit 40 Personen im Alter von 12-76 Jahren durchgeführt (vgl. Ehling, 1997, S. 151ff.). Die ausgefüllten Pretest-Unterlagen wurden auf Qualität und Quantität geprüft. Zusätzlich wurden die Probanden (fern-) mündlich nach einem Leitfaden befragt, der folgende Punkte umfasste: Umfang, Verständlichkeit, Layout, Ergänzungswünsche, unangebrachte Fragestellungen.

Tabelle C 1 im Anhang weist Ergebnisse der Auswertung der Pretestunterlagen und der Interviews aus und zeigt die Konsequenzen für die Feldphase auf.

4.1.3 Stichprobenanlage[2]

Die Grundgesamtheit der Erhebung stellt die deutschsprachige Wohnbevölkerung des Freistaates Bayern ab einem Alter von 10 Jahren in privaten Haushalten dar. Die Auswahlgesamtheit wird aus den Haushalten mit Telefonanschluss[3] gebildet.

2 Vgl. Infratest (o.J., S. 1f.).

Verzerrungsfreie Stichprobe durch ITMS

Die Befragung selbst basiert auf dem Infratest-Telefonhaushalts-Master-Sample (ITMS). Dieses führt zu verzerrungsfreien Stichproben (Vermeidung des not-at-home bias) ohne Klumpeneffekte[4].

Das ITMS ist so differenziert geschichtet, dass jede Gemeinde ab 5.000 Einwohnern bzw. bei Städten jeder Stadtteil in der Stichprobe vertreten ist und eine eigene Schicht bildet, in der durch eine systematische Zufallsauswahl Telefonhaushalte proportional zur Zahl aller privaten Haushalte in der Gemeinde ausgewählt werden.

Lediglich bei den Gemeinden unter 5.000 Einwohnern[5] wird aus Gründen der Forschungsökonomie eine mehrfach geschichtete Stichprobe von Gemeinden mit Auswahl-Wahrscheinlichkeiten proportional zur Zahl der privaten Haushalte gezogen. Daraus werden in der zweiten Auswahlstufe die Zielhaushalte ausgewählt. In jedem Fall erfolgt die Auswahl repräsentativ für die betreffende Gemeinde, auch wenn in einem Ortsnetz mehrere Gemeinden enthalten sind bzw. wenn die Gemeinde sich auf mehrere Ortsnetze aufteilt. Die Schichtung bei den Gemeinden unter 5.000 Einwohnern erfolgt nach Landkreis und nach BIK-Gemeindetyp.

Das ITMS ist daher eine Haushalts-Stichprobe, die im Wesentlichen einstufig gezogen wird und somit kaum Stufungseffekte aufweist.

Da sich die weitgehend ungeklumpte ITMS-Stichprobe proportional zur Zahl der privaten Haushalte auf die Mikrozellen aufteilt, werden regionale und örtliche Unterschiede in der Telefondichte der Haushalte ausgeglichen.

3 «Ausschlaggebend für die Stichprobenanlage ist die Verteilung der Privathaushalte pro Gemeinde bzw. für die Steuerung die Anzahl der Privathaushalte pro Steuerungszelle und nicht etwa die Verteilung der Haushalte mit Telefonanschluß. Der Anteil der Telefonhaushalte an den Privathaushalten liegt gegenwärtig bei über 97 % im Westen (...). Merkmalsunterschiede zwischen Telefonhaushalten und Privathaushalten sind deshalb ohnehin klein und können (...) praktisch vernachlässigt werden» (Infratest, o.J., S. 1f.).

4 Die Zufallsauswahl innerhalb der Gemeinden erfolgt ungeklumpt.

5 In Bayern liegt der Anteil der Wohnbevölkerung in Gemeinden unter 5.000 Einwohnern bei ca. 25 %.

4.1.4 Stichprobensteuerung[6]

Ein Allokationsprogramm übernimmt vollautomatisch die mehrfache *Schichtung* und Aufteilung der Stichprobe auf die Zellen. Von diesem Programm wird auch die festgelegte Verteilung der Interviews auf die Befragungstage gesteuert.

Innerhalb jeder Steuerungszelle (BIK-Gemeindetypen nach Regierungsbezirken) sind die Datensätze der Telefonhaushalte nach Zufallszahlen sortiert. Somit bildet jede Zelle eine Urne im klassischen Sinne. Nicht erreichte Haushalte werden «zurückgelegt» und kommen in größerem zeitlichen Abstand zu anderen Tageszeiten zur «Wiedervorlage». Die an einem bestimmten Tag nicht erreichten Haushalte werden durch solche ersetzt, die an anderen Tagen nicht erreicht werden. Damit entfällt der sog. «not-at-home-bias» weitgehend (nur Haushalte, die auch nach dem 6. Kontakt nicht angetroffen werden, werden ausgesteuert).

Das ITMS ist als EDV-Datei für EDV-gestützte zentrale Telefonumfragen konzipiert. Um mögliche Einflüsse der Tageszeit auf Untersuchungsergebnisse von vorneherein auszuschalten, wird die Stichprobe nach einem Verfahren der «dynamischen Repräsentativität» bezüglich der Besetzung der Zellen des Multistratifikationstableaus gezogen, sodass sich für jedes Stundenintervall vorgabenproportionale Teilstichproben ergeben.

Steuerung repräsentativ nach Haushaltsgröße und BIK-Gemeindetyp

Die Auswahl der Haushalte wurde annähernd bevölkerungsrepräsentativ nach dem BIK-Gemeindetyp (vgl. BIK, o.J., S. 1) und nach der Haushaltsgröße gesteuert (s. Tabelle C2 und C3 im Anhang). Für die BIK-Typen 4 und 5, die in Bayern nur mit 3,3% bzw. 1,4% vertreten sind, wurde überproportional erhoben, sodass jeder BIK-Typ mit mindestens 5% der Haushalte an der Brutto-Stichprobe beteiligt ist.

---

6 Vgl. Infratest, o.J., S. 1f.

Bei Haushalten mit einer Größe von mehr als sechs Personen wurden die Teilnehmer gebeten, die Angaben für die sechs ältesten Personen im Haushalt einzutragen. Zu Kindern unter 10 Jahren[7] wurden nur die sozialökonomischen Merkmale im Haushaltsfragebogen erfasst.

Stichtagekonzept über Woche und Jahr

Das *Stichtagekonzept* für die Protokollierung des Mobilitätsverhaltens sieht einen Zeitraum von zwei bzw. drei Tagen vor. Da die Befragungsunterlagen sehr umfangreich sind, wurde auf einen längeren Befragungszeitraum verzichtet.

Zur bestmöglichen Abbildung der Freizeitmobilität wurde darauf geachtet, dass die Tage des Wochenendes stärker in die Stichprobe eingehen, da an diesen Tagen die Möglichkeiten zur Gestaltung mobiler Freizeit am größten und das Mobilitätsverhalten am heterogensten ist. 50% der Personen wurden daher gebeten, das Mobilitätstagebuch an den Wochentagen Dienstag und Mittwoch bzw. Mittwoch und Donnerstag auszufüllen. Die restlichen 50% wurden gebeten die Unterlagen Freitag, Samstag und Sonntag bzw. Samstag, Sonntag und Montag auszufüllen.

Die Stichtage wurden auf drei Erhebungswellen von jeweils einer Woche im Spätwinter (4. bis 10. März), im Sommer (24. bis 30. Juni), und im Herbst (14. bis 20. Oktober) verteilt, um saisonale Einflüsse abbilden zu können. Bei der Auswahl wurden die Jahreszeiten beachtet und die Urlaubszeiten (Schulferien in Bayern) gemieden.

Die Stichprobensteuerung geht aus den Tabellen C1 und C3 im Anhang hervor.

4.2 Durchführung der Erhebung

4.2.1 Stichprobenziehung

Die Stichprobe wurde gemäß der vorgesehenen Stichprobenanlage und der Stichprobensteuerung gezogen.

7 Diese gehören nicht zur Grundgesamtheit der Erhebung.

Zusätzlich wurde für eine Sonderauswertung des Ballungsraums München eine Aufstockung der dritten Erhebungswelle durchgeführt.

4.2.2 Teilnehmerbetreuung

Motivation und Qulitätssicherung

Eine intensive Teilnehmerbetreuung wurde durchgeführt, um einen qualitativ und quantitativ zufrieden stellenden Rücklauf zu erhalten. Da bei der gewählten Erhebungsmethode der Erstkontakt über computerunterstützte Telefoninterviews (CATI) erfolgte, wurde eine Interviewerschulung durchgeführt. Die Interviewer wurden mit den spezifischen Eingabemasken für Mobilität ´97 vertraut gemacht und erhielten einen Leitfaden für das Gespräch. Mit der Durchführung des Erstkontakts wurde die Infratel GmbH, München beauftragt. Der Leitfaden findet sich in Anhang B.

Zur Motivation der Teilnehmer wurde in einem Anschreiben der TU München (siehe Anhang B) die Wichtigkeit der persönlichen Teilnahme betont und ein Ergebnisüberblick versprochen. Als Incentives wurden Lose der «Aktion Sorgenkind» für die vollständige Rücksendung der Unterlagen in Aussicht gestellt.

Mit einem Merkblatt wurden die Teilnehmer auf die Einhaltung der Datenschutzbestimmungen hingewiesen. Zur Gewährleistung des Stichtagekonzepts und der Evaluation des Versands der Unterlagen wurden von Infratel telefonische Erinnerungsanrufe durchgeführt.

Die Teilnehmer wurden durch das Anschreiben, den Erinnerungsanruf und an exponierter Stelle im Haushaltsfragebogen auf die Bereitstellung einer unentgeltlichen telefonischen Hotline hingewiesen. Diese war an allen Werktagen (inkl. Samstag) besetzt.

4.2.3 Rücklaufstatistik

Die geplante Nettostichprobe von 800 Haushalten wurde bei einer erwarteten Rücklaufquote von 60% in eine Bruttostichprobe mit 1.335 Haushalten übersetzt. Der *verwertbare* Rücklauf nach dem Editing (s. 4.3.1) betrug

888 Haushalte und liegt mit 66% über dem erwarteten Soll. Für die Sonderauswertung des Ballungsraums München wurde in der dritten Welle im Herbst 1997 eine Aufstockung der Erhebung durchgeführt. Von den 151 Haushalten der Bruttoaufstockung kamen von 98 Haushalten verwendbare Unterlagen zurück. Für die Auswertung stehen daher insgesamt 986 Haushalte mit 2.167 Personen über 10 Jahren zur Verfügung. Diese Personen führten an 5.023 Personentagen 21.474 Wege durch. Im Vergleich zur Grundgesamtheit liegen überproportional viele Fälle für die Haushalte ab einer Größe von drei Personen vor. Die Teilnahmebereitschaft von Singles und älteren Personen ist deutlich geringer. Der Rücklauf nach Geschlecht zeigt dagegen keine Auffälligkeiten.

Eine ausführliche Darstellung des Rücklaufs findet sich in den Tabellen C 2 bis C 4 im Anhang.

Eine Non-Response-Analyse wurde aus forschungsökonomischen Gründen nicht durchgeführt. Aus einigen leer zurückgesendeten kommentierten Fragebögen geht hervor, dass Teilnehmer unvorhergesehen krank wurden, in den Urlaub fuhren, aus beruflichen Gründen mit der Bearbeitung überfordert waren (Taxifahrer, Fahrschullehrer) oder aus Altersgründen die umfangreichen Unterlagen nicht ausfüllen konnten.

4.3 Bearbeitung der Daten

Die Bearbeitung der Daten erfolgte zunächst manuell im Editing und in der Codierung. Nach diesen Vorgängen wurden die Daten elektronisch erfasst, geprüft und aufbereitet.

4.3.1 Editing

Manuelle Kontrolle der Befragungsunterlagen

Im Editing wurden die ausgefüllten Erhebungsunterlagen auf Vollständigkeit und Konsistenz geprüft. Darüber hinaus wurden fehlende Angaben nachsigniert, soweit sie aus anderen Angaben nachvollziehbar waren. Z.B. wurden bei objektiven Selbstzwecken der Bewegung, die entgegen der Definitionen des Modells als Aktivität am Zielort berichtet wurden, Wege konsequent nachsigniert. Ebenso wurde mit vergessenen Rückwegen verfahren. Berichtete Etappen (gegen die Teilnehmeranweisung) wurden dagegen konsequent entfernt. Der Tatbestand Stadtbummel konnte wegen seiner Komplexität nicht vereinheitlicht werden[8].

4.3.2 Codierung

Zusammen mit den Plausibilitätskontrollen des Editing wurden die Codierungen der offenen und halb offenen Fragen der Erhebungsunterlagen durchgeführt.

Die Codepläne für die differenzierten Ortstypen und die Aktivitäten finden sich im Anhang D.

4.3.3 Datenerfassung

Zur Vorbereitung der elektronischen Datenerfassung wurden Bespaltungspläne entwickelt. Die Datenerfassung selbst wurde im Unterauftrag von der Firma MAFO-Service Gisela Götze, Dachau, durchgeführt.

4.3.4 Datenprüfung

Prüfung der Rohdaten

Die auf Datenträger erfassten Daten wurden von Infratest Routinekontrollen unterzogen, die die Daten nochmals auf Vollständigkeit, Vorgabeneinhaltung, Filterfehler und die Einhaltung der Bandbreite bei offenen Fragen testeten.

Nach Übertragung der Daten in das SPSS-Format wurden weitere spezifische Kontrollen durchgeführt, besonders zur Übereinstimmung von Zuordnungen in den verschiedenen Dateien, die den Erhebungsunterlagen entsprechen.

8 Weitere Editierregeln können beim Autor erfragt werden.

4.3.5 Datenaufbereitung

Zur Beschreibung der Daten wurden die Variablen benannt und, soweit es sich um nominale Ausprägungen handelte, mit Labels versehen. Zudem wurden zusätzlich neue Variablen erzeugt, soweit sie für die Datenanalyse notwendig waren. Variablen mit nominalem oder ordinalem Skalierungsniveau wurden für die spätere regressionsanalytische Auswertung dichotomisiert.

Erhebungsbezogene Variablen: Der Wochentag wurde nach Definition in den Mobilitätstag übergeführt.

Zuspielung von objektiven Wetterdaten

Der Wegedatei wurden die Wetterdaten des Deutschen Wetterdienstes von 18 Wetterstationen[9] zugespielt. Der Deutsche Wetterdienst erfasst die Temperatur stündlich, den Niederschlag über einen Zeitraum von sechs Stunden und die Sonnenscheindauer über den Tag. Für die Temperatur wurden vier Temperaturbereiche (bis 5,0°C; 5,1°C bis 10,0°C; 10,1°C bis 15,0°C, mehr als 15°C) definiert. Die Sonnenscheindauer wurde in drei Bereiche unterteilt (keine Sonne bei einer Sonnenscheindauer unter einer Stunde, wenig Sonne und viel Sonne bei mehr als fünf Stunden). Zur jahreszeitlichen Vergleichbarkeit wurde der absolute Wert in Stunden in einen relativen Wert bezogen auf die Länge der hellen Tageszeit transformiert.

Haushaltsbezogene Variablen: Der Haushaltstyp wurde aufgrund der Angaben zum Haushalt und den Haushaltsmitgliedern generiert.

Geschätzte Stufen des Pro-Kopf-Einkommens wurden aus der Haushaltszusammensetzung und dem Haushaltseinkommen gewonnen.

9 Den Wetterstationen und den Wohnstandorten der Teilnehmer wurden Postleitzahlenbereiche zugeordnet und diese codiert. Da 97% der Wege eine Länge von unter 60km haben, wurde die Notwendigkeit einer anderen Zuordnung von Wegen außerhalb des Bereichs der eigenen Wetterstation nicht gesehen. Für Randregionen wurden auch Stationen außerhalb Bayerns verwendet.

Der Grad der Ausstattung mit Pkw, technischen Geräten und Haustieren wurde aus den entsprechenden Angaben abgeleitet.

Ein guter Zugang zu typischen Einrichtungen für Alltag und Freizeit wurde bei mindestens 10, ein schlechter Zugang bei höchstens 5 von 13 möglichen Einrichtungen unterstellt.

Eine schwierige Parkplatzsituation wurde definiert als eine Kombination aus dem Fehlen[10] mindestens eines haushaltseigenen Stellplatzes (z.B. Garage) bei gleichzeitiger schwieriger Parkplatzsituation am Straßenrand in der Umgebung des Wohnstandorts.

Personenbezogene Variablen: Die persönliche Erwerbsarbeitszeit wurde als geringfügig bei weniger als 11 Stunden, als Teilzeit bis zu 34 Stunden und als Vollzeit mit mehr als 34 Stunden pro Woche definiert.

Das Alter des genutzten Pkw wurde als neu bei den Baujahren 1996 und 1997, als alt bei den Baujahren 1990 und älter definiert.

Das generelle Mobilitätsverhalten nach Verkehrsmitteln wurde aus den Angaben zur Verkehrsmittelwahl bei spezifischen Aktivitäten in den vergangenen vier Wochen vor der Erhebung abgeleitet.

Variablen zu Alltag...

Für die gebundene Zeit im Alltag wurden folgende Variablen definiert. Als stark gebundene Zeit für hauswirtschaftliche Beschaffung und Produktion wurde bezeichnet, wenn für diese Aktivitäten mehr als 30 Stunden pro Woche verwendet wurden. Als stark gebundene Zeit für den Erwerbsbereich wurde bezeichnet, wenn für diese Aktivitäten mehr als 45 Stunden pro Woche verwendet wurden.

... und Freizeit

Variablen zur Charakterisierung von Freizeittypen wurden aus den Angaben zu den bevorzugten Orten für Freizeit (zu Hause vs. außer Haus) sowie der Anzahl von verschiedenen Freizeitaktivitäten (wenige vs. viele verschiedene) abgeleitet. Dazu kommen die Variablen über die Bevorzugung von unterschiedlichen gegenüber wechselnden Orten für Tagesreisen sowie Kurzreisen.

10 Bezogen auf die Anzahl der Pkw im Haushalt.

Als Variablen für die grundsätzliche Neigung zu Aktivitäten im Transferbereich wurden die häufige (d.h. mindestens wöchentliche) informelle Hilfe für andere bzw. die häufige Ausübung von ehrenamtlichen Tätigkeiten verwendet.

Eine positive bzw. negative Prädisposition gegenüber mIV sowie ÖV wurde aus Meinungen zu verkehrspolitischen Fragestellungen abgeleitet. Den Codes zu den offenen Fragen (Frage 9b-d im Personenfragebogen) wurde aus sachlogischen Erwägungen jeweils ein Wert E_V zugeordnet, wobei

E_V = -1, wenn eine Aussage gegen den Verkehrsbereich v spricht

E_V = 0, wenn sich eine Aussage nicht eindeutig zuordnen lässt

E_V = 1, wenn eine Aussage für den Verkehrsbereich v spricht.

Eine eindeutig positive Prädisposition gegenüber dem Verkehrsbereich v wurde angenommen, wenn $\Sigma E_V > 1$, eine negative, wenn $\Sigma E_V < -2$.

Die Zufriedenheit mit der Ortsgröße des Wohnstandorts ist gegeben, wenn die gewünschte mit der tatsächlichen Ortsgröße identisch[11] ist.

Wegbezogene Variablen: Als Zeitabschnitte wurden, ausgehend vom Beginn eines Mobilitätstages um 4.00 Uhr, Zeitintervalle von jeweils drei Stunden definiert.

Die Nennungen zu einzelnen Fortbewegungsarten wurden zusammengefasst zu den Variablen «Verkehrsmittel differenziert» (zu Fuß, Rad, ÖV[12], Park-and-Ride, Bike-and-Ride, Pkw als Fahrer, Pkw als Mitfahrer, Kraftrad und Flugzeug) und «Verkehrsbereich» (zu Fuß, Rad, ÖV und mIV).

Wegbezogene Variablen wurden nach Übersicht 3.1 zu Touren und Personentagen aggregiert.

11 Frage 1 des Haushaltsfragebogens im Vergleich mit Frage 8 des Personenfragebogens (siehe Anhang A).

12 Inkl. Kombinationen mit «zu Fuß».

4.4 Analyse der Daten

4.4.1 Statistikpaket SPSS

Alle statistischen Analysen wurden mit dem Statistikprogrammpaket SPSS Version 7.5 unter Windows NT ausgeführt (Bühl und Zöfel, 1998; Backhaus et al., 1996). Bei allen statistischen Tests wurde ein Signifikanzniveau von 95% festgelegt. Dies ist ein in den Sozialwissenschaften übliches Niveau (vgl. Precht und Kraft, 1993, S. 6ff.). Die Ergebnisse wurden ausschließlich nach den Wochentagen gewichtet, da hier die Verteilung der

keine Gewichtung der Strukturmerkmale

Wochentage in der Realität in Bezug zur Erhebung bekannt war. Auf eine Gewichtung der Strukturmerkmale wurde verzichtet, da

- keine Non-Response-Analyse durchgeführt wurde und damit der Fehler durch Überbewertung einer Gruppe größer sein kann, als in der nicht-gewichteten Stichprobe,
- die Auszählung erster grundlegender Kennzahlen gut mit den Ergebnissen anderer Erhebungen übereinstimmte (vgl. 6.3; Tabellen E 25 und E 26).

4.4.2 Beschreibende Statistik

Als Methode der beschreibenden Statistik wurde die Auswertung nach Häufigkeiten durchgeführt. Für Mittelwertvergleiche von Angaben zu Zeitdauern und Distanzen wurde anstelle des t-Tests der nicht-parametrische Mann-Whitney-Test verwendet, da die untersuchten Merkmale nicht normalverteilt sind.

4.4.3 Erklärende Statistik

Die Gleichungen des Modells zur Erklärung des Mobilitätsverhaltens wurden in mehreren Näherungsstufen bearbeitet. Insbesondere wurden die linearen Regressonsgleichungen des Modells (vgl. 3.3.2.2; Backhaus et al., 1996, S. 2ff.) in semi-loglineare überführt, wenn Residuenplots Hinweise auf eine Verletzung des Gebots der Homoskedastizität (d.h. Ungleichheit der Varianzen der Residuen) ergaben (vgl. Precht und Kraft 1993, S. 273ff. und 299ff.). Zur Erklärung von dichotomen unabhängigen Variablen wurde der logistische Ansatz gewählt (vgl. Franzen, 1997, S. 70ff.; Bühl und Zöfel, 1998, S. 316ff.)

5 Ergebnisse

Die Ergebnisdarstellung erfolgt in drei Schritten. Im ersten Schritt wird das Mobilitätsverhalten durch univariate und bivariate Analysen der Variablen des Modells beschrieben. Im zweiten Schritt werden die abhängigen Variablen des Modells durch die unabhängigen Variablen erklärt. Im dritten Schritt wird auch unter Zuhilfenahme von Ergebnissen der ersten beiden Schritte dargestellt, wo im Rahmen dieses Ansatzes Möglichkeiten und Grenzen zur Veränderung des Mobilitätsverhaltens festzustellen sind.
Die Darstellung der Ergebnisse ist den Tabellen im Anhang E zu entnehmen.

5.1 Beschreibung des Mobilitätsverhaltens

5.1.1 Rahmenbedingungen von Mobilität

5.1.1.1 *Haushaltsbezogene Variablen*

Hohe Pkw-Verfügbarkeit

Von den 986 Haushalten der Erhebung verfügen 91% über mindestens einen Pkw. Im Durchschnitt sind nahezu 1,3 Pkw im Haushalt verfügbar. Rund 21% der befragten Haushalte geben an, dass die Parkplatzsituation in der Umgebung ihres Wohnstandorts schwierig bzw. sehr schwierig sei. Diese Situation wird durch die Verfügung über eigene Stellplätze oder Garagen kompensiert[1]. Die durchschnittliche Pkw-Jahresfahrleistung pro Haushalt liegt bei 19.300km.

1 Lediglich 4% der Haushalte haben mindestens einen Pkw *und* eine schwierige Parkplatzsituation, finanzieren aber keinen privaten Stellplatz.

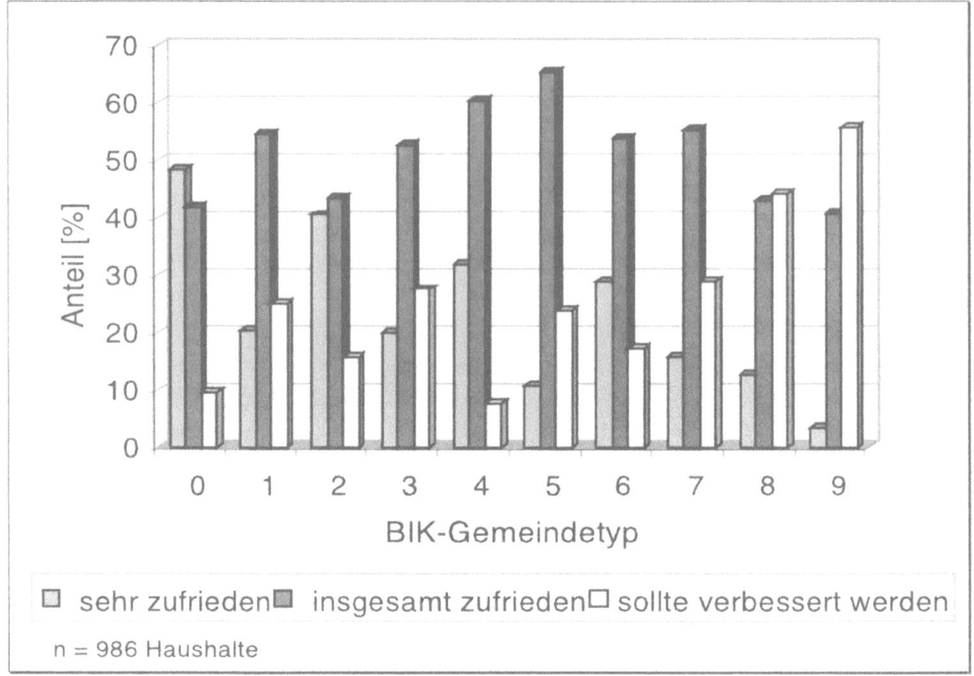

Abb. 5.1. Zufriedenheit mit der Anbindung an den ÖV nach BIK-Gemeindetypen*

* Eine detaillierte Erklärung der BIK-Typen wird Tabelle C 1 im Anhang gegeben.

Etwas über 90% der Haushalte kann nach eigener Einschätzung eine Bushaltestelle zu Fuß erreichen. Daraus kann allerdings nicht geschlossen werden, dass dort auch ein ausreichendes Angebot besteht. Als Merkmal für eine relativ gute ÖV-Anbindung kann die Erreichbarkeit von Haltestellen schienengebundener Verkehrsmittel zu Fuß angesehen werden. Dieses Merkmal trifft auf 55% der Haushalte zu.

Zufriedene ÖV-Kunden in den Kernbereichen der Städte

Abbildung 5.1 zeigt die Angaben zur Zufriedenheit mit der ÖV-Anbindung nach BIK-Gemeindetypen. Insgesamt sind 28% der Haushalte mit ihrer ÖV-Anbindung sehr zufrieden, während 49% zufrieden sind. 23% der Haushalte wünschen sich eine Verbesserung der Anbindung an den ÖV (Tabelle E1 im Anhang). Erwartungsgemäß nimmt mit abnehmender Siedlungsdichte der Wunsch nach einer Verbesserung der Anbindung zu. Im Randbereich bzw. Umland der Städte (BIK 1, 3 und

5) und in Gemeinden zwischen 5 und 20 Tausend Einwohnern (BIK 7) liegt der Anteil der unzufriedenen Haushalte bei 24% bis 29%. In den ländlichen Gebieten nimmt der Anteil der unzufriedenen Haushalte auf 44% (BIK 8) bzw. 56% (BIK 9) zu. In den Kernbereichen der Städte (BIK 0, 2 und 4) herrscht dagegen weitgehende Zufriedenheit mit der Anbindung vor.

5.1.1.2
Personenbezogene Variablen

Zunächst wird ein Überblick zur persönlichen Nutzung von Verkehrsmitteln gegeben (vgl. Tabellen E 2 und E 3 im Anhang). Anschließend werden Ergebnisse zu weiteren Merkmalen mit Bezug zur Mobilität gemacht.

Die Mitnutzer von Pkw sind in der Minderheit

Der persönliche Zugang zum *Pkw* kann mit folgenden Merkmalen beschrieben werden: 80% der Teilnehmer der Erhebung (über 10 Jahren) haben eine Fahrerlaubnis[2] der Klasse 3. 53% bezeichnen sich als Hauptnutzer eines Pkw. 24% geben an, die Nutzung als Fahrer mit mindestens einer anderen Person absprechen zu müssen. Rund 4% der Teilnehmer können einen Dienstwagen auch für private Zwecke nutzen. 93% geben an, dass ihnen ein Pkw mindestens zur gelegentlichen Mitfahrt zur Verfügung steht. 13% beteiligen sich regelmäßig an Fahrgemeinschaften. Car-Sharing ist mit einem Anteil von unter einem Prozent nicht nennenswert in der Untersuchung enthalten. Von 82% der Teilnehmer wird ein Pkw häufig, d.h. mindestens «mehrmals wöchentlich», genutzt. 9% geben an, «gerne damit herumzufahren».

Ein *Kraftrad* steht nur 11% der Teilnehmer zur Verfügung, obwohl die Fahrerlaubnis der Klasse 1 doppelt so häufig anzutreffen ist. Eine häufige Nutzung des Kraftrades wird von 9% der Kraftradbesitzer für die kalte Jahreszeit und 51% für die warme Jahreszeit angegeben. Mehr als die Hälfte der Personen mit Kraftradverfügbarkeit geben auch an, in der warmen Jahreszeit «gerne damit herumzufahren». Der relative Anteil bezogen auf die Verfügbarkeit der Verkehrsmittel liegt also wesent-

2 Es werden jeweils die 1997 gültigen Bezeichnungen verwendet.

lich höher als beim Pkw. Damit wird die unterschiedliche Nutzung des Pkw als Universal-Transportmittel und des Kraftrades als überwiegendes Freizeitverkehrsmittel deutlich.

Zweiräder sind überwiegend Freizeitgeräte

Ein *Fahrrad* steht 81% der Teilnehmer zur Verfügung. Eine häufige Nutzung des Fahrrads wird für die kalte Jahreszeit von 19% der Fahrradbesitzer, für die warme Jahreszeit von 62% angegeben. Für die warme Jahreszeit geben 46% an, «gerne damit herumzufahren», während für die kalte Jahreszeit der Wert bei 6% liegt.

Für den *ÖV* lassen sich folgende Aussagen treffen. ÖV-Netzkarten sind insgesamt bei nahezu 20% der Teilnehmer vorhanden, wobei fast die Hälfte bei Kindern, Jugendlichen und jungen Erwachsenen zu finden ist. In diesem Personenkreis treffen häufig die Möglichkeiten zum günstigen Erwerb von Netzkarten im Ausbildungstarif und die beschränkten Nutzungsmöglichkeiten eines Pkw zusammen. Ein Unterschied nach Geschlecht läßt sich nicht feststellen. Rund 7% der Teilnehmer besitzen eine Bahncard, von Sonderangeboten der Bahn (z.B. «Schönes-Wochenende-Ticket») machen 16% der Personen Gebrauch.

Die Zeitverwendung, in Alltag und Freizeit eine wichtige Begleiterscheinung von Mobilität, ist bei 40% der Befragten von einer Vollzeitbeschäftigung, bei 10% von einer Teilzeitbeschäftigung geprägt. Zusammen mit den hauswirtschaftlichen Aufgaben geben 43% der Befragten an, dass dadurch mehr als 60 Stunden pro Woche gebunden seien.

Die Gestaltung der Freizeit ist vielfältig

Einen Überblick über die Freizeitneigung der Personen gibt Tabelle E 4 im Anhang. Freizeit wird danach sowohl zu Hause als auch außer Haus verbracht. Der Anteil der Personen, die ihre Freizeit überwiegend oder ausschließlich zu Hause verbringen, ist an Werktagen mit 64% besonders groß. Selbst für Samstage (40%) und Sonntage (36%) geben über ein Drittel der Befragten an, die Freizeit überwiegend zu Hause zu verbringen. Der Anteil der Befragten, die ihre Freizeit überwiegend außer Haus verbringen, steigt von werktags 4% auf rund 10% am Wochenende. Bei den Angaben zu beliebten Freizeitaktivitäten fällt auf, dass der Anteil der Personen, die überwiegend Aktivitäten außer Haus angegeben haben, mit 24% etwas höher liegt als der häuslichen mit 20%.

Ein erheblicher Teil der Freizeit wird zu Hause verbracht

Die Mehrheit der Personen lässt sich jedoch auch in dieser Betrachtung nicht eindeutig den häuslichen bzw. außerhäuslichen Freizeittypen zuordnen. Die Freizeitinteressen (unabhängig vom Ort) sind vielfältig. Auf die Frage, was sie am liebsten in ihrer Freizeit täten, geben zwei Drittel der Befragten mehr als drei, 14% sogar mehr als fünf Aktivitäten an.

22% der Befragten leisten häufige (d.h. mindestens wöchentliche) informelle Hilfe für Menschen außerhalb des eigenen Haushalts. Eine häufige ehrenamtliche Tätigkeit wird von 14% der Befragten ausgeübt.

Auf die Frage, was die Personen mit «spürbar mehr Zeit» anfangen würden, kommen folgende mobilitätsrelevanten Antworten (vgl. Tabelle E 5): Die Menschen würden mehr Zeit verwenden für

- Ausflüge (51%)
- Reisen (47%)
- Sport (34%)
- Kultur (28%)

Mehr Zeit oder mehr Geld würde weiterhin zu mehr Personenverkehr führen

Indirekt mobilitätsrelevant können auch die Wünsche nach mehr Zeit mit der Familie (50%) und mit Freunden (49%) sein. 7% der Teilnehmer hätten den Wunsch, sich stärker ehrenamtlich zu engagieren.

Eine ähnliche Frage zur Geldverwendung[3] (vgl. Tabelle E 6) ergibt ebenfalls einen verbreiteten Wunsch nach mehr Reisen (61%). Ein neueres Auto würden dagegen nur 15% erwerben wollen. Viele Personen würden sparen (61%), Kleidung kaufen (36%), besser wohnen (17%) oder in ein Haus umziehen (22%).

Der Wunsch nach der Veränderung der Wohnumgebung ist auch Gegenstand der nächsten Fragestellung (vgl. Tabelle E 7). Mit dem Ortstyp des Wohnorts (als Merkmal für das Wohlbefinden in der nahräumlichen Umgebung) sind insgesamt 59% der Befragten zufrieden. Der Rest würde bei freier Wahlmöglichkeit gerne in einem anderen Ortstyp leben. Bei der Analyse der Rich-

3 Die Frage lautet: «Angenommen Sie hätten monatlich doppelt so viel Geld zur Verfügung: Was würden Sie damit machen?»

tung dieses Wunsches ist festzustellen, dass alle Stadtkernlagen unabhängig von der Größe der Stadt in der Beliebtheit den Stadtrand- bzw. Umlandlagen nachstehen.

5.1.2 Realisierung von Mobilität

Die Realisierung von Mobilität lässt sich auf den Ebenen des einzelnen Weges, einer Tour bzw. eines Personentags beschreiben.

5.1.2.1 *Wegbezogene Variablen*

Auf der Ebene eines Wegs werden zunächst allgemein gebräuchliche Kennzahlen aufgeführt. Anschließend werden die Wege nach den zugehörigen Aktivitäten des Modells differenziert. Ferner werden Aussagen zu den Aktivitäten nach der zurückgelegten Entfernung bzw. den gewählten Verkehrsbereichen getroffen.

Distanz und Zeit weisen links-schiefe Verteilungen auf

Die durchschnittliche Distanz, die mit einem Weg überwunden wird, beträgt 10,8km. Da die Distanz nicht normalverteilt ist, sondern eine links-schiefe Verteilung aufweist, ist es sinnvoll, entsprechend der Heterogenität weitere Kennzahlen zu betrachten. So beträgt die Standardabweichung (sd) 30,0km. Schneidet man jeweils die 5% Extremwerte auf beiden Seiten ab, so ergibt sich ein korrigierter Mittelwert (5% trimmed mean) von 6,5km. Der Median liegt bei nur 3,0km.

Die durchschnittliche Reisezeit beträgt 21 Minuten (sd=29 Minuten). Auch sie ist über die Stichprobe nicht normalverteilt. Allerdings liegen die korrigierten Kenngrößen mit 16 Minuten (5% trimmed mean) bzw. einem Median von 15 Minuten näher am Mittelwert als die entsprechenden Größen bei den Distanzen.

Eine Differenzierung der Wege nach Verkehrsbereichen gibt Tabelle 5.1. Es zeigt sich, dass sich die Entfernungen zwischen den einzelnen Verkehrsbereichen deutlich voneinander absetzen. Bei den Zeitdauern ist auffällig, dass alle Individual-Verkehrsbereiche ähnliche Werte aufweisen und dass der ÖV jeweils einen rund doppelt so hohen Wert annimmt.

Tabelle 5.1. Wege nach Verkehrsbereichen

Kenngröße	Verkehrsbereiche				
	Zu Fuß	Fahrrad	ÖV	mIV	Alle
Wegelänge [km]					
- Mittelwert	1,1	2,9	19,1	13,4	10,8
- Standardabw.	1,5	5,4	44,9	30,8	30,0
- Korr. Mittelwert	0,9	2,1	12,3	8,6	6,5
- Median	0,7	1,5	8,0	5,0	3,0
Zeitdauer [min]					
- Mittelwert	18	16	39	19	21
- Standardabw.	26	27	34	25	29
- Korr. Mittelwert	14	12	35	15	16
- Median	10	10	30	12	15
Rechn. Durschnittsgeschwindigkeit [km/h]	3,7	10,8	29,4	42,3	30,9
Anteil an allen Wegen [%]	17	10	8	65	100
Anteil an allen Distanzen [%]	2	3	14	81	100
Anteil an allen Zeitdauern [%]	17	8	15	60	100

n=21.474 Wege

Die Anzahl der Personen, die gemeinsam unterwegs sind, kann ein Indiz für die zwischenmenschliche Bedeutung der Bewegung im Raum und/oder der vor- bzw. nachgelagerten Aktivitäten sein (vgl. Tabelle E 8 bis E 15).

Im Schnitt sind 1,6 Personen (sd=1,2 Personen) gemeinsam unterwegs. Über alle Verkehrsmittel werden 55% der Wege alleine durchgeführt. Mit dem Pkw sind dies 63%. Die durchschnittliche Pkw-Besetzung liegt bei 1,4 Personen[4].

Allerdings zeigen sich deutliche Unterschiede nach dem Zielzweck (in Klammern werden die jeweiligen korrigierten Mittelwerte 5% trimmed mean aufgeführt).

Alleine zur Arbeit...

Im *Alltag* sind die Wege, die alleine durchgeführt werden v.a. zur Arbeit (1,1) und dienstlich/geschäftlich

4 Diese Werte dürften etwa 10% zu hoch liegen, da Familien in der Stichprobe überproportional im Vergleich zu den Singles vertreten sind. Dieser Wert bezieht sich nur auf die Angaben zu Wegen, die von Pkw-Fahrern protokolliert wurden und gibt so die Pkw-Besetzung wieder (Sicht des Verkehrsmittels). Alle anderen Aussagen beziehen sich auf alle Wege aus der Sicht von Personen.

(1,3). Der Weg zur Ausbildung (1,8) wird mit deutlich mehr Kontakt mit anderen Menschen verbunden. In der Beschaffung fällt auf, dass alltäglicher Bedarf und Dienstleistungen (1,4) eher niedrige Werte aufweisen, während der Weg zum Kauf von Kleidung und Möbeln mit über 2 Personen deutlich höher liegt. An dieser Stelle ist der Übergang zu Freizeitaktivitäten ohnehin fließend. Im Bereich der Wege für die Kinderbetreuung (3,0) tritt eine Bedeutung der gemeinsam erlebten Mobilität besonders hervor. Die Wege im Transferbereich für informelle Hilfe (1,5) und ehrenamtliches Engagement (1,4) liegen wiederum im unteren Bereich.

... aber gemeinsam in der Freizeit mobil

Die *Freizeit*mobilität ist dagegen sehr davon geprägt, gemeinsam unterwegs zu sein. Mit Ausnahme von Wegen zum Kontakt mit Freunden (1,9), Sport in Einrichtungen (1,8) und Hobbys (1,4) liegen die Werte bei über zwei Personen, die gemeinsam unterwegs sind. Besonders viele Menschen sind bereits gemeinsam unterwegs, wenn es sich um die Zielzwecke Familienfeste (2,6) und gemeinsam Essen gehen (2,9) handelt. Aufgrund der hohen Besetzungsgrade der Pkw im Freizeitverkehr sollte nicht nur die Personenverkehrsleistung, sondern auch die Pkw-Fahrleistung nach Zwecken beachtet werden.

Auswertung nach Zielzwecken

Die nachfolgenden Abbildungen zeigen die Verteilung der Wege (Anzahl) und die zurückgelegten Distanzen nach Zielzwecken (vgl. Tabelle E 8 bis E 15). Der Zielzweck «nach Hause» wird für diese Auswertung aus der Untersuchung ausgeschlossen, da er bei verketteten Wegen entweder einem der vorhergehenden Wege der gleichen Tour oder allen Wegzwecken dieser Tour proportional zugeordnet werden müsste[5]. Bei der späteren Betrachtung von Touren werden die Rückwege quantitativ berücksichtigt.

5 Da in Mobilität ´97 mehr verkettete Wege als in KONTIV ´89 berichtet werden, wird angenommen, dass weder die Zuordnung zum vorletzten Weg einer Wegekette noch die Zuordnung zu einem normativ zu bestimmenden wichtigsten Zweck einer Wegekette zielführend ist. Eine Betrachtung unter Ausschluss der Rückwege weist deren Wert proportional allen anderen Zielzwecken zu und vermeidet daher einen Fehler. Allerdings wird bei Zwecken, die stärker verkettet werden, der Wert des Rückwegs etwas überbetont.

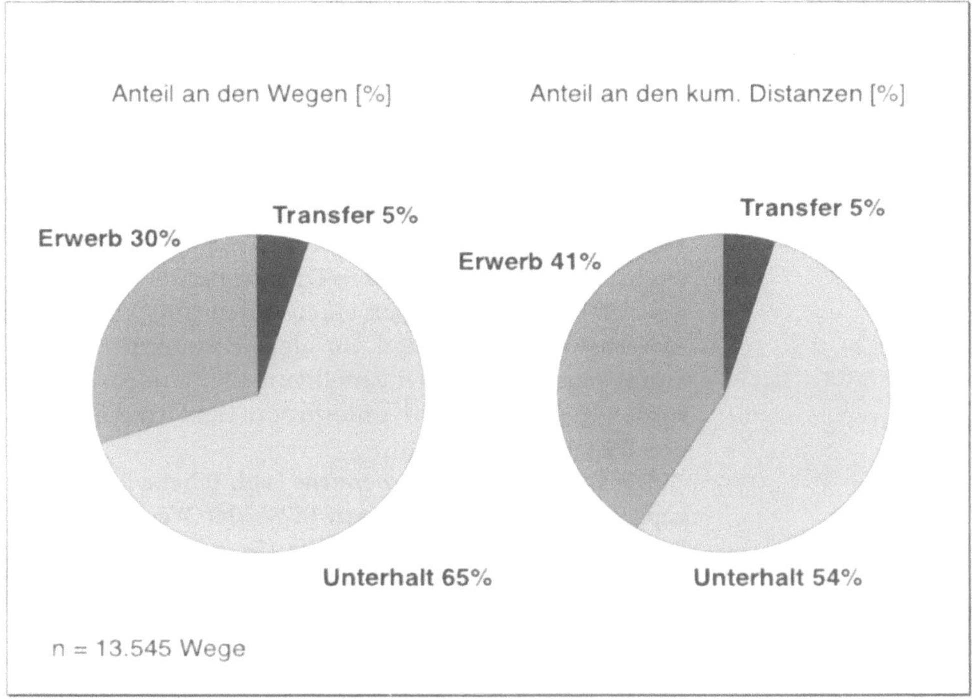

Abb. 5.2. Relativer Anteil* der Wege bzw. der kumulierten Distanzen nach Handlungsbereichen

* Ohne nach-Hause-Wege und nicht eindeutig zuzuordnende Wege.

Das Modell sieht eine hierarchische Gliederung der Aktivitäten vor. Die folgenden Abbildungen gehen nach dieser Gliederung vor. Zunächst werden in Abb. 5.2 (vgl. Tabelle E 8) die Anteile der Zielzwecke und Distanzen für den Erwerbs-, den Unterhalts- und den Transferbereich dargestellt (bezogen auf alle Wege und zurückgelegten Distanzen ohne nach-Hause-Wege). Es fällt auf, dass im Erwerbsbereich offensichtlich im Schnitt größere Distanzen zurückgelegt werden als im Unterhaltsbereich. Der Transferbereich hat in beiden Darstellungen einen Anteil von 5%. Dieser Anteil ist gering, sollte aber dennoch wegen seiner Bedeutung für die Gesellschaft nicht vernachlässigt werden.

Dieser erste Überblick wird im Folgenden stärker differenziert. Nach einem kurzen Überblick über die Mobilität im Erwerbs- und Transferbereich liegt der

Schwerpunkt bei einer Darstellung des Unterhaltsbereichs, da dort Erkenntnisse über die Zusammensetzung des Versorgungs- und des Freizeitverkehrs gewonnen werden können.

Der *Erwerbsbereich* (vgl. Tabelle E 9) teilt sich weiter auf in Wege zur Arbeit, dienstlich/geschäftliche Wege, Aus- und Weiterbildungswege und sonstige Wege. Die Wege zur Arbeit haben einen Anteil von 58% an den Erwerbswegen und 48% an den Distanzen. Die dienstlich/geschäftlichen Wege haben einen Anteil von 21% an den Erwerbswegen und 39% an den Distanzen. Ausbildungswege haben einen Anteil von 17% an den Wegen, weisen aber einen sehr unterproportionalen Anteil an den Distanzen (10%) auf.

Die Wege des *Transferbereichs* (vgl. Tabelle E 11) sind geprägt durch Servicefahrten (57% der Wege, 62% der Distanzen) und informelle Hilfe für andere Haushalte (24% der Wege, 27% der Distanzen) sowie durch ehrenamtliches Engagement (19% der Wege, 11% der Distanzen).

Viele Wege für den Alltag...

Der *Unterhaltsbereich*, in dem weitere wesentliche Aktivitäten des Alltags und die gesamte Freizeit stattfinden, wird in Abb. 5.3 weiter differenziert (vgl. Tabelle E 10). Die Anzahl der Wege des Unterhaltsbereichs wird mehrheitlich von den Alltagsaktivitäten geprägt. Die Beschaffung von Waren hat einen Anteil von 30%, die Inanspruchnahme von Dienstleistungen einen Anteil von 11% an den Wegen im Unterhaltsbereich. Die haushälterische Produktion, die in Bezug auf Mobilität hauptsächlich durch Servicewege für Haushaltsmitglieder bestimmt wird, hat einen Anteil von 14%. Information und Entsorgung sind mit 2% bzw. 1% nur gering an den Wegen beteiligt. Freizeitwege haben dagegen einen Anteil von 42% an den Wegen des Unterhaltsbereichs.

...aber größere Distanzen in der Freizeit

Eine Differenzierung nach den zurückgelegten Distanzen ergibt ein anderes Bild. Dies wird stark von den für Freizeitzwecke überwundenen Distanzen geprägt. Beinahe zwei von drei Kilometern im Unterhaltsbereich werden für Freizeitzwecke zurückgelegt. Aus Abb. 5.3 wird deutlich, dass die unterhaltswirtschaftlichen Alltagsaktivitäten mit relativ kurzen Distanzen verbunden

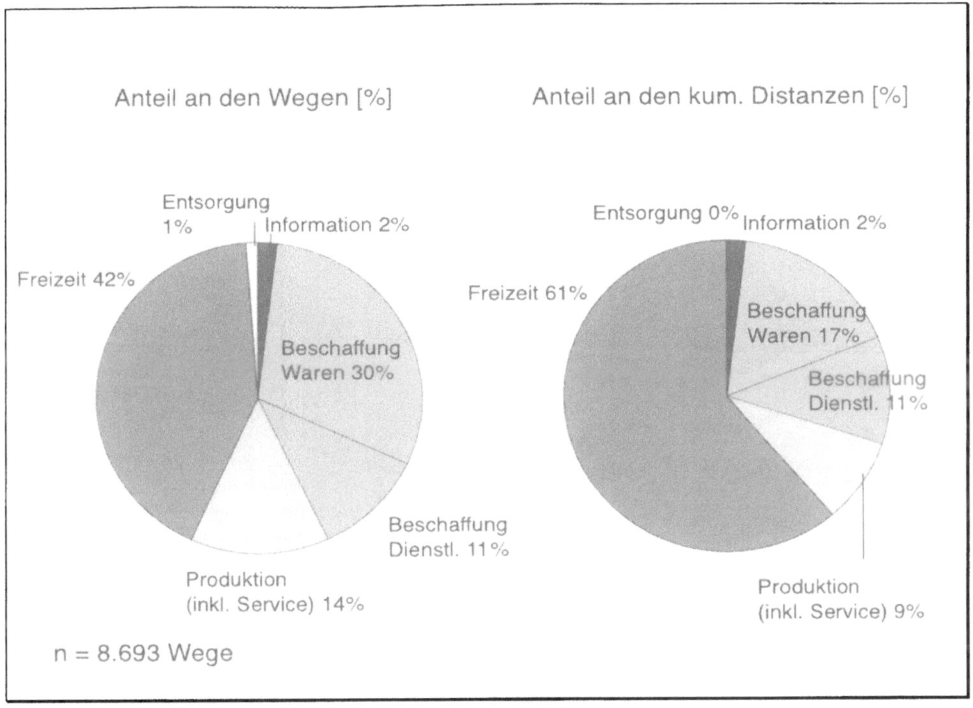

Abb. 5.3. Relativer Anteil der Wege bzw. der kumulierten Distanzen nach Aktivitätengruppen des Unterhaltsbereichs

sind und in der Regel im Nahbereich durchführbar sind. In Bezug auf die Entsorgungswege ist anzumerken, dass sie einen mIV-Anteil von über 70% aufweisen und möglicherweise vermeidbare Kaltstarts bedingen.

Aus dem Unterhaltsbereich werden nun die Aktivitäten für die Beschaffung von Waren exemplarisch für den Alltag (Abb. 5.4, vgl. Tabelle E 12) und die Freizeitaktivitäten (Abb. 5.5, vgl. Tabelle E 15) weiter differenziert.

Die Waren des täglichen Bedarfs dominieren die Beschaffungsmobilität

Es zeigt sich, dass die Beschaffung von Lebensmitteln und anderen Waren des täglichen Bedarfs zwei Drittel der Wege der Beschaffung bedingen. Bei der Betrachtung nach den zurückgelegten Distanzen hat die Beschaffung der Waren des täglichen Bedarfs immer noch den größten Anteil. Durch die Bedarfsdeckung mit möglichst kurzen Wegen liegt dieser jedoch nur mehr bei 45% der Distanzen. Es fällt auf, dass Bau- und Gartenartikel jeweils einen nennenswerten Anteil von 4%

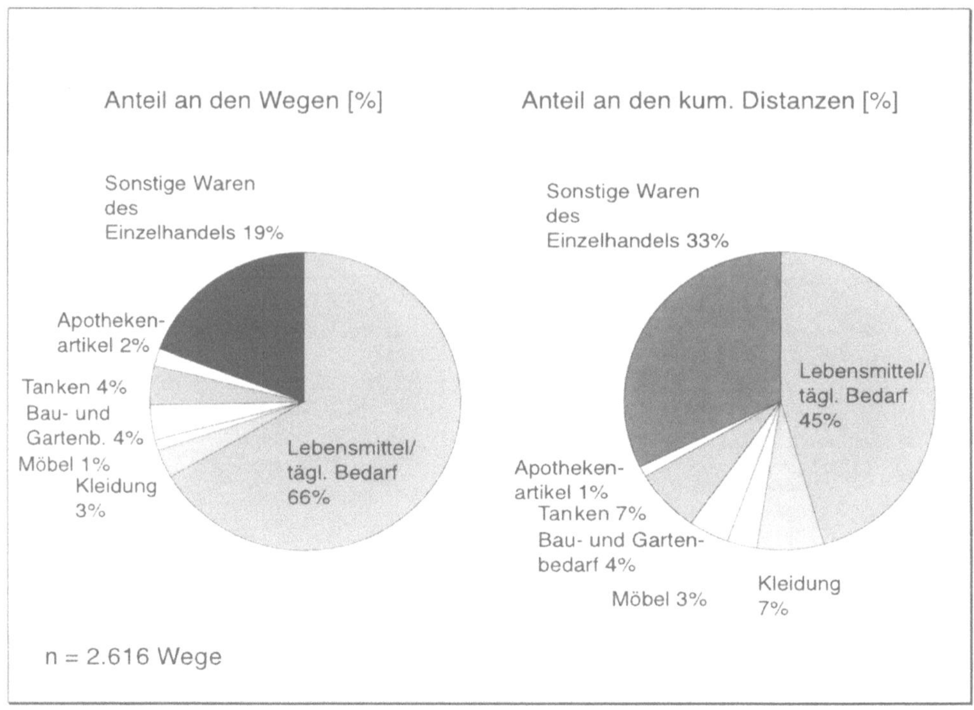

Abb. 5.4. Relativer Anteil der Wege bzw. der kumulierten Distanzen nach Aktivitäten der Beschaffung von Waren

ergeben. Für Kleidung, Möbel, Tanken[6] und nicht-alltägliche Waren des Einzelhandels werden im Vergleich zum Anteil der Wege überproportional weite Distanzen überwunden.

Bedürfnis nach sozialer Interaktion als wichtigste Ursache von Freizeitmobilität

Die Freizeitmobilität, die den überwiegenden Anteil an den Distanzen und einen erheblichen Anteil an den Wegen des Unterhaltsbereichs bestimmt, wird in Abb. 5.5 (vgl. Tabelle E 15) weiter differenziert. Es fällt auf, dass die Aktivitäten, die vorwiegend der sozialen Interaktion von Menschen dienen, jeweils einen Anteil von über 50% der Wege bzw. der Distanzen bedingen. Das sind im Einzelnen der Kontakt zu Verwandten und Freunden, Feste und das gemeinschaftliche Essen ge-

6 Da sich das Tanken gut in Wegeketten integrieren lässt, erscheint der jeweilige Anteil dieser Aktivität in der Wegeebene größer als es bei einer Auswertung nach dem Hauptzweck einer Wegekette festzustellen wäre.

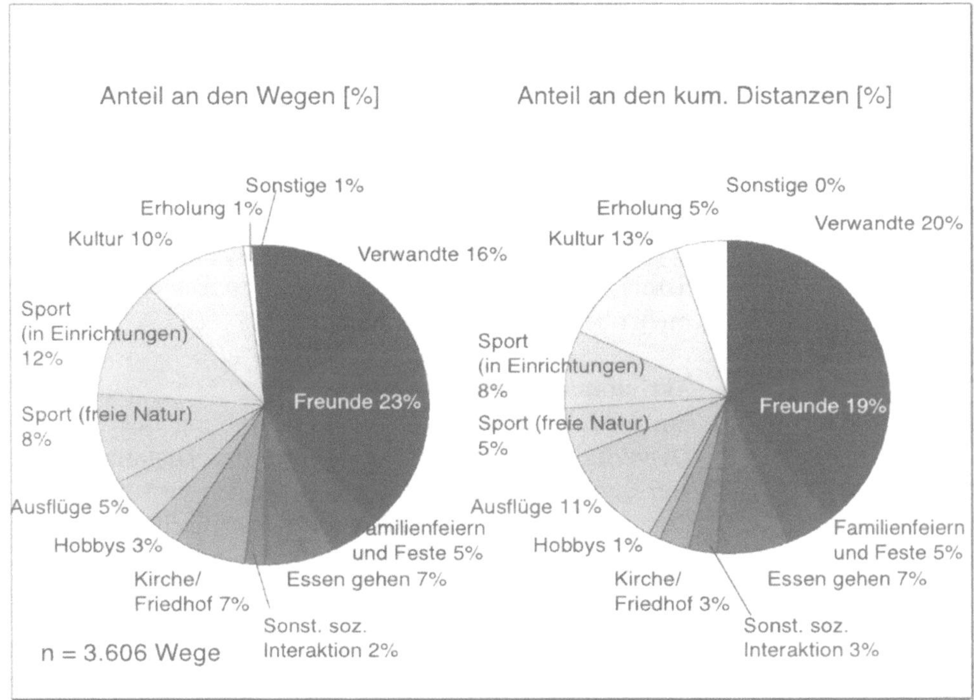

Abb. 5.5. Relativer Anteil der Wege bzw. der kumulierten Distanzen nach Aktivitäten in der Freizeit

hen. Darüber hinaus kann man auch Friedhofsbesuche auf dem Hintergrund von sozialen Bindungen zu inzwischen verstorbenen Menschen sehen. Auch die restlichen Aktivitäten in der Freizeit können einen sekundären Bezug zum Bedürfnis nach sozialer Interaktion haben. Gerade der Besuch von kulturellen oder religiösen Veranstaltungen, der gemeinsame Ausflug oder der Sport im Sportverein sind Ausdruck eines stark von menschlichen Beziehungen geprägten Freizeitverhaltens.

Die Anteile verschieben sich bei der Betrachtung der Distanzen im Vergleich zu den Wegen etwas von den Freunden zu den Verwandten. Daraus lässt sich schließen, dass Freundschaften im Schnitt eher im Nahbereich gesucht und gelebt werden, während die Standortrelationen zu den Verwandten fremdbestimmt sind. Ausflüge haben erwartungsgemäß mit 11% der Distanzen in der Freizeit einen höheren Anteil als an den Wegen (5%). Etwas schwächer lässt sich dieser Effekt auch für den Besuch von kulturellen Veranstaltungen nachvollziehen. In beiden Fällen dient Freizeitmobilität dazu, Angebote, die nicht in der Nähe des Wohnstandorts zu finden sind, wahrzunehmen.

Insgesamt sollte der Aspekt der sozialen Interaktion gegenüber einer auf reiner Beliebigkeit und Individualismus angelegten Betrachtung von Freizeitverkehr vermehrt berücksichtigt werden.

Aktivitäten nach Entfernung

Ein wichtiges Merkmal zur Beschreibung des Mobilitätsverhaltens ist eine Darstellung der Distanzen, die von den Personen zurückgelegt werden, um zu einem Ort zu gelangen, an dem eine spezifische Aktivität durchgeführt wird. Eine Aktivität an einem besonders weit entfernten Ort durchzuführen, bedeutet, dass ein entsprechend großes Bedürfnis bestehen muss, an diesen Ort zu gelangen oder als Selbstzweck unterwegs zu sein. Ein Bedürfnis kann auch sein, Konsequenzen einer nicht erwünschten Abwesenheit zu vermeiden.

Abbildung 5.6 (vgl. Tabelle E 16) zeigt die Aktivitäten nach ihrer Häufigkeit und der durchschnittlichen Distanz, die für diesen Zweck zurückgelegt wird. Zur Vergleichbarkeit sind Iso-Distanz-Kurven[7] (IDK) eingefügt.

Alltägliches wird in der Nähe erledigt

Es fällt auf, dass sich die Zielzwecke des Alltags im Nahbereich befinden, solange es sich um hauswirtschaftliche Aktivitäten handelt. Die Beschaffung von Waren des täglichen Bedarfs fällt durch ihre Häufigkeit und die geringe durchschnittliche Distanz der Wege auf. Allerdings ist zu beobachten, dass bei der Beschaffung die Verkettung von Wegen überproportional vertreten ist und damit nicht nur die einfache Distanz Wohnen-Versorgung abgebildet wird. Wege für Erziehung, hauswirtschaftliche Produktion sowie Entsorgung und Service-

7 $n_A((\Sigma s_A)/n_A) = \Sigma s_A$ = 2.500km, 5.000km, 10.000km, wobei
n_A = Anzahl der Wege in der Erhebung mit dem Zielzweck Aktivität A (d.h. ohne Nach-Hause-Wege)
Σs_A = Summe der Distanzen in der Erhebung mit dem Zielzweck Aktivität A.

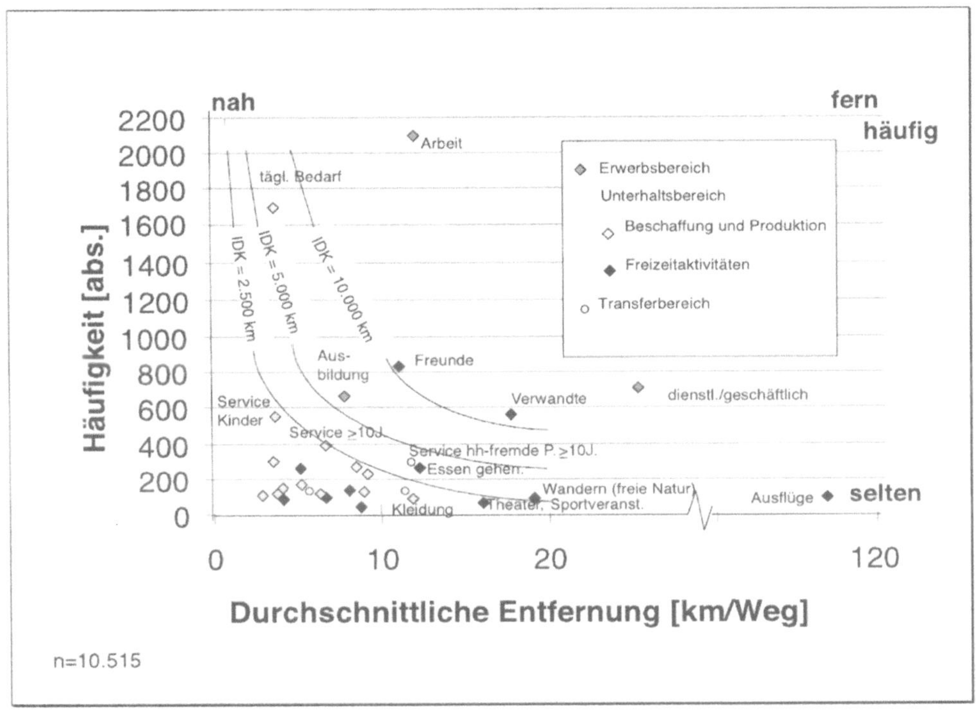

Abb. 5.6. Aktivitäten nach Häufigkeit und durchschnittlicher Entfernung (Wege) sowie Iso-Distanz-Kurven (IDK)

wege für Haushaltsmitglieder fallen in den Nahbereich (Service für Kinder unter 10 Jahren hat eine durchschnittliche Distanz von 3,6km, für Personen ab 10 Jahren 6,7km). Dabei fällt auf, dass Servicewege für Personen, die nicht zum Haushalt gehören (Transferbereich), etwa doppelt so weit sind (Service für Kinder unter 10 Jahren hat eine durchschnittliche Distanz von 6,1km, für Personen ab 10 Jahren 13,2km). Im Erwerbsbereich liegen nur die Ausbildungswege im Bereich der unterdurchschnittlich langen Wege. Wege zur Arbeit und dienstlich/geschäftliche Wege haben mit Abstand die längsten Distanzen und kommen zudem sehr häufig vor.

Freizeitmobilität ist sehr heterogen – sie kann nicht pauschal beschrieben werden

Die Wege in der Freizeit sind sehr heterogen über die Darstellung verteilt. Der Kontakt mit Verwandten und Freunden setzt sich durch seine Häufigkeit deutlich von anderen Aktivitäten in der Freizeit ab. Im Schnitt finden sich diese Aktivitäten im mittleren bis weiteren Entfernungsbereich und tragen dadurch einen erheblichen Anteil zur Verkehrsleistung in der Freizeit bei. Tagesausflüge und Kurzreisen sind dagegen wesentlich seltener, sind aber wegen ihrer hohen durchschnittlichen Distanz von Interesse. Kulturelle Aktivitäten (z.B. Besuch eines Theaters oder einer Sportveranstaltung) liegen wiederum im mittleren Entfernungsbereich. Als Freizeitaktivitäten, die vornehmlich im Nahbereich bis zu 5km unternommen werden, sind der Besuch von Gottesdiensten und Fitnesscentern zu nennen. Für Sport in anderen Sporteinrichtungen wird bereits eine durchschnittliche Distanz von 8km in Kauf genommen, das Wandern in der freien Natur erhöht den Aufwand auf 18km.

Verkehrsmittelwahl nach Aktivitäten

Die differenzierte Erfassung der Aktivitäten in der Erhebung Mobilität ´97 ermöglicht Aussagen zur spezifischen Verkehrsmittelwahl nach einzelnen Aktivitäten. Abbildung 5.7 (vgl. Tabelle E 17) gibt einen Überblick über den Anteil der Verkehrsbereiche an allen Wegen für die jeweilige Aktivität. Die Abbildung ist geordnet nach dem Anteil des mIV. Es sind nur Aktivitäten aufgeführt, die häufiger als 60 mal in der Erhebung als Zielzweck genannt sind.

Einzelne Aktivitäten zeigen spezifische Stärken von Verkehrsmitteln auf

Insgesamt zeigt sich in dieser Darstellung nochmals das gleiche Bild der durchschnittlichen Wegelänge nach Verkehrsbereichen bzw. nach Aktivitäten aus einer dritten Perspektive.

Besonders hohe Anteile an Wegen im *mIV* von über 80% haben folgende Zielzwecke: Der Transport von Menschen und Sachen auch in Verbindung mit Begleitwegen und der Beschaffung von sperrigen Waren (z.B. Möbel). Auffällig ist in der Freizeit ein besonders hoher mIV-Anteil beim Zielzweck Spazieren gehen/Wandern. Besonders niedrige Anteile weisen die Wege zur Ausbildung (20%) und der Stadtbummel (50%) auf.

Zu Fuß werden neben den selbstzweckorientierten Spaziergängen und Wanderungen v.a. Wege zu kulturellen Ereignissen (z.B. Volksfeste), zum Gottesdienst, zur Beschaffung von Waren des täglichen Bedarfs, zum Kontakt mit Freunden und eine ganze Reihe von Begleitwegen durchgeführt (Anteil jeweils größer 20%).

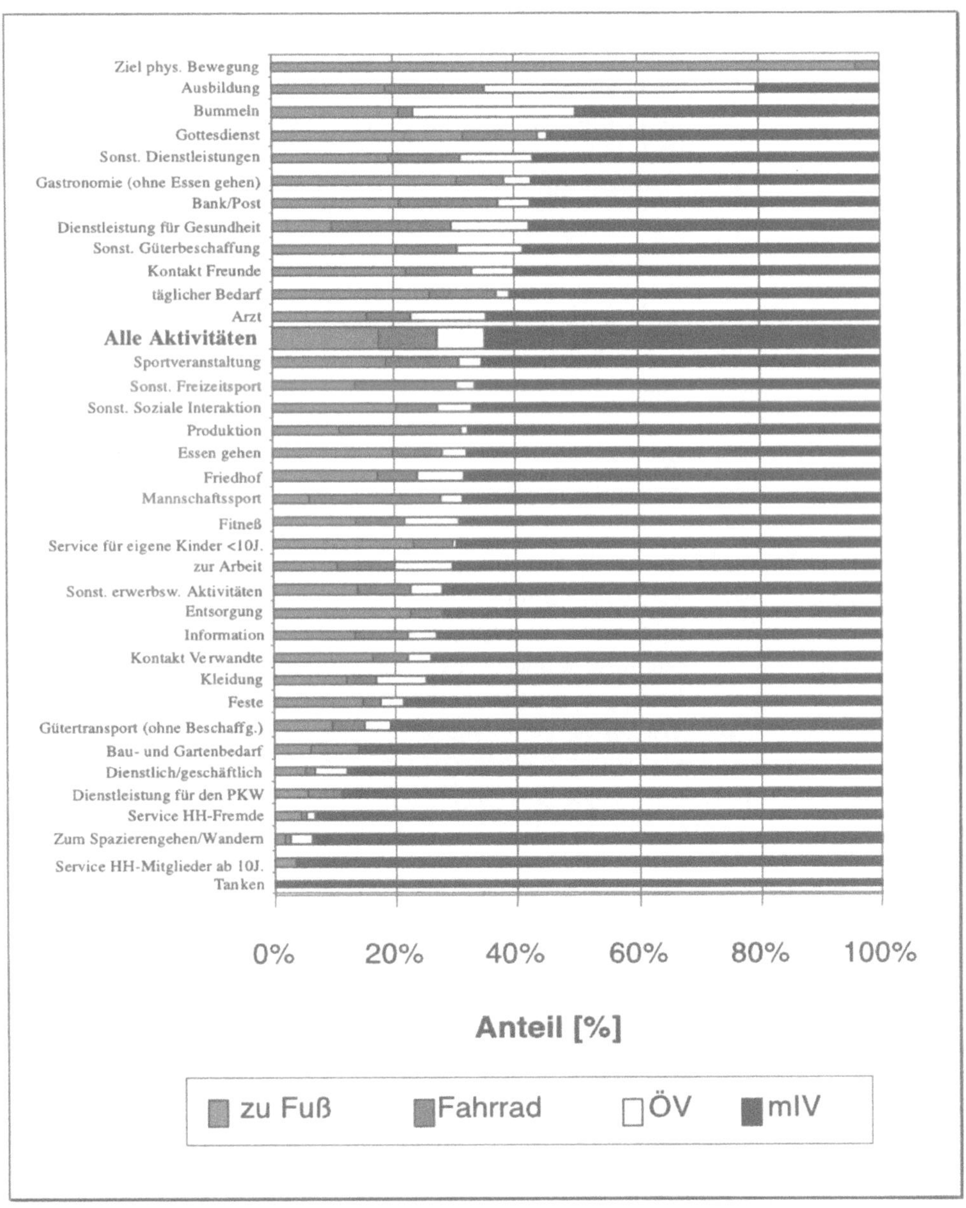

Abb. 5.7. Modal-Split nach Aktivitäten

Bei Wegen zum Freizeitsport, zum Mannschaftssport und bei Ausbildungswegen hat das *Fahrrad* einen Anteil von über 15%. Hierbei kann davon ausgegangen werden, dass der große Anteil von Jugendlichen an den Personen, die diese Aktivitäten ausführen, dafür verantwortlich ist. Ferner wird ein auffällig großer Anteil von Wegen zu Dienstleistungen (z.B. Bank, Post, Gesundheit) und für die hauswirtschaftliche Produktion[8] mit dem Fahrrad zurückgelegt.

Einen überdurchschnittlich hohen Anteil von über 10% *ÖV-Wegen* ist wiederum bei den von Jugendlichen geprägten Fahrten zur Ausbildung festzustellen. Auch Wege zu einem Stadtbummel, zu kulturellen Angeboten, zum Arzt und andere Dienstleistungen im Gesundheitswesen haben einen überdurchschnittlich hohen ÖV-Anteil.

5.1.2.2
Tourenbezogene Variablen

Touren sind der Schlüssel zu verketteten Wegen

In die Betrachtung von Touren gehen alle Wege ein, die zwischen einem Aufenthalt zu Hause und dem darauffolgenden Aufenthalt zu Hause erfolgen. Es sind darin auch die Rückwege enthalten. Der Alltag wird in die drei Bereiche Erwerb, Unterhalt und Transfer gegliedert. Der Freizeitbereich geht pauschal in die Betrachtung ein. Bei Touren, die aus einem Hin- und einem Rückweg bestehen, wird der Zweck der Tour als der Zweck des Hinwegs betrachtet. Bei verketteten Wegen mit unterschiedlichen Zwecken wird der Tourzweck nach folgender Hierarchie bestimmt (vgl. Kloas und Kunert 1993, S. 40):

1) Erwerb
2) Beschaffung
3) Transfer
4) Freizeit.

Rundwege von zu Hause nach zu Hause haben Freizeitcharakter und werden daher dem Tourzweck Freizeit zugeordnet.

Eine Auswertung nach dem Anteil der Tourenanzahl und ihrer kumulierten Distanzen nach Zwecken zeigt Abb. 5.8 (vgl. Tabelle E 18).

8 Ohne Service-Wege.

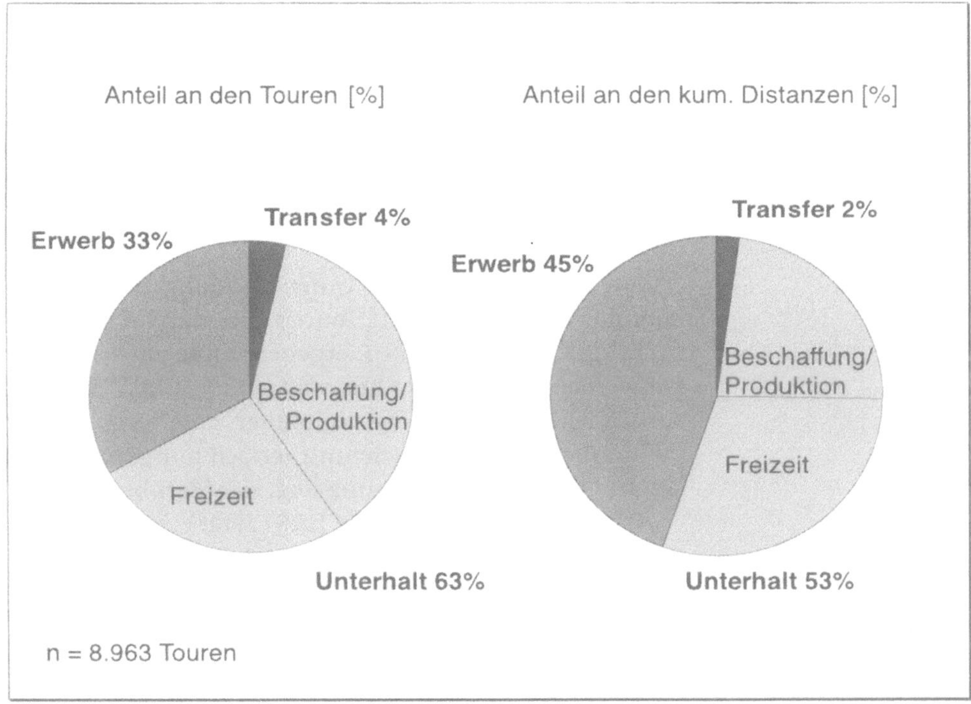

Abb. 5.8. Tourenanzahl und kumulierte Distanzen nach Tourenzweck

Die Betrachtung der Touren nach Handlungsbereichen ergibt ein ähnliches Bild wie die Betrachtung der Wege nach Handlungsbereichen.

Weitere Aussagen zu Touren sind von Interesse, besonders bezüglich der kumulierten Distanzen der zugehörigen Wege.

Über alle Verkehrsmittel werden durchschnittlich 2,4 Wege (sd=1,2 Wege) zu einer Tour verbunden. Der Wert ohne Extremwerte liegt bei 2,3 Wegen, der Median bei 2,0. Beinahe drei Viertel aller Touren bestehen aus zwei Wegen, so dass man die Aussage treffen kann, dass die Verkettung von mehreren Zielzwecken innerhalb einer Tour (noch) kein verbreitetes Verhaltensmuster ist. Durchschnittlich werden dabei 25km (sd=58km) bzw. ohne Extremwerte 16km zurückgelegt, der Median liegt bei 8km. Die Zeitdauer (der Bewegung) beträgt durchschnittlich 50 Minuten (sd=60 Minuten), bzw. ohne Extremwerte 41 Minuten. Der Median liegt bei 30 Minuten. Wie erwartet sind die Verteilungen der Tourenwerte ebenfalls links-schief.

Betrachtet man die Touren differenziert nach der Beteiligung des mIV, so zeigt sich, dass bei mIV-Beteiligung (d.h. mindestens ein Weg in einer Tour erfolgt mit dem mIV) durchschnittlich 2,6 Wege, ohne mIV-Beteiligung nur 2,1 Wege verkettet werden. Dieser Unterschied ist hochsignifikant.

Eine weitere auffällige Unterscheidung betrifft die kumulierten Distanzen in Touren. Die durchschnittlich zurückgelegten Distanzen ergeben ohne mIV-Beteiligung einen Wert von 9,6km, während mit mIV 33,7km zurückgelegt werden. Die Zeitdauer unterwegs ist im mIV mit 49 Minuten im Schnitt jedoch nur geringfügig länger. Ohne mIV-Beteiligung liegt der Wert bei 42 min.

Abbildung 5.9 (vgl. Tabelle E 19) zeigt eine Verteilung von Tourenlängen-Intervallen nach ihrer Häufigkeit und der Beteiligung des mIV. Diese Darstellung wird ge-

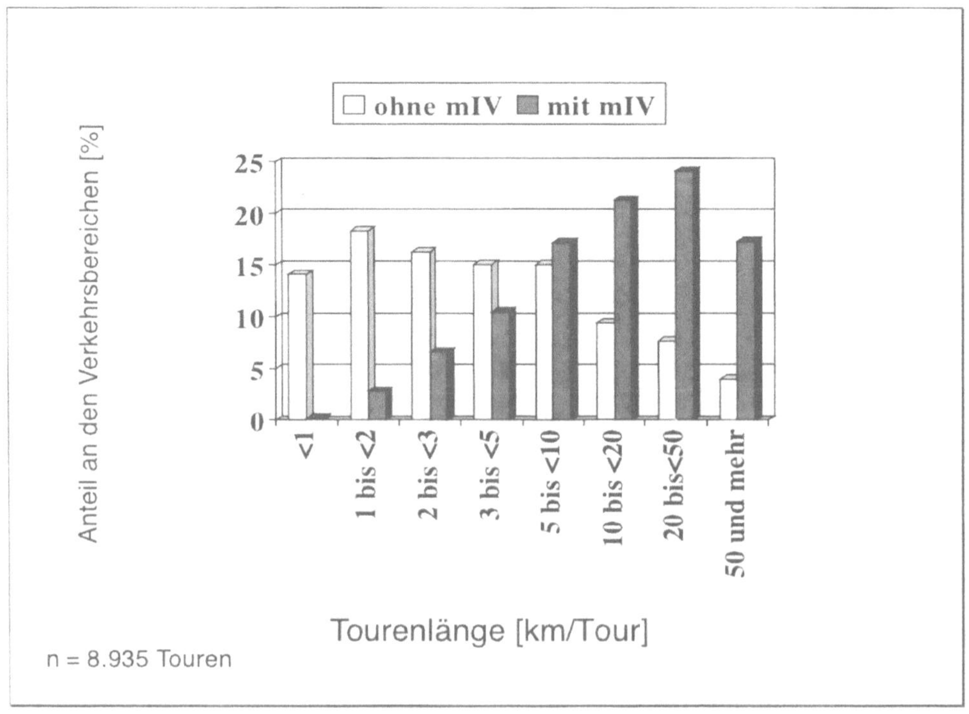

Abb. 5.9. Tourenlänge nach mIV-Beteiligung

wählt, um die Besonderheiten der Verteilung über Mittelwert und Standardabweichung hinaus darzustellen.

«Tourenlänge» zusätzlich zur «Wegelänge»

Es ist zu entnehmen, dass zusammengenommen nur 20% der Touren mit mIV-Beteiligung einen Wert bis zu 5km annehmen, während diese Aussage auf über 64% der Touren ohne mIV zutrifft. Im Nahbereich wird dieser Unterschied noch deutlicher. Hier haben 3% der Touren mit mIV-Beteiligung höchstens eine Distanz von unter 2km, während der Vergleichswert für die Touren ohne mIV-Beteiligung bei 32% liegt. Es ist anzunehmen, daß für die Verkehrsmittelwahl innerhalb einer Tour die gesamte voraussichtliche Länge eine entscheidendere Bedeutung hat als der einzelne Weg.

5.1.2.3 *Personentagsbezogene Variablen*[9]

Die Verkehrsbeteiligung als der Anteil der mobilen Personen an allen Personen liegt über alle Mobilitätstage der Erhebung bei 94%, an den Werktagen Montag bis Freitag bei rund 95%. An Samstagen (92%) und Sonntagen (85%) fällt die Verkehrsbeteiligung deutlich ab. Aus den Daten lassen sich keine statistisch gesicherten saisonalen Unterschiede in der Verkehrsbeteiligung feststellen.

Die *Mobilitätsrate* als die Anzahl der Wege pro Tag und Person liegt im Durchschnitt für die mobilen[10] Personen mit mindestens einem Weg pro Tag bei 4,2 Wegen (sd=2,5 Wege) bzw. 4,0 Wegen (5% trimmed mean). Der Median liegt ebenfalls bei 4,0 Wegen pro Tag und mobiler Person.

Die *Tourenrate* als die Anzahl, wie häufig eine Person ihre Wohnung oder wesensähnliche Ausgangspunkte (z.B. Hotel innerhalb einer Kurzreise) pro Tag verlässt, liegt bei 1,6 Touren pro Tag und Person.

Das *Mobilitätsstreckenbudget* als die kumulierte Distanz einer Person über einen Tag beträgt für die mobilen[11] Personen 46km (sd=77km). Bei diesen Angaben

9 Vgl. Tabelle E 25.
10 Der Durchschnitt über alle Personen liegt bei 3,9 Wegen.
11 Der Durchschnitt über alle Personen liegt bei 44km.

sind analog zur Wegelänge wegen der Schiefe der Verteilungskurve der korrigierte Mittelwert mit 34km (5% trimmed mean) und der Median mit 22km von besonderer Bedeutung.

Das *Mobilitätszeitbudget*[12] als die kumulierte Zeitdauer, die eine Person unterwegs verbringt, hat für die mobilen Personen einen Wert von 88 Minuten (sd=78 Minuten). Der korrigierte Mittelwert liegt bei 79 Minuten (5% trimmed mean), der Median mit 67 Minuten nur etwas darunter.

5.2 Erklärung des Mobilitätsverhaltens

Ausgewählte abhängige Variablen des Modells werden in diesem Abschnitt durch unabhängige Variablen erklärt. Die Erklärung folgt dabei den Gleichungen des Modells (vgl. 3.3.2.2).

Zunächst werden Variablen auf der Ebene von Personen erklärt. Dann folgt ein Abschnitt zur Erklärung von abhängigen Variablen auf der Wegeebene.

In den Gleichungen werden grundsätzlich nur Koeffizienten jener Variablen aufgeführt, die einen signifikanten Einfluss ausüben (Irrtumswahrscheinlichkeit $\alpha \leq$ 5%).

5.2.1 Personenebene

5.2.1.1 *Mobilitätsrate (alle Wege)*

Für die Mobilitätsrate können die in Tabelle 5.2 aufgeführten signifikanten Bestimmungsgründe festgestellt werden. Die Übersicht gibt neben den Koeffizienten die zugehörenden Standard-Fehler f ($f = s/\sqrt{n}$), den standardisierten Koeffizienten, den t-Wert und den entsprechenden Wert für die Irrtumswahrscheinlichkeit α an.

Eine Reihe von Variablen liefern (hoch-)signifikante Koeffizienten zur Erklärung der Mobilitätsrate. Aller-

12 Zur zeitlichen Allokation von Mobilität s. BAfSt (1996, S. 79)

Tabelle 5.2. Bestimmungsgründe der Mobilitätsrate

Erkl. j	Variable x_{jm}	Koeffizient	Std.-Fehler	Koeffizient (stand.)	t-Wert	α
	Konstante	0,710	0,179		3,957	0,000
2	Mobilitätstag (SO)					
	MO	0,842	0,137	0,098	6,146	0,000
	DI	1,456	0,146	0,174	9,989	0,000
	MI	1,487	0,118	0,239	12,580	0,000
	DO	1,564	0,140	0,198	11,193	0,000
	FR	1,672	0,135	0,212	12,397	0,000
	SA	1,054	0,114	0,166	9,282	0,000
3	Temperaturbereich (unter 5°C)					
	5°C bis unter 10°C	0,894	0,119	0,176	7,491	0,000
	10°C bis unter 15°C	0,596	0,142	0,089	4,200	0,000
	Über 15°C	0,972	0,141	0,144	6,881	0,000
4	Relative Sonnenscheindauer (bis unter 1 Std.)					
	Über 5 Std.	0,293	0,094	0,055	3,104	0,002
7	Anzahl der Kinder im Hh	0,265	0,046	0,084	5,802	0,000
18	BIK-Typ 2 (BIK-Typ 9)	0,307	0,140	0,030	2,197	0,028
19	Regierungsbezirk (Oberbayern)					
	Oberfranken	0,283	0,114	0,035	2,489	0,013
	Unterfranken	0,368	0,110	0,046	3,334	0,001
23	Schwierige Parkplatzsituation (n.z.)	−0,387	0,183	−0,029	−2,118	0,034
24	Junge Erwachsene (Mittleres Alter)	0,345	0,095	0,051	3,638	0,000
29	Stellung im Beruf (Arbeiter)					
	Angestellter	0,296	0,091	0,054	3,267	0,001
	Beamter	0,746	0,149	0,075	5,005	0,000
	Selbständiger	0,986	0,194	0,073	5,076	0,000
30	Vollzeit beschäftigt (nicht/geringf. b.)	−0,458	0,103	−0,090	−4,451	0,000
31	Einpendler in Großstadt (n.z.)	−0,281	0,122	−0,032	−2,301	0,021
33	Kraftrad-Fahrerlaubnis (n.z.)	0,288	0,090	0,048	3,207	0,001

Tabelle 5.2. Fortsetzung

Erkl. j	Variable x_{jm}	Koeffizient	Std.-Fehler	Koeffizient (stand.)	t-Wert	α
34	LKW-Fahrerlaubnis (n.z.)	-0,230	0,127	-0,027	-1,807	0,071
35	Pkw-Fahrerlaubnis (n.z.)	0,602	0,099	0,095	6,059	0,000
36	Dienstwagen (n.z.)	0,708	0,183	0,055	3,870	0,000
38	Fahrrad-Verfügung (n.z.)	0,333	0,090	0,051	3,709	0,000
47	Gebundene Zeit zu Hause > 30 Stunden (n.z.)	0,004	0,002	0,031	1,979	0,048
48	Gebundene Zeit außer Haus > 45 Stunden (n.z.)	0,010	0,002	0,073	3,975	0,000
50	Vielfältige Freizeitinteressen (n.z.)	0,453	0,095	0,065	4,750	0,000
53	Häufige Hilfe für andere (n.z.)	0,565	0,082	0,095	6,908	0,000
54	Ehrenamtlich engagiert (n.z.)	0,240	0,098	0,034	2,456	0,014

n = 4.829 Personentage korr. R^2= 0,125 F = 23,190

Die grau hinterlegten Merkmalsausprägungen gehen als Referenz in den Achsenabschnitt ein. Bei polytomen Merkmalen ist es eines der Merkmale. Bei dichotomen Merkmalen ist es das Nichtzutreffen (n.z.) des Merkmals.

dings ist das Bestimmtheitsmaß für die Gleichung mit R^2= 12,5% niedrig (das entspricht einem multiplen Korrelationskoeffizienten von 0,35).

Schätzung nach den Gleichungen des Modells

Folgendes Beispiel soll die Bedeutung einer Gleichung dieses Typs erläutern. Die Schätzung für die Mobilitätsrate eines jungen Erwachsenen mit Führerschein an einem warmen Samstag errechnet sich nach Gl. (2.1.5')

$$\hat{y}_{1..m} = \hat{\beta}_{1..,0} + \hat{\beta}_{1..,1}\, x_{1m} + \hat{\beta}_{1..,2}\, x_{2m} + \hat{\beta}_{1..,3}\, x_{3m} + \ldots + \hat{\beta}_{1..,J}\, x_{Jm} \qquad (2.1.5'')$$

$$\hat{y}_{1..m} = 0{,}710 + 1{,}054{*}1\ [\text{Samstag}] + 0{,}972{*}1\ [\text{über } 15^\circ\text{C}] + 0{,}293{*}1\ [\text{viel Sonne}] + 0{,}345{*}1\ [\text{junger Erwachsener}] + 0{,}602{*}1\ [\text{Pkw-Fahrerlaubnis}] \approx 4{,}0 \text{ Wege/Tag}$$

Die Schätzung für die Mobilitätsrate einer Person mit den Merkmalen des Beispiels beträgt folglich vier Wege pro Tag.

Mobilitätsrate: Einfluss von Temperatur und Wochentag

Die Bedeutung der einzelnen Merkmale kann an den standardisierten Koeffizienten abgelesen werden. Einen großen Einfluss auf die Anzahl der Wege pro Tag haben danach die Art des Wochentages und das Wetter. Gegenüber dem Referenzmaß Sonntag tragen alle anderen Wochentage zu einer höheren Mobilitätsrate bei. Der Samstag hat dabei einen etwas niedrigeren Wert als die anderen Werktage. Der Grund dafür dürften die reduzierten Möglichkeiten und Pflichten im Alltag (Arbeit/ Ausbildung, Beschaffung) am Wochenende sein. Beim aktuellen Wetter fällt auf, dass im Temperaturbereich unter 5 °C offensichtlich einige Wege vermieden werden, da alle anderen Bereiche positive Werte gegenüber dieser Referenz aufweisen.

Mit der Anzahl der Kinder unter 10 Jahren im Haushalt steigt die Anzahl der täglichen Wege für die Erwachsenen ebenfalls signifikant. Vollzeitbeschäftigung hat einen negativen Koeffizienten, weil mit der zeitlichen Bindung im Erwerbsbereich geringere Möglichkeiten bzw. im Kontext eines Mehr-Personen-Haushalts geringere Pflichten im Unterhalts- und Transferbereich verbunden sind. Ähnliches ist für das Einpendeln in den Kern einer Großstadt auszusagen.

Außerhäusliche Aufgaben und Interessen setzen Menschen in Bewegung

Positive Koeffizienten haben die Merkmale junge Erwachsene (18 bis 30 J.), Angestellte, Beamte und Selbständige, die vorhandene Pkw-Fahrerlaubnis und die Möglichkeit, einen Dienstwagen privat zu nutzen. Vielfältige Freizeitinteressen, häufige informelle Hilfe für andere Menschen und ehrenamtliches Engagement sorgen ebenfalls für eine höhere Mobilitätsrate im Vergleich zu Personen, auf die diese Merkmale nicht zutreffen.

Es ist anzumerken, dass für die einkommensbezogenen Variablen[13] kein Einfluss auf die Zahl der täglichen Wege nachzuweisen ist.

13 Haushaltseinkommen, persönlicher Beitrag zum Haushaltseinkommen, Pro-Kopf-Einkommen

5.2.1.2
Zahl der täglichen Freizeitaktivitäten außer Haus

Tabelle 5.3 bezieht sich auf die Anzahl der Freizeitaktivitäten außer Haus. Diese Zahl entspricht der Anzahl der Freizeitwege ohne nach-Hause-Wege.

Sonntag: Der Tag der Freizeit

Die Zahl der Freizeitaktivitäten außer Haus ist in der Sommerwelle, vermutlich aufgrund des niederschlagsreichen Wochenendes dieser Welle, signifikant niedriger als im Winter. Die Werktage gehen mit negativen Vorzeichen bezüglich der Sonntage ein. Das bedeutet, dass sich die Angaben zum generellen Freizeitverhalten (vgl. 5.1.2) auch signifikant im protokollierten Mobilitätsverhalten in der Freizeit nachweisen lassen. Über die Werktage Montag bis Freitag steigen die Koeffizienten leicht an, der Samstag zeigt sich als Übergangstag, in dem sowohl Alltagsaktivitäten als auch bereits deutlich mehr Wege für Freizeit zurückgelegt werden.

Die aktuellen Witterungsverhältnisse, vertreten durch Temperatur und Niederschlag, haben die erwarteten Vorzeichen. Die Koeffizienten für die Temperaturbereiche zeigen deutlich, dass die Durchführung von Freizeitwegen mit steigender Temperatur zunimmt. Niederschlag verringert die Zahl der Freizeitaktivitäten. Vermutlich führt die Anpassung des disponiblen Teils der Freizeitaktivitäten an die aktuellen Witterungsverhältnisse zu diesem Ergebnis.

In der Freizeitmobilität spiegelt sich der Lebensstil

Für folgende haushaltsbezogene Variablen kann ein Einfluss festgestellt werden. Mit zunehmender Haushaltsgröße nimmt die Zahl der Freizeitaktivitäten außer Haus ab. Das kann an der geringeren Flexibilität und den vermehrten Pflichten der Haushaltsmitglieder zu anderen Aktivitäten oder einer zunehmenden Freizeitgestaltung zu Hause liegen (Besuche werden z.B. mehr empfangen als selbst durchgeführt). In die gleiche Richtung wirken eine gute Ausstattung des Haushalts mit elektronischen Geräten und der Besitz von Haustieren. Diese können als Indizien verstanden werden, dass man sich in der Freizeit vorrangig mit innerhäuslichen Aktivitäten beschäftigt. Die Ausstattung mit einem Wochenend- oder Ferienhaus ist erwartungsgemäß mit mehr Freizeitwegen verbunden.

Tabelle 5.3. Bestimmungsgründe der Zahl der Freizeitaktivitäten außer Haus

Erkl. j	Variable x_{jm}	Koeffizient	Std.-Fehler	Koeffizient (stand.)	t-Wert	α
	Konstante	1,198	0,068		17,532	0,000
1	Sommer (Winter)	-0,295	0,060	-0,127	-4,895	0,000
2	Mobilitätstag (SO)					
	MO	-0,919	0,053	-0,270	-17,465	0,000
	DI	-0,793	0,059	-0,239	-13,549	0,000
	MI	-0,784	0,046	-0,318	-17,171	0,000
	DO	-0,761	0,055	-0,243	-13,917	0,000
	FR	-0,722	0,051	-0,231	-14,300	0,000
	SA	-0,218	0,044	-0,086	-5,004	0,000
3	Temperaturbereich (unter 5°C)					
	5°C bis unter 10°C	0,231	0,045	0,115	5,129	0,000
	10°C bis unter 15°C	0,441	0,060	0,167	7,354	0,000
	Über 15°C	0,626	0,080	0,234	7,869	0,000
5	Niederschlag (n.z.)	-0,090	0,034	-0,041	-2,652	0,008
6	Haushaltsgröße	-0,028	0,012	-0,036	-2,409	0,016
12	Wochenend-/Ferienhaus (n.z.)	0,120	0,055	0,029	2,197	0,028
15	Gute Ausstattung mit elektronischen Geräten (n.z.)	-0,072	0,030	-0,031	-2,389	0,017
17	Tiere im Haushalt (n.z.)	-0,062	0,023	-0,037	-2,677	0,007
18	BIK-Typ 6 (BIK-Typ 9)	0,200	0,059	0,044	3,367	0,001
19	Mittelfranken (Oberbayern)	-0,145	0,042	-0,046	-3,499	0,000
24	Junge Erwachsene(Mittleres Alter)	0,227	0,038	0,085	5,998	0,000
26	Familienstand (ledig)					
	Verheiratet	-0,159	0,031	-0,079	-5,129	0,000
	Geschieden	-0,204	0,063	-0,045	-3,229	0,001
28	Berufsausbildung (Lehre)					
	Meister	0,162	0,045	0,050	3,637	0,000
	Hochschulabschluss	0,132	0,037	0,049	3,575	0,000
30	Vollzeit beschäftigt (nicht/geringf. b.)	-0,129	0,029	-0,064	-4,363	0,000

Tabelle 5.3. Fortsetzung

Erkl. j	Variable x_{jm}	Koeffizient	Std.-Fehler	Koeffizient (stand.)	t-Wert	α
31	Einpendler in den Kern einer mittelgroßen Stadt (n.z.)	0,100	0,047	0,029	2,148	0,032
32	Pers. Einkommensbeitrag (≥5000DM)					
	Unter 200DM	0,106	0,046	0,033	2,321	0,020
	1200 bis unter 2000DM	-0,129	0,050	-0,035	-2,604	0,009
49	Freizeitaktivitäten sehr außer Haus (n.z.)	0,061	0,031	0,026	1,992	0,046
50	Vielfältige Freizeitinteressen (n.z.)	0,086	0,037	0,031	2,364	0,018
53	Häufige Hilfe für andere (n.z.)	0,109	0,031	0,046	3,472	0,001
54	Ehrenamtlich engagiert (n.z.)	0,144	0,037	0,051	3,879	0,000

n = 4.829 Personentage korr. R^2= 0,197 F = 40,439
Die grau hinterlegten Merkmalsausprägungen gehen als Referenz in den Achsenabschnitt ein. Bei polytomen Merkmalen ist es eines der Merkmale. Bei dichotomen Merkmalen ist es das Nichtzutreffen (n.z.) des Merkmals.

Junge Erwachsene sind mehr unterwegs

Unter den personenbezogenen Merkmalen fällt das Alter wiederum bei den jungen Erwachsenen mit signifikant mehr Freizeitaktivitäten auf. Auf den höheren formalen Bildungsstand (Meister, Hochschulabsolvent) lassen sich gegenüber der Merkmalsausprägung Lehre mehr Freizeitaktivitäten außer Haus zurückführen. Beim persönlichen Beitrag zum Haushaltseinkommen fallen die Merkmalsausprägungen ohne eigenes Einkommen (d.h. auch in der Regel mehr Zeit bzw. Zeitsouveränität) mit positivem und die Einkommensgruppe 700 bis 1.200 DM mit negativem Vorzeichen auf. In der letzten Gruppe dürfte es sich i.d.R. um Personen handeln, die für einen Zuverdienst im Haushalt sorgen und die Alltagslast eines Haushalts tragen. Wer sich als Person mit vielfältigen Freizeitinteressen sieht bzw. seine Freizeitaktivitäten gerne außer Haus ausübt, trägt auch mehr zum Entstehen von Freizeitverkehr bei. Die Personen, die häufig anderen helfen oder ehrenamtlich engagiert sind, haben zudem mehr Freizeitwege.

5.2.1.3
Mobilitätsstreckenbudget (alle Wege)

Tabelle 5.4 gibt die Ergebnisse zum Mobilitätsstreckenbudget über alle Wege und Verkehrsmittel an.

Für das Mobilitätsstreckenbudget wird ein semilogarithmierter Ansatz gewählt.

Zur Interpretation des Ergebnisses wird folgendes Beispiel gewählt: Das Mobilitätsstreckenbudget einer Person wird durch die Merkmale «Dienstag», «Hausfrau», «mit Pkw-Fahrerlaubnis» und «häufige informelle Hilfe» erklärt.

Analog Gl. 2.1.5' gilt

$$\lg \hat{y}_{2..m} = \hat{\beta}_{2..,0} + \hat{\beta}_{2..,1}\, x_{1m} + \hat{\beta}_{2..,2}\, x_{2m} + \hat{\beta}_{2..,3}\, x_{3m} + \ldots + \hat{\beta}_{2..,J}\, x_{Jm} \qquad (2.1.5''')$$

$$\lg \hat{y}_{2..m} = 0{,}826 + (-0{,}079)*1\ [\text{Dienstag}] + (-0{,}108)*1\ [\text{Hausfrau}] + 0{,}197*1\ [\text{Pkw-Fahrerlaubnis}] + 0{,}090*1\ [\text{inf. Hilfe}] = 0{,}92$$

$$=> \hat{y}_{2.m} = 10^{0{,}92} = 8{,}3\text{km/Tag}$$

Signifikante Einflüsse auf das Mobilitätsstreckenbudget gehen ebenfalls von der Jahreszeit, dem Wochentag und der Temperatur aus. Allerdings unterscheiden sich nicht alle Werktage signifikant vom Sonntag. An den Werktagen Mittwoch bis Freitag werden offensichtlich größere Strecken zurückgelegt als zu Beginn der Woche. Der Temperaturbereich unter 5°C unterscheidet sich als Referenzmaß deutlich von den darüberliegenden Bereichen.

Eine attraktive Umgebung verringert das Streckenbudget

Ein Einfluss folgender haushaltsbezogener Variablen kann festgestellt werden. In Erwachsenenhaushalten, in Haushalten mit sehr niedrigem Einkommen und bei Wohnstandorten mit gutem bzw. sehr gutem Zugang zu Einrichtungen für Alltag und Freizeit ist ein geringeres Mobilitätsstreckenbudget festzustellen. Ein eigenes Haus und Wochenend- bzw. Ferienhäuser erhöhen das Mobilitätsstreckenbudget ebenso wie die Lage des Wohnstandorts am Stadtrand bzw. im Umland einer Großstadt bzw. in Landgemeinden der Größe 2.000 bis 5.000 Einwohner (BIK = 8). (Mindestens) ein Pkw im

Tabelle 5.4. Bestimmungsgründe des Mobilitätsstreckenbudgets

Erkl. j	Variable x_{jm}	Koeffizient	Std.-Fehler	Koeffizient (stand.)	t-Wert	α
	Konstante	0,826	0,057		14,523	0,000
1	Herbst (Winter)	0,048	0,019	0,041	2,466	0,014
2	Mobilitätstag (SO)					
	MO	-0,096	0,028	-0,049	-3,443	0,001
	DI	-0,079	0,027	-0,041	-2,886	0,004
	SA	-0,048	0,022	-0,033	-2,211	0,027
3	Temperaturbereich (unter 5°C)					
	5°C bis unter 10°C	0,201	0,028	0,172	7,043	0,000
	10°C bis unter 15°C	0,197	0,036	0,127	5,533	0,000
	Über 15°C	0,186	0,037	0,119	5,072	0,000
4	Sonne < 1Std. (1 bis 4 Std.)	-0,072	0,020	-0,062	-3,604	0,000
8	Erwachsenenhaushalt (Paar/ 2 Erwachsene)	-0,069	0,025	-0,040	-2,739	0,006
9	Haushaltseinkommen <2000DM (≥7000DM)	-0,106	0,044	-0,035	-2,408	0,016
11	Eigenes Haus (Mietwohnung)	0,064	0,017	0,055	3,673	0,000
12	Wochenend-/Ferienhaus (n.z.)	0,104	0,034	0,042	3,035	0,002
13	Pkw im HH vorhanden (n.z.)	0,224	0,043	0,080	5,265	0,000
18	Ortstyp nach BIK (BIK-Typ 9)					
	BIK-Typ 1	0,058	0,029	0,029	2,005	0,045
	BIK-Typ 8	0,080	0,024	0,048	3,291	0,001
19	Schwaben (Oberbayern)	-0,050	0,025	-0,029	-2,017	0,044
20	Zugang zu Einrichtungen (gering)					
	Mittlerer Zugang	-0,095	0,023	-0,082	-4,187	0,000
	Guter Zugang	-0,161	0,024	-0,132	-6,652	0,000
24	Junge Erwachsene(mittleres Alter)	0,081	0,025	0,052	3,288	0,001
26	Verheiratet (ledig)	-0,125	0,022	-0,106	-5,643	0,000
27	Ohne Schulabschluss (Hauptschule)	-0,098	0,038	-0,054	-2,593	0,010
28	Berufsausbildung (Lehre)					
	Meister	0,073	0,028	0,038	2,633	0,008
	Hochschulabschluss	0,101	0,023	0,065	4,357	0,000

Tabelle 5.4. Fortsetzung

Erkl. j	Variable x_{jm}	Koeffizient	Std.-Fehler	Koeffizient (stand.)	t-Wert	α
29	Stellung im Beruf (Arbeiter)					
	Mithelfende Familienang.	-0,310	0,089	-0,048	-3,463	0,001
	Hausfrau/-mann	-0,108	0,028	-0,063	-3,902	0,000
	Erwerbslose	-0,143	0,058	-0,035	-2,448	0,014
30	Vollzeit beschäftigt (nicht/geringf. b.)	0,088	0,021	0,075	4,223	0,000
31	Einpendler in den Kern einer Großstadt (n.z.)	0,151	0,029	0,075	5,269	0,000
33	Kraftrad-Führerschein vorh. (n.z.)	0,066	0,021	0,048	3,150	0,002
34	Lkw-Führerschein vorhanden (n.z.)	0,075	0,030	0,038	2,536	0,011
35	Pkw-Führerschein vorhanden (n.z.)	0,197	0,031	0,135	6,439	0,000
36	Pkw-Nutzungsmöglichkeit (Hauptnutzer)					
	In Absprache	-0,045	0,020	-0,033	-2,202	0,028
	Dienstwagen	0,227	0,042	0,076	5,379	0,000
38	Rad-Verfügung (n.z.)	0,047	0,022	0,031	2,190	0,029
40	Fahrgemeinschaft (n.z.)	0,055	0,024	0,032	2,253	0,024
50	Vielfältige Freizeitinteressen (n.z.)	0,056	0,023	0,035	2,501	0,012
53	Häufige Hilfe für andere (n.z.)	0,090	0,019	0,066	4,665	0,000
57	Zufrieden mit der Ortsgröße (n.z.)	-0,064	0,017	-0,055	-3,866	0,000

n = 4.492 Personentage korr. R^2= 0,156 F = 22,244

Die grau hinterlegten Merkmalsausprägungen gehen als Referenz in den Achsenabschnitt ein. Bei polytomen Merkmalen ist es eines der Merkmale. Bei dichotomen Merkmalen ist es das Nichtzutreffen (n.z.) des Merkmals.

Haushalt ermöglicht das Zurücklegen von größeren Distanzen im Vergleich zu Haushalten ohne Pkw. Auffällig ist, dass kein BIK-Gemeinde-Typ ein signifikant niedrigeres Mobilitätsstreckenbudget bezüglich des Referenzwerts von Gemeinden unter 2.000 Einwohnern aufweist. Bei den personenbezogenen Merkmalen erhöhen die Altersgruppe der jungen Erwachsenen, eine formal hohe Berufsausbildung, Vollzeitbeschäftigung, Einpendeln in eine Großstadt, der Führerscheinbesitz und die Verfügbarkeit eines Dienstwagens das Mobilitätsstreckenbudget. Für die personenbezogenen Merkmale geringe formale berufliche Bildung, keine Beschäftigung oder die Mithilfe in einem Familienbetrieb[14] lassen sich signifikante negative Koeffizienten feststellen.

5.2.1.4
Mobilitätsstreckenbudget für Zielzwecke in der Freizeit

Analysiert man das Mobilitätsstreckenbudget nur für Strecken mit Freizeitzielen (d.h. ohne Nach-Hause-Wege), fällt auf, dass wiederum ähnliche aber weniger Merkmale zur Erklärung herangezogen werden können.

Tabelle 5.5 gibt Bestimmungsgründe für das Mobilitätsstreckenbudget für Zielzwecke in der Freizeit an. Es wird ebenfalls ein semilogarithmierter Ansatz gewählt. Die abhängige Variable ist damit lg $y_{22.m}$.

Zufriedenheit mit dem Wohnort lässt Menschen verweilen

Erwartungsgemäß weisen die Werktage Montag bis Freitag gegenüber der Referenz Sonntag signifikant geringere Mobilitätsstreckenbudgets auf. Der Besitz eines Ferienhauses und der Besitz eines Pkw im Haushalt tragen mit den erwartungsgemäß positiven Koeffizienten zur Erklärung des Mobilitätsstreckenbudgets in der Freizeit bei. Auffällig ist, dass in Kernbereichen der Großstädte (BIK = 0) offensichtlich der Bedarf an entsprechend längeren Wegen zu Zielen außerhalb der Stadt zu größeren Distanzen in der Freizeitmobilität führt. Ein Teil des Mehrbedarfs kann durch einen guten Zugang zu Freizeiteinrichtungen im Nahbereich kompensiert werden. Für den Pkw-Führerscheinbesitz lässt sich erwartungsgemäß ein positiver Koeffizient ausweisen, der jedoch für die Gestaltung der Freizeitmobilität von geringerer Bedeutung ist als für die Gesamtmobilität. Die höheren Pkw-Besetzungszahlen in der Freizeit können den fehlenden Führerschein offensichtlich teilweise kompensieren.

14 Dieses Merkmal ist i.d.R. mit wohnstandortnaher Erwerbsarbeit gekoppelt.

Tabelle 5.5. Bestimmungsgründe des Mobilitätsstreckenbudgets für Zielzwecke in der Freizeit

Erkl. j	Variable x_{jm}	Koeffizient	Std.-Fehler	Koeffizient (stand.)	t-Wert	α
	Konstante)	0,719	0,083		8,679	0,000
2	Mobilitätstag (**SO**)					
	MO	-0,288	0,061	-0,099	-4,720	0,000
	DI	-0,418	0,056	-0,157	-7,470	0,000
	MI	-0,356	0,041	-0,186	-8,684	0,000
	DO	-0,331	0,050	-0,140	-6,611	0,000
	FR	-0,207	0,048	-0,092	-4,339	0,000
12	Wochenend-/Ferienhaus (**n.z.**)	0,228	0,059	0,081	3,902	0,000
13	Pkw im HH vorhanden (**n.z.**)	0,197	0,072	0,059	2,732	0,006
18	Ortstyp nach BIK (**BIK-Typ 9**)					
	BIK-Typ 0	0,092	0,035	0,058	2,634	0,009
	BIK-Typ 3	-0,140	0,067	-0,043	-2,103	0,036
20	Guter Zugang zu Einrichtg. (**geringer Z.**)	-0,110	0,029	-0,078	-3,739	0,000
24	Junge Erwachsene (**mittleres Alter**)	0,155	0,038	0,092	4,090	0,000
27	Abitur (**Hauptschulabschl.**)	0,114	0,036	0,070	3,215	0,001
28	Ohne Berufsausbildung (**Lehre**)	-0,093	0,042	-0,060	-2,237	0,025
29	Stellung im Beruf (**Arbeiter**)					
	Mithelfende Familienang.	-0,350	0,176	-0,041	-1,991	0,047
	In Lehre	0,173	0,074	0,050	2,345	0,019
	Rentner	0,143	0,048	0,064	2,984	0,003
31	Einpendler in den Kern einer mittelgroßen Stadt (**n.z.**)	-0,132	0,048	-0,059	-2,751	0,006
34	Lkw-Führerschein vorhanden (**n.z.**)	0,098	0,052	0,039	1,871	0,061
35	Pkw-Führerschein vorhanden (**n.z.**)	0,084	0,047	0,052	1,807	0,071
37	Pkw-Art (**kein Pkw**)					
	Pkw-Bj. bis 1991	0,073	0,034	0,048	2,128	0,033
	Pkw-Bj. ab 1996	0,182	0,048	0,082	3,766	0,000
47	Gebundene Zeit zu Hause > 30 Std. (**n.z.**)	-0,002	0,001	-0,046	-2,182	0,029
57	Zufrieden mit der Ortsröße (**n.z.**)	-0,100	0,028	-0,074	-3,529	0,000

n = 2.084 Personentage korr. R^2 = 0,135 F = 15,138

Die **grau hinterlegten Merkmalsausprägungen** gehen als Referenz in den Achsenabschnitt ein. Bei polytomen Merkmalen ist es eines der Merkmale. Bei dichotomen Merkmalen ist es das Nichtzutreffen (**n.z.**) des Merkmals.

Personen, die sich als zufrieden mit ihrer Ortsgröße einordnen lassen, haben entsprechend einen geringeren Bedarf an weiteren Wegen in der Freizeit.

5.2.2 Wegeebene

In diesem Abschnitt werden nur Aussagen zur Freizeitmobilität getroffen, da hier die Wissenslücken am größten sind.

Wichtige Merkmale bei der Beschreibung des Mobilitätsverhaltens sind die Entfernung und die Zeitdauer einzelner Wege als Kenngrößen für den Mobilitätsaufwand zur Erreichung von Zielen in der Freizeit. Von besonderer Bedeutung ist die Verkehrsmittelwahl in der Freizeit.

5.2.2.1 *Entfernungen in der Freizeit*

Die Wegelänge in der Freizeit lässt sich wiederum in Abhängigkeit von Bestimmungsgründen erklären. Es wird ein semilogarithmierter Ansatz gewählt. Die abhängige Variable ist damit lg $y_{32.m}$.

Der einzelne Weg zu einer Freizeitaktivität ist in der Sommerwelle länger als in der Winterwelle. Bezogen auf den Referenztag Mittwoch[15] zeigen die Koeffizienten für Freitag bis Sonntag die erwarteten positiven Werte mit einer Steigerung zum Sonntag hin.

Die Zahl der Kinder unter 10 Jahren verringert die Distanz. Die Freizeitdistanzen von Personen in Haushalten mit eigenem bzw. gemieteten Haus sind vermutlich aufgrund der Lage in disperseren Siedlungsstrukturen etwas länger. Der Pkw im Haushalt ermöglicht signifikant weitere Distanzen. Es fällt auf, dass der Führerscheinbesitz auf die Distanzen in der Freizeit keinen nachweisbaren Einfluss hat. Grund hierfür ist offensichtlich die Kompensierung durch die wesentlich höhere Pkw-Besetzung im

---

15 Der Mittwoch wurde hier als Referenz gewählt, um in der Gleichung jeweils einen Koeffizienten für die Wochentage des Wochenendes zu erhalten, die für das Mobilitätsverhalten in der Freizeit eine besondere Rolle spielen.

Tabelle 5.6. Bestimmungsgründe der Wegelänge für Zielzwecke in der Freizeit

Erkl. j	Variable x_{jm}	Koeffizient	Std.-Fehler	Koeffizient (stand.)	t-Wert	α
	Konstante	0,444	0,072		6,135	0,000
1	Sommer (**Winter**)	0,106	0,038	0,070	2,806	0,005
2	Mobilitätstag (**Mittwoch**)					
	FR	0,119	0,039	0,051	3,044	0,002
	SA	0,251	0,030	0,172	8,433	0,000
	SO	0,304	0,029	0,217	10,393	0,000
7	Anzahl der Kinder <10J. im Haushalt	−0,066	0,017	−0,078	−3,875	0,000
8	Haushaltstyp (**Paar/2 Erw.**)					
	Single	−0,131	0,045	−0,061	−2,919	0,004
	Familie	0,107	0,029	0,080	3,711	0,000
9	Haushaltseinkommen 2000DM bis unter 3000DM (**≥ 7000DM**)	0,078	0,036	0,038	2,201	0,028
11	Wohnstatus (**Mietwohnung**)					
	Eigenes Haus	0,088	0,024	0,067	3,749	0,000
	Gemietetes Haus	0,154	0,048	0,054	3,222	0,001
13	Pkw im HH vorhanden (**n.z.**)	0,269	0,054	0,087	5,022	0,000
17	Haustierbesitz (**n.z.**)	0,055	0,022	0,040	2,465	0,014
18	Ortstyp nach BIK (**BIK-Typ 9**)					
	BIK-Typ 0	0,109	0,027	0,071	4,063	0,000
	BIK-Typ 3	−0,216	0,047	−0,073	−4,587	0,000
	BIK-Typ 6	−0,176	0,042	−0,068	−4,164	0,000
20	Zugang zu Einrichtungen (**gering**)					
	Mittlerer Zugang	−0,071	0,030	−0,054	−2,341	0,019
	Guter Zugang	−0,168	0,032	−0,124	−5,232	0,000
24	Jugendliche (**Senioren**)	−0,241	0,044	−0,129	−5,463	0,000
26	Familienstand (**ledig**)					
	verheiratet	−0,143	0,031	−0,110	−4,557	0,000
	verwitwet	0,170	0,068	0,047	2,516	0,012
27	Abitur (**Hauptschulabschl.**)	0,103	0,026	0,067	3,946	0,000
28	ohne Berufsausbildung (**Lehre**)	−0,133	0,034	−0,089	−3,904	0,000

Tabelle 5.6. Fortsetzung

Erkl. j	Variable x_{jm}	Koeffizient	Std.-Fehler	Koeffizient (stand.)	t-Wert	α
29	Stellung im Beruf (**Arbeiter**)					
	in Berufsausbildung	0,177	0,055	0,052	3,199	0,001
	Rentner	0,098	0,041	0,044	2,382	0,017
31	Einpendler in den Kern einer mittelgroßen Stadt (**n.z.**)	-0,082	0,035	-0,039	-2,348	0,019
37	neuer Pkw (**kein Pkw**)	0,077	0,034	0,036	2,245	0,025
39	Krad-Verfügung (**n.z.**)	0,143	0,034	0,066	4,155	0,000
47	Gebundene Zeit im Alltag zuhause (**n.z.**)	-0,001	0,001	-0,033	-1,938	0,053
49	Freizeitaktivitäten überwiegend außer Haus (**n.z.**)	0,050	0,023	0,034	2,132	0,033
50	Vielfältige Freizeitinteressen (**n.z.**)	-0,079	0,027	-0,046	-2,910	0,004
54	Ehrenamtlich engagiert (**n.z.**)	-0,074	0,027	-0,043	-2,700	0,007
57	Zufrieden mit der Ortsgröße	-0,065	0,021	-0,050	-3,063	0,002
59	über 15 °C (**unter 5 °C**)	-0,186	0,039	-0,122	-4,813	0,000
60	Relative Sonnenscheindauer [%]	-0,001	0,000	-0,039	-2,148	0,032
63	Aktivität nicht ortsgebunden (**n.z.**)	0,314	0,031	0,177	10,227	0,000
64	Aktivitäten (**Erholung**)					
	Verwandte	0,087	0,032	0,049	2,731	0,006
	Freunde	-0,085	0,029	-0,056	-2,963	0,003
	Weltanschauung	-0,376	0,042	-0,156	-9,049	0,000
	Hobbies	-0,226	0,064	-0,057	-3,532	0,000
	Sport in Sporteinrichtungen	-0,084	0,037	-0,040	-2,269	0,023
65	Kurzfristiger Weg (**n.z.**)	-0,153	0,029	-0,083	-5,256	0,000

n = 3.384 Wege korr. $R^2 = 0,195$ F = 21,044

Die **grau hinterlegten Merkmalsausprägungen** gehen als Referenz in den Achsenabschnitt ein. Bei polytomen Merkmalen ist es eines der Merkmale. Bei dichotomen Merkmalen ist es das Nichtzutreffen (**n.z.**) des Merkmals.

Freizeitverkehr. Dadurch bekommen auch Personen ohne Führerschein die Möglichkeit zu einer automobilen Freizeitgestaltung[16]. Das Wohnen in Kernbereichen der Großstädte erhöht die Distanz zu Freizeitzielen. Die längeren Wege in die freie Natur können aber teilweise durch das dichtere Angebot städtischer Freizeitmöglichkeiten kompensiert werden.

Weite Wege zu Verwandten und nicht alltäglichen Zielorten

Jugendliche und verheiratete Personen haben kürzere Wege in der Freizeit[17]. Ferner bestätigt sich das Bild, dass sich die Wegelängen in der Freizeit auch nach der Art der durchgeführten Freizeitaktivitäten unterscheiden. Bezüglich der Referenzvariable «Erholung» erweisen sich die Wege zum Kontakt mit Verwandten als länger, zum Kontakt mit Freunden, zum Friedhofs- und Kirchenbesuch, zu Hobbys und zu Sport in Sporteinrichtungen als kürzer. Zielorte, die nicht an einen bestimmten geographischen Ort[18] gebunden sind, haben einen höchstsignifikant positiven Koeffizienten. Das bedeutet, dass die Bereitschaft besteht, für neue oder attraktive Zielorte eine weite Distanz in Kauf zu nehmen. Für alltägliche Freizeitmöglichkeiten wird dagegen durchaus der Nahraum genutzt.

Alle weiteren Variablen haben ebenfalls die erwarteten Vorzeichen.

5.2.2.2 *Zeitdauer in der Freizeit*

Für die Zeitdauer wird ein semilogarithmierter Ansatz gewählt. Die abhängige Variable ist damit $\lg y_{42.m}$.

Rentner, Städter und Sportler verwenden besonders viel Zeit für ihre Wege in der Freizeit

Die Zeitdauer von Wegen zu Zielzwecken in der Freizeit ist wiederum stark geprägt vom Wochentag. Mit der Zahl der Kinder unter 10 Jahren nimmt auch die Dauer von Freizeitwegen ab. Die Koeffizienten für die BIK-Typen lassen erkennen, dass alle städtischen Kernlagen unabhängig von der Größe der Stadt (BIK = 0, 2, 4) einen größeren zeitlichen Aufwand für Freizeitwege verursachen. Im Vergleich zur Referenz Oberbayern sind die Wege in Niederbayern und Unterfranken etwas kür-

16 Damit bestätigen sich die Aussagen für das Mobilitätsstreckenbudget für Freizeitwege auf der Ebene der einzelnen Freizeitwege.

17 Jugendliche verfügen (noch) über keine Pkw-Fahrerlaubnis. Verheiratete (nicht getrennt lebende), Personen haben offensichtlich einen geringeren Bedarf an Kontaktmobilität, da sie einerseits mit dem Lebenspartner zusammen wohnen und evtl. öfter besucht werden.

18 Beispiele: Die Wohnung von bestimmten Freunden als Zielort ist genau an einen geographischen Ort gebunden, während Freizeitziele in der freien Natur freier wählbar sind.

Tabelle 5.7. Bestimmungsgründe der Zeitdauer eines Wegs für Zielzwecke in der Freizeit

Erkl. j	Variable x_{jm}	Koeffizient	Std.-Fehler	Koeffizient (stand.)	t-Wert	α
	Konstante	1,392	0,026		52,639	0,000
2	Mobilitätstag (**SO**)					
	MO	-0,105	0,030	-0,055	-3,526	0,000
	DI	-0,196	0,030	-0,106	-6,442	0,000
	MI	-0,159	0,022	-0,128	-7,105	0,000
	DO	-0,180	0,027	-0,114	-6,659	0,000
	FR	-0,134	0,025	-0,090	-5,453	0,000
	SA	-0,036	0,016	-0,039	-2,212	0,027
7	Anzahl der Kinder <10J. im Haushalt	-0,038	0,009	-0,069	-4,342	0,000
8	Single-Haushalt (**Paar/2 Erw.**)	-0,051	0,023	-0,038	-2,184	0,029
11	Eigenes landw. Anwesen (**Mietwohnung**)	-0,067	0,034	-0,031	-1,972	0,049
12	Wochenend-/Ferienhaus (**n.z.**)	0,065	0,025	0,039	2,556	0,011
17	Haustierbesitz (**n.z.**)	0,032	0,014	0,036	2,293	0,022
18	Ortstyp nach BIK (**BIK-Typ 9**)					
	BIK-Typ 0	0,096	0,017	0,097	5,666	0,000
	BIK-Typ 2	0,055	0,027	0,032	2,029	0,043
	BIK-Typ 3	-0,068	0,029	-0,037	-2,335	0,020
	BIK-Typ 4	0,098	0,030	0,052	3,277	0,001
	BIK-Typ 5	0,116	0,030	0,064	3,883	0,000
19	Regierungsbezirk (**Oberbayern**)					
	Niederbayern	-0,065	0,023	-0,047	-2,787	0,005
	Unterfranken	-0,044	0,021	-0,034	-2,101	0,036
26	Verwitwet (**ledig**)	0,154	0,041	0,065	3,786	0,000
27	Abitur (**Hauptschulabschl.**)	0,028	0,015	0,028	1,824	0,068
28	Ohne Berufsausbildung (**Lehre**)	-0,082	0,015	-0,086	-5,459	0,000
29	Rentner (**Arbeiter**)	0,109	0,024	0,077	4,453	0,000
31	Einpendler in eine mittelgroße Stadt (**n.z.**)	-0,046	0,021	-0,034	-2,223	0,026
49	Freizeitaktivitäten sehr außer Haus (**n.z.**)	0,030	0,014	0,032	2,108	0,035

Tabelle 5.7. Fortsetzung

Erkl. j	Variable x_{jm}	Koeffizient	Std.-Fehler	Koeffizient (stand.)	t-Wert	α
53	Häufige Hilfe für andere (n.z.)	-0,043	0,014	-0,046	-3,045	0,002
54	Ehrenamtlich engagiert (n.z.)	-0,059	0,016	-0,054	-3,597	0,000
57	Zufrieden mit der Ortsgröße (n.z.)	-0,033	0,013	-0,039	-2,595	0,010
59	Über 15°C (unter 5°C)	-0,072	0,015	-0,074	-4,865	0,000
60	Relative Sonnenscheindauer [%]	0,000	0,000	-0,038	-2,149	0,032
63	Aktivität stark ortsgebunden (n.z.)	-0,033	0,015	-0,039	-2,155	0,031
	Aktivität nicht ortsgebunden (n.z.)	0,153	0,020	0,139	7,572	0,000
64	Aktivitäten (Erholung)					
	Freunde	-0,047	0,016	-0,048	-2,917	0,004
	Weltanschauung	-0,214	0,026	-0,138	-8,393	0,000
	Hobbies	-0,148	0,039	-0,058	-3,794	0,000
	Weg zum Start Mobiler Freizeitsport	-0,129	0,035	-0,060	-3,720	0,000
	Mobiler Freizeitsport	0,517	0,036	0,228	14,171	0,000
	Sport in Sporteinrichtungen	-0,140	0,023	-0,104	-6,167	0,000
65	Geplant (n.z.)	-0,043	0,015	-0,050	-2,843	0,004
	Kurzfristig (n.z.)	-0,132	0,021	-0,112	-6,287	0,000

n = 3.345 Wege korr. R^2= 0,253 F = 30,969
Die grau hinterlegten Merkmalsausprägungen gehen als Referenz in den Achsenabschnitt ein. Bei polytomen Merkmalen ist es eines der Merkmale. Bei dichotomen Merkmalen ist es das Nichtzutreffen (n.z.) des Merkmals.

zer. Die Freizeitwege von Personen, die häufig anderen helfen oder ehrenamtlich engagiert sind, sind etwas kürzer. Diese Personen haben offensichtlich nicht die Zeit oder nicht das Interesse, in ihre Freizeit längere Wegezeiten zu integrieren.

Bei der Ortsbindung der Zielorte fällt auf, dass die nicht verlagerbaren Zielorte (z.B. Wohnung von Freunden) einen negativen Koeffizienten aufweisen, während disponible Orte (z.B. Ausflugsziele) einen positiven Koeffizienten aufweisen. Hier lässt sich die Suche nach dem Neuen und Attraktiven auch im Zeitaufwand wiederfinden.

5.2.2.3
Verkehrsmittelwahl in der Freizeit

Notwendigkeit des logistischen Ansatzes

Die Verkehrsmittelwahl in der Freizeit wird für den Verkehrsbereich mIV dargestellt. Da die abhängigen Variablen jeweils dichotom sind (z.B. mIV wird gewählt ($y_{524m}=1$) oder nicht gewählt ($y_{524m}=0$)), wird der logistische Ansatz gewählt. Die Tabellen 5.8 und 5.9 geben analog zu den Gleichungen der linearen Regressionsmodelle die Koeffizienten für die Erklärung des Wertes für z_{524m} und den Standardfehler an. Die Wald-Statistik entspricht einem quadrierten t-Wert und gibt zusammen mit der Irrtumswahrscheinlichkeit α Auskunft über die Signifikanz des Koeffizienten. Mit r wird der einfache Korrelationskoeffizient zwischen der zu erklärenden und der jeweiligen erklärenden Variablen angegeben. Der Wert e^{γ} gibt an, wie sich das geschätzte Wahrscheinlichkeitsverhältnis (odd ratio) zwischen dem Eintritt (p_{524m}) und dem Nicht-Eintritt (1- p_{524m}) des Merkmals der dichotomen abhängigen Variablen ändert, wenn man ceteris paribus eine unabhängige Variable um eine Einheit verändert. Es gilt die Formel (vgl. Rese und Bierend, 1999, S. 239f.):

$$(\hat{p}'_{524m} /(1-\hat{p}'_{524m})) = e^{\gamma} (\hat{p}_{524m} /(1- \hat{p}_{524m}))$$

Angenommen, das Verhältnis liegt bei 2:1, falls eine Person keine Pkw-Fahrerlaubnis besitzt. Das Verhältnis ändert sich auf 2,301*(2:1) = 4,602:1 für eine Person mit einer Pkw-Fahrerlaubnis.

Je weiter e^{γ} von dem Wert 1 entfernt ist, umso bedeutender ist der Einfluss der entsprechenden erklärenden Variablen auf die zu erklärende.

Tabelle 5.8 zeigt die signifikanten Koeffizienten, die für (positives Vorzeichen) bzw. gegen (negatives Vorzeichen) das Eintreffen der Nutzung des mIV für einen Weg in der Freizeit sprechen. Die Bedeutung des Ergebnisses wird anhand eines Beispiels gezeigt.

Beispiel:
Eine verheiratete Person, deren Wohnung im Kerngebiet einer Großstadt liegt, will zusammen mit ihrem Partner einen 2km langen Weg zu einem Ziel in der Freizeit zu-

Tabelle 5.8. Binäres Logit-Modell zur Erklärung der Wahl des Verkehrsbereichs mIV für einen Weg in der Freizeit

Erkl. j	Variable x_{jm} (y_{kavm})	Koeffizient γ	Std.-Fehler	Wald-Statistik	α	r	e^{γ}
	Konstante	-1,753	0,282	38,662	0,000		
1	Herbst (Winter)	0,263	0,086	9,420	0,002	0,042	1,301
2	MO (SO)	-0,634	0,178	12,664	0,000	-0,050	0,530
8	Haushaltstyp (Paar/2 Erw.)						
	Single-Haushalt	-1,037	0,171	36,788	0,000	-0,090	0,354
	Familie	0,250	0,097	6,723	0,010	0,033	1,285
11	Gemietetes Haus (Mietwohnung)	0,425	0,195	4,765	0,029	0,025	1,529
13	PKW im Haushalt (n.z.)	1,592	0,235	45,883	0,000	0,101	4,911
18	Ortstyp nach BIK (BIK-Typ 9)						
	BIK-Typ 0	-0,230	0,106	4,701	0,030	-0,025	0,794
	BIK-Typ 1	0,265	0,155	2,912	0,088	0,015	1,303
	BIK-Typ 6	-0,430	0,161	7,177	0,007	-0,035	0,650
19	Niederbayern (Oberbayern)	0,383	0,146	6,939	0,008	0,034	1,467
26	Verheiratet (ledig)	-0,539	0,124	19,007	0,000	0,063	0,583
27	Ohne Schulabschluss (Hauptschulabschl.)	-0,769	0,187	16,939	0,000	-0,059	0,463
28	Ohne Berufsausbildung (Lehre)	-0,332	0,136	5,930	0,015	-0,030	0,718
35	Pkw-Fahrerlaubnis (n.z.)	0,834	0,153	29,606	0,000	0,080	2,301
36	Pkw-Nutzung in Absprache (Hauptnutzer)	-0,583	0,104	31,288	0,000	-0,083	0,558
58	Zeitraum (Vormittags)						
	Später Nachmittag	0,252	0,099	6,508	0,011	0,032	1,287
	Abends	0,354	0,116	9,278	0,002	0,041	1,425
61	Niederschlag [mm]	-0,078	0,026	8,095	0,004	-0,038	0,925
65	Dringend (n.z.)	0,687	0,123	31,237	0,000	0,083	1,988
66	Personen gem. unterwegs [Anzahl]	0,070	0,029	5,927	0,015	0,030	1,073
y_{32vm}	Entfernung [km]	0,063	0,005	136,143	0,000	0,177	1,065

n = 3.367 Wege McF-R^2 = 0,174 Treffergenauigkeit: 74,5%

Die grau hinterlegten Merkmalsausprägungen gehen als Referenz in den Achsenabschnitt ein. Bei polytomen Merkmalen ist es eines der Merkmale. Bei dichotomen Merkmalen ist es das Nichtzutreffen (n.z.)des Merkmals.

rücklegen. Ein Pkw ist im Haushalt vorhanden, die Person besitzt eine Pkw-Fahrerlaubnis.

Einsetzen der entsprechenden Koeffizienten aus Tabelle 5.8 in Gl. 3.1.2‘ des Modells

$$\hat{z}_{5avm} = \hat{\gamma}_{5av,0} + \hat{\gamma}_{5av,1}\, x_{1m} + \hat{\gamma}_{5av,2}\, x_{2m} + \hat{\gamma}_{5av,3}\, x_{3m} + \dots + \hat{\gamma}_{5av,J}\, x_{Jm} \qquad (3.1.2‘)$$

ergibt

$$\hat{z}_{524m} = -1{,}753 + 1{,}592*1\,[\text{Pkw im Haushalt}] + (-0{,}230)*1[\text{BIK } 0] + (-0{,}539)*1[\text{verheiratet}] + 0{,}834*1[\text{Pkw-Fahrerlaubnis}] + 0{,}070*2[\text{Personen}] + (0{,}063)*2[\text{km}] = 0{,}107$$

Einsetzen in

$$\hat{p}_{524m} = 1/(1+\exp(-\hat{z}_{524m})) \quad \text{ergibt} \qquad (3.1.1‘)$$

$$\hat{p}_{524m} = 1/(1 + \exp(-0{,}107)) = 0{,}527 = 52{,}7\%$$

Die Wahrscheinlichkeit, dass die genannte Person im vorliegenden Beispiel den Verkehrsbereich mIV wählt, beträgt folglich 52,7%. Die Wahrscheinlichkeit, dass einer der anderen Verkehrsbereiche gewählt wird, beträgt folglich 47,3%.

Modellgerät

Die Beurteilung der Güte der Modellschätzung kann mit McFadden’s-R^2 (McF-R^2) erfolgen. Diese Testgröße beruht auf der Gegenüberstellung des maximierten LogLikelihood-Werts des Nullmodells LL_0 (alle $\gamma_{5av,j}$ (j>0) werden auf den Wert 0 gesetzt) mit dem maximierten LogLikelihood-Wert des Modells unter Berücksichtigung der erklärenden Variablen LL_V nach der Formel: McF-$R^2 = 1 - LL_V / LL_0$ (vgl. Rese und Bierend, 1999, S. 238). Der Wert für die vorliegende Gleichung beträgt 0,174. Da eine gute Modellanpassung bei Werten ab 0,2 gegeben ist, kann in diesem Fall von einer befriedigenden Modellanpassung gesprochen werden.

Die Treffergenauigkeit[19] des Modells beträgt 74,5%, das heißt, dass rund 75% der erfassten Fälle mit dieser Gleichung richtig vorhergesagt werden können.

Die Wahrscheinlichkeit der Wahl des Verkehrsbereichs mIV wird durch folgende Bestimmungsgründe beeinflußt. Neben schwachen saisonalen Einflüssen zeigt sich auch ein negativer Einfluß des Werktags Montag. Die anderen Wochentage gehen nicht signifikant in die Gleichung ein. Der Koeffizient für alleinstehende Personen (Single-Haushalt) ist bei dem Referenz-Haushaltsstyp «Zwei Erwachsene ohne Kinder» entsprechend negativ, während «Familie» ebenfalls einen positiven Koeffizienten aufweist. Offensichtlich sind die Wünsche oder Notwendigkeiten für gemeinsame Freizeitwege in Mehrpersonenhaushalten größer und werden zudem im mIV zurückgelegt. Der Wohnstandort im Kernbereich einer Großstadt (BIK-Typ 0) wirkt negativ auf die Wahl des mIV in der Freizeit. Dagegen wirkt das Wohnen am Stadtrand und im Umland einer Großstadt positiv auf die Wahl des mIV.

Die Art des Zugangs zum Auto ist entscheidend

Stark beeinflusst wird der Wert durch die Variablen, die den persönlichen Zugang zu einem Pkw beschreiben. Ein Pkw im Haushalt und eine Pkw-Fahrerlaubnis wirken stark positiv. Die Notwendigkeit der Absprache über die Pkw-Nutzung vermindert dagegen die Nutzungswahrscheinlichkeit hoch-signifikant. Die Personengruppe ohne Schul- bzw. Berufsabschluss, die größtenteils mit Jugendlichen besetzt ist, hat erwartungsgemäß negative Koeffizienten. Die Wahrscheinlichkeit, dass der Verkehrsbereich mIV in der Freizeit gewählt wird, wird zudem mit der Anzahl der Personen, die gemeinsam unterwegs sind, und mit zunehmender Entfernung größer.

Betrachtet man nur die Freizeitwege, die entweder mit mIV ($y_{524m}=1$) oder[20] mit ÖV ($y_{524m}=0$) zurückgelegt werden (Tabelle 5.9) fällt auf, dass die Koeffizienten der Werktage ein negatives Vorzeichen tragen.

Das bestätigt die Annahme, dass automobile Freizeitgestaltung an den Wochenenden eine wichtigere Bedeutung hat als während der Woche. Freizeitmobilität an den Werktagen ist geprägt von Personen, deren Zeit

19 Die Treffergenauigkeit wird einer Klassifikationstabelle entnommen, «in der die beobachtete Gruppenzugehörigkeit der aufgrund des berechneten Modells vorhergesagten gegenübergestellt wird» (Bühl und Zöfel, 1998, S. 339). Man geht davon aus, dass nur Residuen >0,5 einen Klassifikationsfehler darstellen (Rese und Bierend, 1999, S. 238).

20 Alle Freizeitwege, die in den Verkehrsbereichen zu Fuß oder Fahrrad zurückgelegt wurden, sind von der Untersuchung ausgeschlossen. Daher sind alle verbleibenden Freizeitwege, die nicht mit dem mIV zurückgelegt wurden ($y_{4m}=0$), zwingend Wege mit dem ÖV.

Tabelle 5.9. Binäres Logit-Modell zur Erklärung der Wahl zwischen den Verkehrsbereichen mIV und ÖV für einen Weg in der Freizeit

Tabelle 5.9. Fortsetzung

Erkl. j	Variable x_{jm} (y_{kavm})	Koeffizient γ	Std.-Fehler	Wald-Statistik	α	r	e^{γ}
36	Pkw-Nutzung in Absprache (Hauptnutzer)	-0,739	0,219	11,366	0,001	-0,080	0,478
58	Abends (morgens)	0,514	0,253	4,130	0,042	0,038	1,672
59	Über 15°C (unter 5°C)	0,780	0,255	9,361	0,002	0,071	2,182

n = 2.535 Wege McF-R^2 = 0,272 Treffergenauigkeit: 92,8%

Die grau hinterlegten Merkmalsausprägungen gehen als Referenz in den Achsenabschnitt ein. Bei polytomen Merkmalen ist es eines der Merkmale. Bei dichotomen Merkmalen ist es das Nichtzutreffen (n.z.) des Merkmals.

nicht durch Erwerbsarbeit gebunden ist. Jugendliche und Rentner weisen das erwartete negative Vorzeichen (Erhöhung der Wahrscheinlichkeit der ÖV-Nutzung) auf. Die Vorzeichen der Personenmerkmale Mittlere Reife und Abitur sind ebenfalls negativ. Erwerbsarbeit bindet jedoch nicht nur die Zeit der Arbeitnehmer in den Haushalten, sondern häufig auch den einzigen Pkw im Haushalt.

Insgesamt gehen die Pkw-Verfügbarkeit (e^{γ}= 9,6623) und der Besitz einer Pkw-Fahrerlaubnis (e^{γ}= 2,0299) erwartungsgemäß stark positiv in die Gleichung ein. Der eingeschränkte persönliche Zugang zu einem Pkw hat dagegen das erwartet negative Vorzeichen und erhöht daher die Nutzungswahrscheinlichkeit des ÖV.

Besonders starke Pkw-Nutzung: Abends und am Wochenende

Die Freizeitmobilität in den Abendstunden ist dagegen geprägt durch eine große Pkw-Verfügbarkeit und das schwächere Angebot im ÖV. Die Kernbereiche der Städte (hier signifikant BIK = 0, 4) erniedrigen durch ihr spezifisch umfangreicheres ÖV-Angebot die mIV-Nutzungswahrscheinlichkeit deutlich (e^{γ}= 0,2234 für BIK=0). Die Merkmale für ein niedriges Haushaltseinkommen bzw. Pro-Kopf-Einkommen weisen positive Vorzeichen auf. Es fällt auf, dass in dieser Gleichung das Geschlecht signifikant mit einem positiven Vorzeichen für «männlich» enthalten ist. Es bestätigt sich daher die Annahme, dass Männer im Freizeitverkehr den mIV dem ÖV deutlicher vorziehen als Frauen. Bei der oben erörterten Alternative zwischen mIV und allen anderen

Verkehrsbereichen wird dieser Unterschied nicht deutlich. Vermutlich kompensiert sich dort der Wert durch die vermehrte Wahl von nicht-motorisierten Verkehrsmitteln durch Männer.

5.3 Veränderung des Mobilitätsverhaltens

Über die Ergebnisse aus 5.1 und 5.2 hinaus werden im Folgenden Schlüsse aus dem Blickwinkel eines Leitbildes eines veränderten Mobilitätsverhaltens gezogen. Dabei soll der Erhalt der Mobilität der Menschen bei gleichzeitiger Reduzierung der Nachteile von Verkehr angestrebt werden. Zusätzlich werden spezifische Variablen für die Verkehrsvermeidung und die Verkehrsverlagerung betrachtet.

5.3.1 Verkehrsvermeidung

Vermeidung von Aktivitäten außer Haus?

Ein Beitrag privater Haushalte zur Verkehrsvermeidung kann grundsätzlich durch die Vermeidung von Aktivitäten außer Haus geleistet werden. Gerade der Freizeitbereich wird dafür häufig zur Disposition gestellt. Aktivitäten müssten entweder insgesamt vermieden (Aktivitätenvermeidung) oder außerhäusliche durch innerhäusliche Aktivitäten substituiert werden. Der Anteil virtueller Mobilität würde daher an Bedeutung gewinnen. Zudem kann über eine vermehrte Routenplanung der Mobilität privater Haushalte nachgedacht werden.

5.3.1.1 *Aktivitätenvermeidung*

Die direkteste Form von Verkehrsvermeidung ist durch die Vermeidung von entbehrlichen Aktivitäten außer Haus zu erreichen.

Eine Frage der Ethik

An dieser Stelle kommt die Analyse dieses positivistischen Ansatzes zwangsläufig an die Grenze zu einer Bewertung, mit der Wegezwecke normativ auf einem gedachten Gradienten von absolut überflüssig bis lebensnotwendig zugeordnet werden müssten. Diese Aufgabe wird einer Umwelt- bzw. Mobilitätsethik überlassen. Der vorliegende Ansatz beschränkt sich lediglich auf die quantitative Wiedergabe der subjektiven Bewertung der einzelnen Aktivitäten durch die Teilnehmer selbst (vgl. Tabelle E 20).

Es fällt auf, dass die (dringende) Verpflichtung[21] zu einer Aktivität am Zielort insgesamt bei über einem Drittel der Wege (inkl. Heimwege) angegeben wurde.

Nicht nur der Weg zur Arbeit ist für die Menschen wichtig...

Die Werte sind differenziert nach Aktivitäten erwartungsgemäß im Erwerbsbereich besonders hoch. 82% der Wege zur Ausbildung, 79% der Arbeitswege und 72% der dienstlich/geschäftlichen Wege werden subjektiv als dringend/verpflichtend bezeichnet. Im Unterhaltsbereich fallen Aktivitäten auf, die mit der Inanspruchnahme von Dienstleistungen zusammenhängen (z.B. Dienstleistungen im Gesundheitswesen oder für den Pkw mit einem Wert von jeweils rund 60%). Die Beschaffung von täglichen Bedarfsgütern weist insgesamt mit 21% eine relativ hohe Souveränität der Personen über diese Aktivität aus. Für die hauswirtschaftliche Produktion besonders im Zusammenhang mit Servicewegen für die eigenen Kinder werden dagegen überdurchschnittliche Werte (64%) erreicht. Die Aktivitäten in der Freizeit liegen insgesamt erwartungsgemäß mit 14% deutlich unter dem Durchschnitt. Allerdings unterscheiden sich die einzelnen Aktivitäten stark. Mannschaftsport (40%), gemeinschaftlich ausgeübte kulturelle Hobbys (50%), Feste (34%) und Besuche bei Verwandten (19%) haben offensichtlich einen erheblich verbindlichen Charakter.

...Mobilität ist der soziale Kitt in einer individualisierten Gesellschaft

Es handelt sich dabei um Freizeitaktivitäten, die zur sozialen Interaktion zwischen Personen durchgeführt werden oder in der soziale Interaktion zumindest gegeben ist. Ferner zeichnen sich diese Aktivitäten dadurch aus, dass mindestens zwei Personen zur gleichen Zeit am gleichen Ort sein müssen. Für eine Reihe von Freizeitaktivitäten wird erwartungsgemäß eine geringe akute Dringlichkeit empfunden. Es ist jedoch nicht dar-

21 Abbildung 5.11 zeigt u.a. einen Überblick über die Angaben zur Dringlichkeit der einzelnen Aktivitäten differenziert nach Verkehrsbereichen.

aus zu schließen, dass diese Aktivitäten grundsätzlich vermeidbar sind. Da auch weniger dringliche Aktivitäten durchgeführt werden und quantitativ messbar sind, ist zu schließen, dass entsprechende Bedürfnisse dafür vorhanden sind. Vermutlich werden diese Bedürfnisse erst dann befriedigt, wenn akut keine dringlichere Aktivität durchgeführt werden muss.

Der Wert für den Transferbereich liegt insgesamt mit 45% etwa so hoch wie für die hauswirtschaftliche Produktion und die verbindlichen Freizeitaktivitäten. Es kann davon ausgegangen werden, dass eine einmal getroffene Entscheidung zur Übernahme von Hilfeleistung oder einer anderen Form von Verantwortung im Transferbereich zu wenig vermeidbaren Aktivitäten und entsprechendem Verkehr führt.

5.3.1.2
Virtuelle Mobilität

Ein Teil der Bedürfnisse von Alltag und Freizeit müssten befriedigt werden, ohne dass ein sekundärer (physischer) Mobilitätsbedarf entsteht. Virtuelle Mobilität könnte durch den massearmen Transport von Information einen erheblichen Beitrag leisten.

Chancen im Alltag

Im Zusammenhang mit der Substitution von physischer durch virtuelle Mobilität im Alltag ist an verschiedene Formen von Telearbeit und Teleshopping zu denken. Wenn diese die Bewältigung des Alltags privater Haushalte tatsächlich erleichtern, dürften sie entsprechend gut vermittelbar sein. Allerdings wurden diese Innovationen noch zu wenig aus der Sicht der privaten Haushalte untersucht.

«Telefreizeit» als Risiko für Mensch und Gesellschaft

Freizeitaktivitäten außer Haus haben ihre Bedeutung für die sozialen Beziehungen zwischen Menschen, dienen der Erholung oder der Gesundheit. Daher ist auch trotz einer geringen angegebenen Dringlichkeit von einzelnen Aktivitäten zu der konkreten Zeit ihrer Durchführung nicht davon auszugehen, dass sie grundsätzlich und im großen Rahmen vermieden oder durch innerhäusliche Aktivitäten ersetzt werden können. Ein erheblicher Teil der Freizeitaktivitäten wird ohnehin zu Hause verbracht und ist stark durch passive Mediennutzung geprägt. Ein durchschnittlicher Bundesbürger verbringt bereits heute mehr als drei Stunden täglich vor dem Fernseher (IDW, 1999, S. 8). Virtuelle Freizeitmobilität bzw. «Telefreizeit» ist damit längst zur gesellschaftlichen Realität geworden. Eine Ausweitung von Telefreizeit durch eine Verstärkung der passiven Mediennutzung (z.B. Fernsehen, Computerspiele, Internetnutzung) oder Substitution des direkten menschlichen Kontakts durch das Telefon ist gesellschaftspolitisch wohl kaum wünschenswert.

Die Möglichkeiten und Grenzen virtueller Mobilität sind dennoch an anderer Stelle zu analysieren (z.B. MOBINET-Konsortium, 1998, S. D-22ff.).

Eine Chance zur Vermeidung von Verkehr durch eine Reduzierung der Distanzen ist bei einer Verbesserung des Angebots im Nahbereich denkbar. Dieser Ansatz wird im Folgenden bei der lokalen Verlagerung von Verkehr weiter diskutiert.

5.3.1.3
Geplante Mobilität

Mehr Bewusstsein für Zeit und Raum

Zur Erleichterung des Alltags gibt es bereits Ansätze, bewährte betriebswirtschaftliche Instrumente auf den privaten Haushalt zu übertragen. Um das Geld- und Zeitbudget besser in den Griff zu bekommen, werden z.B. Buchhaltungssoftware (Warnecke, 1997) und Beratungsmedien zum Zeitmanagement angeboten (Verbraucher-Zentrale NRW, 1995). Ähnlich könnte das bewusste Planen und Zusammenfassen von Aktivitäten nach räumlichen und zeitlichen Aspekten in Touren das Mobilitätsstreckenbudget reduzieren. Die positiven Wirkungen auf das Geld- und Zeitbudget wären dabei für den Haushalt die vordergründigen Argumente. Das Mobilitätsverhalten würde sich von den derzeitigen mehrheitlich sternförmigen Hin- und Rückwegen zum Wohnen zu vermehrten verketteten Touren verändern. Grenzen der Veränderung sind zu sehen in dem hohen Anteil der dringenden/verpflichtenden bzw. geplanten einzelnen Aktivitäten (Abb. 5.11) besonders im Alltag und einer wünschenswerten Wahrung einer gewissen Disponibilität in der Freizeit.

5.3.2
Verkehrsverlagerung

Eine Verkehrsverlagerung mit dem Ergebnis einer Reduzierung der gefahrenen Kilometer im mIV kann durch lokale, temporale oder modale Verlagerung herbeigeführt werden. Allerdings könnten sich Verlagerungseffekte wie in der Vergangenheit auch in die umgekehrte, nicht erwünschte Richtung entwickeln.

5.3.2.1
Lokale Verlagerung

Dezentralisierung des Angebots

Die Ergebnisse in 5.2 zeigen einen signifikanten reduzierenden Einfluss eines guten Angebots in der näheren Wohnumgebung auf das Mobilitätsstreckenbudget und die Wegelänge in Alltag und Freizeit. Wenn eine wirtschaftliche Grundlage für eine nahräumliche Versorgung der Bevölkerung mit Gütern des täglichen Bedarfs sowie kulturellen und verwaltungstechnischen Einrichtungen gegeben ist, sollte sie durch eine entsprechende Stadt- und Regionalplanung unterstützt werden.

Abbildung 5.10 (vgl. Tabelle E 21) zeigt die Verteilung der Zielorte (ohne nach-Hause-Wege). Es ist davon auszugehen, dass die Zielorte des Alltags in der Regel über längere Zeiträume vorgegeben sind (z.B. Arbeitplatz, Schule) bzw. ohnehin mit kurzen Distanzen verbunden sind (z.B. Beschaffung von Gütern des täglichen Bedarfs; vgl. 5.1.3). In der Freizeit erweisen sich die privaten Wohnungen von Freunden und Verwandten als nicht verlagerbare Zielorte. Es ist deutlich zu erkennen, dass die Pflege von Freundschaften mit durchschnittlichen Wegelängen verbunden ist, während verwandtschaftliche Bindungen zu nicht verkürzbaren und – von ihrem Wesen her – kaum vermeidbaren, überdurchschnittlich langen und dispersen Wegen führen.

Frei wählbar sind dagegen grundsätzlich klassische Freizeitziele (z.B. freie Natur, Ausflugsziele), die Gastronomie und der Teil des Einzelhandels, der in einem fließenden Bezug zu Freizeitaktivitäten steht (z.B. Stadtbummel). Diese Zielorte haben zusammen einen Anteil von rund 25%. Da die Zufriedenheit mit der Ortsgröße

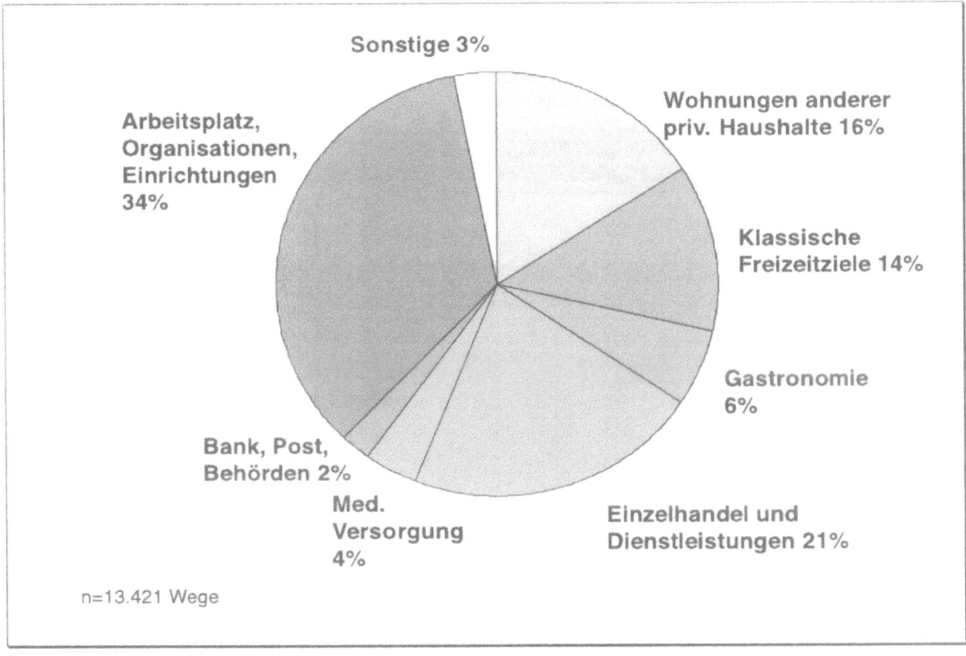

Abb. 5.10. Wege nach Zielorten

negativ auf das Mobilitätsstreckenbudget in der Freizeit wirkt, könnte eine höhere Attraktivität der nahräumlichen Umgebung und ihre Vermittlung an die Menschen zu einer Wiederentdeckung der direkten Umgebung führen.

Entdeckung und Mitgestaltung des Nahbereichs

Eine stärkere Einbindung der Bewohner in die Gestaltung ihrer näheren Umwelt und eine Verstärkung der sozialen Bindungen in lokale soziale Netzwerke (z.B. Bürger- und Sportvereine) könnte dafür förderlich sein.

5.3.2.2 *Temporale Verlagerung*

Flexibilität – aber garantierte Zeiten für soziale Interaktion

Die subjektive Beurteilung einer Aktivität als zeitlich verlagerbar («hätte ich auch ein anderes Mal erledigen können») wird von den Teilnehmern der Untersuchung nur in einem sehr geringen Ausmaß (2% der Wege) angegeben (vgl. Abb. 5.11 und Tabelle E 23). Insofern sind die Möglichkeiten zur temporalen Verlagerung in der

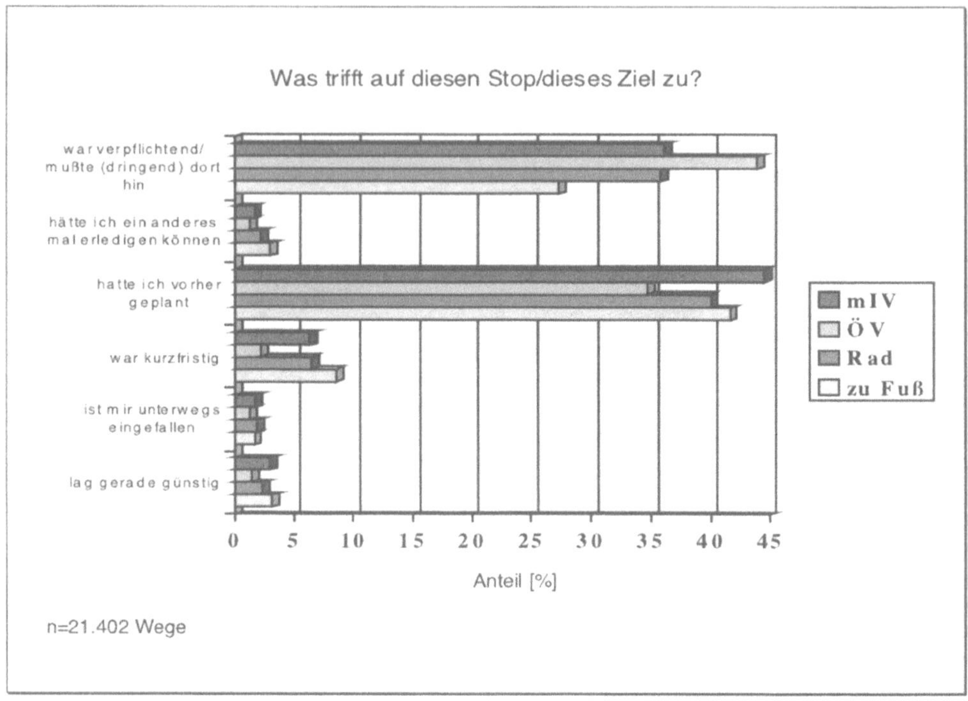

Abb. 5.11. Subjektive Bewertung der Aktivitäten an Zielorten nach Verkehrsbereichen

Haushaltsführung begrenzt. Allerdings beziehen sich die Aussagen auf die gegebenen Rahmenbedingungen während der Erhebung. Der Ausbau von flexibleren Arbeits- und Geschäftszeiten könnte die Zeitsouveränität von Haushaltsmitgliedern durchaus verbessern und die Spitzenzeiten sowohl im ÖV als auch im mIV entlasten. Allerdings sind auch mögliche negative Auswirkungen auf die Gestaltung sozialer Beziehungen zu berücksichtigen, wie sie z.B. bei Schichtarbeit zu beobachten sind (vgl. Knauth, 1992, S. 312ff.)

5.3.2.3 *Modale Verlagerung*

Als wichtigste Bestimmungsgründe für die Nutzung des Pkw lassen sich aus dieser Untersuchung die Verfügbarkeit eines Pkw im Haushalt, der Besitz einer entsprechenden Fahrerlaubnis und die tatsächliche haushaltsinterne Nutzungsmöglichkeit feststellen. Ein breiter Verzicht auf den haushaltseigenen Pkw oder zumindest den Zweitwagen wäre daher eine schlüssige aber schwer vermittelbare Lösung.

Der veränderte Modal-Split in Ballungsräumen hin zu einem höheren Anteil des ÖV zeigt, dass die privaten Haushalte in Gebieten und zu Zeiten, in denen ein gutes Angebot möglich ist, dieses auch annehmen.

Arbeit an Gewohnheiten und subjektiver Wahrnehmung

Einen Ansatzpunkt für die modale Verlagerung bieten subjektive Gründe für die individuelle Verkehrsmittelwahl (vgl. Tabelle E 22). Abb. 5.12 zeigt die subjektiven Nennungen zunächst für alle Wege. Der hohe Anteil der Nennung «schon vorher damit unterwegs» liegt am Wesen der Individualverkehrsmittel (inkl. Fahrrad). Auffällig hoch sind die Bewertung der Verkehrsmittelwahl als gewohnheitsmäßig bzw. ohne Alternative. Dies sind eindeutige Anzeichen dafür, dass

- habitualisiertes Mobilitätsverhalten einen wichtigen Anteil hat

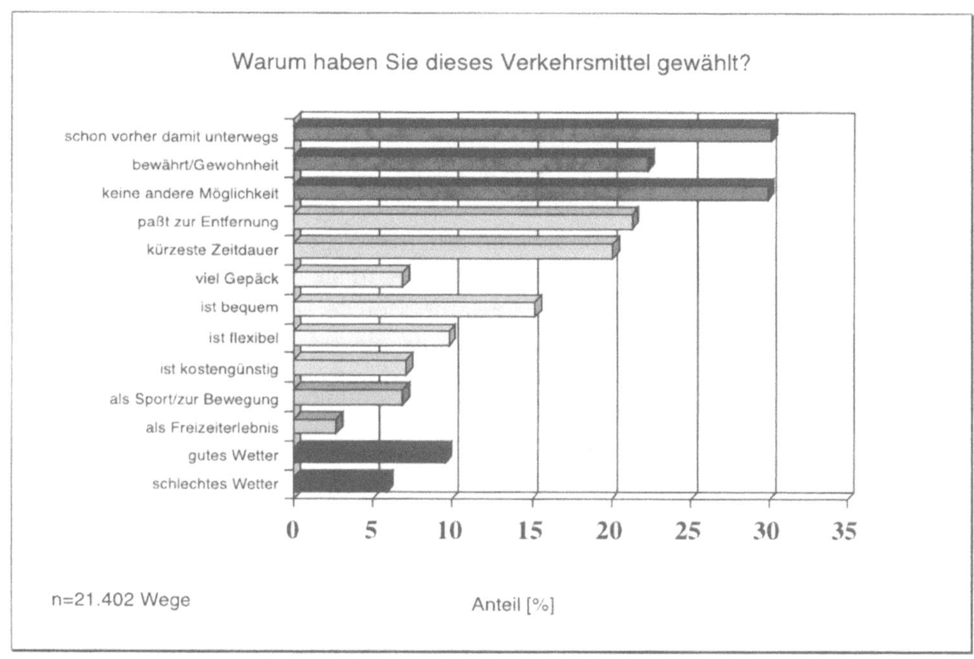

Abb. 5.12. Subjektive Gründe für die Verkehrsmittelwahl (alle Wege, alle Verkehrsmittel)

- und die tatsächlichen bzw. die subjektiv wahrgenommen Alternativen als Rahmenbedingungen für das Mobilitätsverhalten eine entscheidende Rolle spielen.

Die rationale Wahl des Verkehrsmittels vor jeder singulären Tour (z.B. Ausflug) oder für wiederkehrende Aktivitäten (z.B. Fahrt zur Arbeit) könnte durch Methoden der Lernpsychologie gefördert werden.

Entfernung und Zeitdauer als Grund für die Wahl eines Verkehrsmittels liegen mit rund 20% der Wege sehr eng beieinander. Bequemlichkeit (15%) und Flexibilität (10%) des gewählten Verkehrsmittels werden häufiger angegeben als der Transport von (viel) Gepäck (7%). Niedrige Kosten und die Sport- bzw. Erlebnisorientierung haben jeweils Werte unter 10%. Auch die witterungsbedingten Nennungen liegen in diesem Bereich.

Großes Potential von habitualisierten Wegen im mIV

Die folgenden Abbildungen differenzieren die subjektiven Angaben zur Verkehrsmittelwahl nach den Verkehrsbereichen (vgl. Tabelle E 22). Sie stellen dar, welchen Anteil der jeweilige Grund an den tatsächlich durchgeführten Wegen im jeweiligen Verkehrsbereich hat. Es zeichnen sich in der Regel paarweise Ähnlichkeiten zwischen den Verkehrsbereichen ab. So zieht sich die Gebundenheit an einen Verkehrsbereich mit dem Fahrrad und im mIV durch.

Gewohnheitsmäßige Wege fallen durch einen hohen Anteil v.a. *innerhalb* der Wege mit dem ÖV und dem Fahrrad auf. Wenn die Nutzung dieser Verkehrsbereiche für regelmäßig anfallende Wege einmal entschieden ist und sich bewährt, dann wird sie nach dieser Darstellung routinemäßig gewählt. Bei Personen, die sowohl über eine Pkw-Fahrerlaubnis als auch über einen Pkw im Haushalt verfügen, liegt der Anteil der als «bewährt/gewohnheitsmäßig» angegebenen Wege innerhalb des ÖV bei rund 50%. Allerdings sollte diese Darstellung nicht darüber hinwegtäuschen, dass der Anteil des mIV *an allen* habitualisierten Wegen bei über 50% liegt.

Für die Anbieter öffentlicher Transportdienstleistungen lässt sich eine Chance erkennen, besonders Routinefahrten neuer Kunden abdecken zu können. Eine grundsätzliche Mobilitätsberatung könnte diese Fahrten mit den potentiellen Kunden identifizieren und mit einem unentgeltlichen Probe-Abonnement den Einstieg erleichtern.

Der Anteil für «keine andere Möglichkeit» liegt bei den motorisierten Verkehrsmitteln deutlich höher als bei den nicht-motorisierten. Keine Alternative für den konkreten Weg im mIV wird bei über einem Drittel der Wege im mIV gesehen. Bei Freizeitwegen steigt dieser Wert auf 40%.

Die Bedeutung der Distanz für die Verkehrsmittelwahl wird später eingegangen.

Zeitdauer und Gepäck sind erwartungsgemäß Gründe, die v.a. für die Nutzung des mIV sprechen.

ÖV ist auch bequem – aber anders

Die Bequemlichkeit des Unterwegsseins wird bei den motorisierten Verkehrsmitteln als wichtiger Grund für deren Wahl angegeben. Der Anteil dieses subjektiven Grunds für ÖV und mIV ist in der gleichen Größenordnung. Die Personen, die den ÖV wählen, beurteilen ihre Wahl aus Bequemlichkeit prozentual nicht anders als die mIV-Nutzer. Eine Aufgabe für die Betreiber des ÖV könnte daher sein, potentielle Kunden von der Bequemlichkeit ihres Angebots zu überzeugen.

Der Anteil von sportorientierten Wegen liegt erwartungsgemäß bei Wegen zu Fuß und mit dem Fahrrad besonders hoch.

Körperliche Bewegung bei jedem Wetter

Eine verstärkte Motivation der Bevölkerung zu gelegentlichen gesundheitsbewussten Wegen zu Fuß oder mit dem Fahrrad gerade im Alltag müsste verstärkt vermittelt werden. Auch die positiven und negativen Einflüsse der Witterung auf die Wahl der Verkehrsbereiche lassen sich aus Abb. 5.14 entnehmen.

Die besondere Bedeutung der Distanz wird im Folgenden näher behandelt (vgl. Tabelle E 24).

Bei den Distanzen, die mit unterschiedlichen Verkehrsmitteln zurückgelegt werden, fällt eine deutliche Staffelung auf. Die Flächen in Abb. 5.15 geben an, in welchem Distanz-Bereich 50% der Wege (25. bis 75. Percentile) des jeweiligen Verkehrsbereichs liegen. Von besonderem Interesse für die subjektive Bewertung der Verkehrsmittelwahl ist das Kriterium einer zum Verkehrsmittel passenden Entfernung im Vergleich zu allen zurückgelegten Distanzen. Bei Wegen zu Fuß und mit dem Fahrrad tendieren die Nennungen zu eher noch

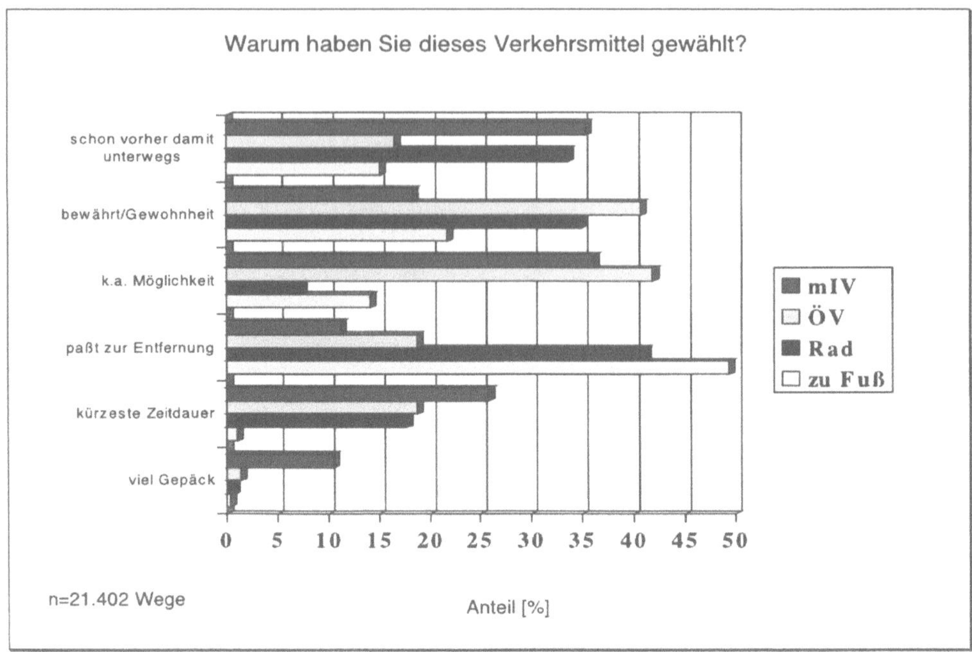

Abb. 5.13. Subjektive Gründe für die Verkehrsmittelwahl nach Verkehrsmitteln (Teil 1)

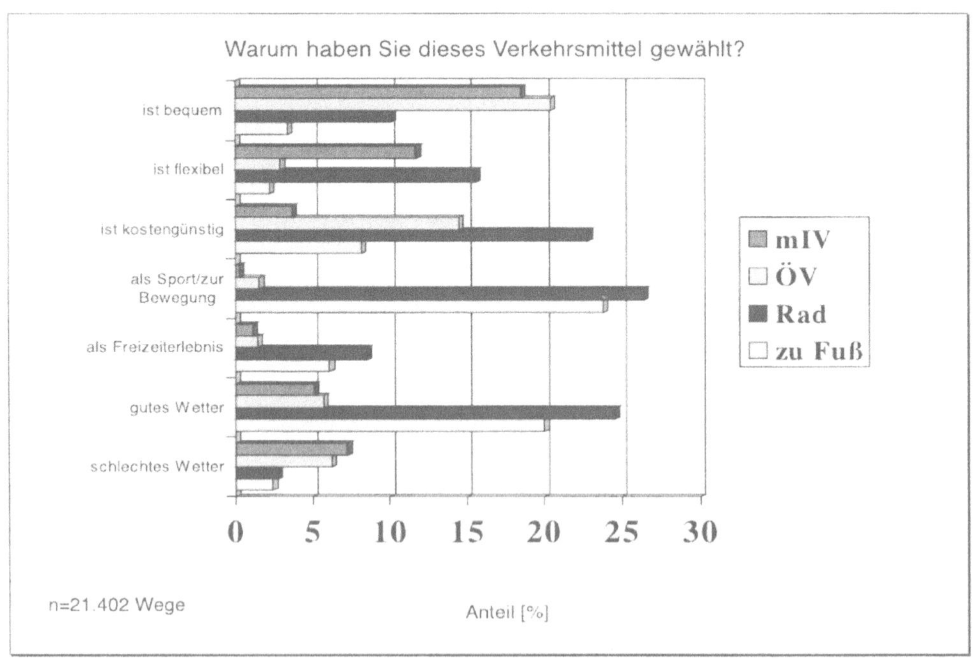

Abb. 5.14. Subjektive Gründe für die Verkehrsmittelwahl nach Verkehrsmitteln (Teil 2)

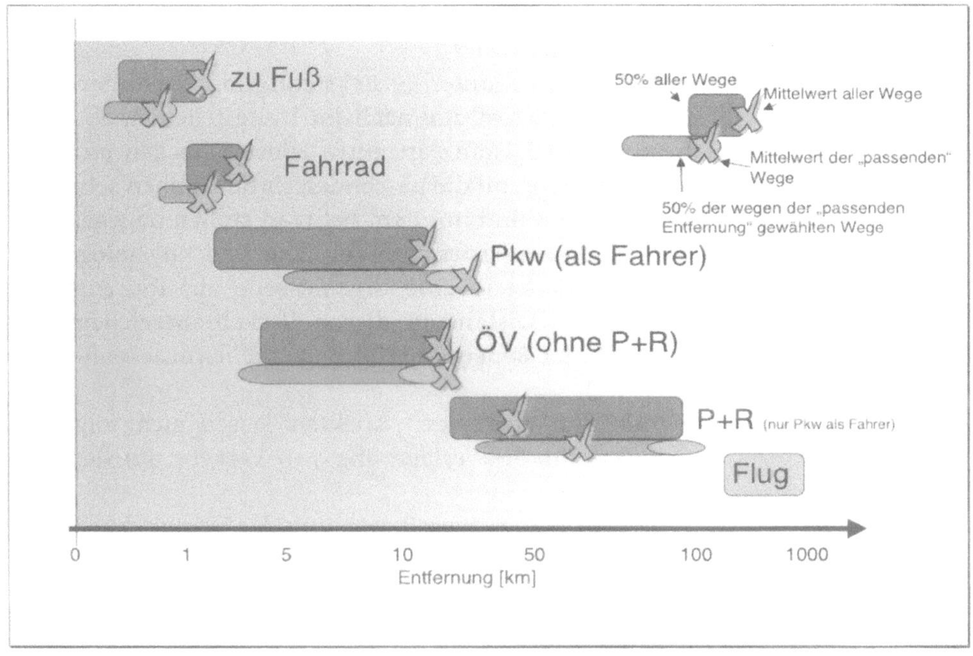

Abb. 5.15. Zurückgelegte und zum Verkehrsmittel «passende Entfernungen» nach Verkehrsmitteln

kürzeren Distanzen. Beim Pkw ist festzustellen, dass der Bereich der passenden Entfernung bei überdurchschnittlich weiten Wegen liegt. Die Wertung, dass kurze Wege nicht mit dem Pkw zurückgelegt werden sollten, ist als so genanntes Umweltwissen offensichtlich bei den Pkw-Fahrern vorhanden.

Umweltwissen *und* Mobilitätsverhalten

Dennoch werden auch geringere Distanzen, gerade als verkettete Wege in Touren, mit dem Pkw zurückgelegt. An dieser Stelle wird nochmals auf das Ergebnis von 5.1.2.2 verwiesen, wo starke Unterschiede zwischen Touren mit und ohne Beteiligung des mIV nach der Anzahl der verketteten Wege und der kumulierten Distanzen festgestellt werden. Aus Abb. 5.13 ist zu entnehmen, dass tatsächlich die Distanz des einzelnen Weges für die subjektive Beurteilung der Verkehrsmittelwahl zugunsten des mIV im Vergleich zu den anderen Verkehrsmitteln eine nachgeordnete Rolle spielt. Das vorhandene Umweltwissen wird offensichtlich durch die Dominanz anderer Beweggründe nicht adäquat in messbares Mobilitätsverhalten umgesetzt (vgl. Diekmann und Peißendörfer, 1992, S. 226ff.).

Der ÖV wird unter Berücksichtigung der Entfernung zwischen Startort und nächster Haltestelle erst ab einer bestimmten Distanz attraktiv. Hierbei decken sich die tatsächlichen und die passenden Entfernungen sehr gut. Wege zu Fuß und mit dem Fahrrad stoßen dagegen mit zunehmender Distanz an zeitliche und physiologische Grenzen, daher ist eine angemessene, auf Tourenebene kumulierte, Distanz in diesen Verkehrsbereichen von wesentlicher Bedeutung für die Verkehrsmittelwahl (vgl. Abb. 5.9).

Aus den einzelnen Aspekten lassen sich folgende Schlüsse für die Verlagerung von Verkehr auf den ÖV ziehen.

Bei der subjektiven Bewertung der Dringlichkeit und Fristigkeit der Aktivitäten am Zielort fällt auf, dass der Anteil verpflichtender Aktivitäten im ÖV (Abb. 5.11) am größten ist. Zusammen mit dem hohen Anteil der gewohnheitsmäßigen Wege mit dem ÖV (Abb. 5.13) lässt sich wiederum die Folgerung ableiten, dass ständig wiederkehrende und verpflichtende Wege am besten auf den ÖV verlagert werden könnten. Allerdings ist eine untere Schwelle für die Distanz zu berücksichtigen (Abb. 5.15).

Mobilitätsberatung ist mehr als Verkehrsinformation

Eine auf die Fahrt zur Arbeit fokussierte grundsätzliche Mobilitätsberatung in Verbindung mit attraktiven Job-Ticket-Angeboten könnte zumindest in Gebieten mit einem guten ÖV-Angebot zu einer dauerhaften Veränderung des Mobilitätsverhaltens beitragen. Eine aus beruflichen Gründen vorhandene und vom Unternehmen geförderte Netzkarte könnte auch das Verkehrsmittelwahlverhalten in der Freizeit beeinflussen. Für Unternehmen in zentralen städtischen Lagen könnte sich die Unterstützung von Job-Tickets durch die Reduzierung der Kosten für Mitarbeiterparkplätze lohnen.

6 Diskussion

In diesem Kapitel werden das Sozialökonomische Modell des Mobilitätsverhaltens (SMM), die darauf basierende Erhebung Mobilität ´97 und die Ergebnisse dieser Arbeit diskutiert.

6.1 Modell

Das Sozialökonomische Modell des Mobilitätsverhaltens (SMM) ist ein mikroanalytischer Ansatz. Ein starker Fokus liegt dabei auf der Bewegung von Personen im Raum im Kontext der Rahmenbedingungen des privaten Haushalts.

Einschränkungen des Modells

Der Ansatz versucht, möglichst viele hypothetische Einflussfaktoren auf das Mobilitätsverhalten in der Mikroebene zu integrieren. Dennoch besteht im Rahmen dieser Arbeit die Notwendigkeit, den Forschungsgegenstand einzugrenzen. Das vorliegende Modell beschränkt sich daher

- auf eine positivistische Mikroanalyse ohne normative Bewertungen oder Handlungsempfehlungen (eine Veränderung der Makrobedingungen wird nicht diskutiert)
- auf die alltägliche Mobilität (ohne Urlaub)
- auf die Beschreibung und Erklärung von Mobilität im Querschnitt (keine Zeitreihe).

Das Mobilitätsverhalten wird quantitativ abgebildet. Aus Gründen der Vergleichbarkeit wird im Kern ein klassischer Aktivitätenansatz im KONTIV-Design gewählt: Die Reduktion des Raumes auf eine Dimension, nämlich die Distanz, vereinfacht die modellhafte Abbildung von Verhalten. Allerdings wäre eine geographische Einordnung für weiterführende Fragestellungen von Interesse. Im Hinblick auf den Aufwand bei der Erhebung (Teilnehmer) und der späteren Auswertung (Bearbeiter) wurde auf eine exakte geographische Erfassung von Wegen und Aktivitäten verzichtet. Eine Erweiterung des Modells ist jedoch grundsätzlich möglich und wünschenswert.

Orte und Aktivitäten werden nicht mehr vermischt

Die Trennung von Zielort und Zielzweck kann als entscheidender Vorteil des vorliegenden Ansatzes gesehen werden, da eine Reihe von Aktivitäten an sehr unterschiedlichen Orten stattfinden können (z.B. der Kontakt mit Freunden). Es wird angenommen, dass die Ansätze ohne diese Differenzierung die Realität verzerrt abbilden. Vermutlich wurde auch aus diesem Grund die durchaus mögliche vertiefte Auswertung der KONTIV ´89 hinsichtlich der Freizeitmobilität nicht weiter verfolgt.

Die Integration von Zwischenstops in das Modell kann als Beitrag zur Abbildung von Feinmobilität gesehen werden. Der Nachteil liegt in der erschwerten Vergleichbarkeit von einzelnen Ergebnissen mit jenen anderer Erhebungen.

Die schwerpunktmäßige Erfassung von sozialökonomischen Merkmalen im Modell erfolgt über die üblichen Erhebungen hinaus. Auf die Differenzierung der Aktivitäten von Personen im Kontext eines privaten Haushalts wird besonderer Wert gelegt. Es wird zusätzlich darauf geachtet, dass eine nachträgliche Zusammenfassung zu weniger differenzierten Aktivitätengruppen anderer Erhebungen (z.B. KONTIV, Zeitbudgeterhebung) gewährleistet ist.

Der Einbau von subjektiven Angaben auf der Ebene der einzelnen Wege erweitert den klassischen Aktivitätenansatz um eine Komponente. Allerdings kann das vorliegende Modell erst einen Anfang zur Analyse von subjektiven Empfindungen in quantitativen Erhebungen zum Mobilitätsverhalten darstellen.

Weiterarbeit an den subjektiven Empfindungen

Für die Betrachtung emotionaler Bestimmungsgründe auf Wegeebene wären persönlich-mündliche Erhebungsverfahren notwendig. Der Ansatz beschränkt sich daher auf die Nennung von Meinungen und auf eine wenig differenzierte schriftliche Bewertung der Empfindung unterwegs.

6.2 Erhebungsmethode

Die Auswahl der schriftlichen Befragung mit Verhaltensprotokoll als Erhebungsmethode orientiert sich am Ziel der vorliegenden Arbeit und den gegebenen Mitteln. Nach Diekmann (1995, S. 439f.) sind neben den vergleichsweise geringen Kosten einer schriftlichen Befragung weitere Vorteile zu sehen: Die Möglichkeit zum guten Durchdenken der gestellten Fragen und die Unabhängigkeit von Einflüssen durch Interviewer. Problemen der schriftlichen Befragung wird mit Maßnahmen der Qualitätssicherung begegnet (s.u.).

Zeitnahe Protokollierung des Verhaltens

Als Kernstück der Befragungsunterlagen ist das Mobilitätstagebuch zu sehen. Den Teilnehmern wird durch das bewusst klein gewählte Format die Mitnahme unterwegs erleichtert. Die Möglichkeit zur zeitnahen Protokollierung des Verhaltens ist damit gegeben. Selbst wenn die Teilnehmer erst am Ende des Tages oder des Befragungszeitraums ihr Verhalten berichten, ist mindestens eine zu Recall-Methoden adäquate Güte der Angaben zu erwarten. Grundsätzlich ist die Qualität der Angaben von der Sorgfalt der Teilnehmer und von ihrem Erinnerungsvermögen abhängig. Die Angaben von Gruppen, die in dieser Hinsicht unterdurchschnittliche Fähigkeiten aufweisen (z.B. Kinder, Senioren und Personen mit geringer Bildung), müssen daher besonders kritisch betrachtet werden (vgl. Ergebnisse des Pretests in Tabelle B1 im Anhang; Wermuth et al., 1984, S. 132).

Das selbständige Protokollieren des Mobilitätsverhaltens hat gegenüber einer Beobachtung den Nachteil der subjektiven Verzerrung. Allerdings ist die Gefahr von Angaben nach sozialer Erwünschtheit oder verzerrter Darstellung vergangenen Verhaltens bei allgemeinen Fragestellungen in Fragebögen wesentlich höher als bei Protokollen. Vor allem bei gemeinschaftlich ausgeführten Wegen von Personen eines Hauhalts gibt es gute Ansatzpunkte für Plausibilitätstests. Diese wurden im

Editing mit besonderer Sorgfalt durchgeführt. Die erfasste Anzahl von Wegen, die gewählten Verkehrsmittel und die Art der Aktivitäten können daher als wenig problematisch eingestuft werden. Das Schätzen von Zeitdauern und Distanzen unterliegt den Schwierigkeiten, denen die Aktivitätenansätze diesen Typs grundsätzlich ausgesetzt sind (vgl. Wermuth et al., 1984, S. 130ff.).

Auch ist analog mit einer Untererfassung von immobilen und hochmobilen Personen zu rechnen.

Methodische Weiterentwicklung eines bewährten Ansatzes

Eine methodische Weiterentwicklung von Befragungsunterlagen zum Mobilitätsverhalten ist in der Erweiterung des Mobilitätstagebuchs um subjektive Merkmale zu sehen und in der sehr differenzierten Erfassung von Zielorttypen und Aktivitäten. Allerdings verursacht diese Vorgehensweise umfangreiche Codierarbeiten. Dieser zusätzliche Aufwand wurde aber zur Bearbeitung der Fragestellung als notwendig angesehen und in Kauf genommen. Ferner ist einzuräumen, dass die Zahl der Beobachtungen bei der gegebenen Fallzahl auf der differenziertesten Ebene für manche Aktivitäten sehr gering ist und diese ggf. nachträglich wieder zusammengefasst werden müssen. Den Aktivitäten sind nach objektiven Kriterien von geschulten Codierern Codes zugeordnet worden. Dies hat erhebliche Vorteile hinsichtlich der Objektivität gegenüber einer kostengünstigen, aber willkürlichen Selbstcodierung durch die Teilnehmer (z.B. Beik et al., 1998, S. 217ff.). Zudem wurde die Erhebung durchgeführt, um ex post Aussagen über das unbekannte Spektrum der Freizeitmobilität zu treffen. Eine ex ante Festlegung einer großen Anzahl vorgegebener Items hätte einer übersichtlichen Gestaltung des Mobilitätstagebuchs geschadet.

Erhebung eines gesamten Jahres wäre sinnvoll

Die zeitliche Verteilung der Erhebungswellen über das Jahr 1997 erweist sich als sinnvoll, da klimatische Unterschiede in den Jahreszeiten insbesondere in der Freizeitmobilität unterschiedliches Verhalten bedingen können. Die Ferienzeiten in Bayern wurden gemieden, um eine hohe Rücklaufrate für die alltägliche Mobilität zu erzielen. Allerdings würde eine Verteilung der Stichprobe über ein Jahr saisonale und witterungsbedingte Unterschiede besser abbilden können, als die vorliegende Beschränkung auf drei Wochen im Jahr. Die Welle am Ende des kalendarischen Winters wies besonders am Wochenende gute Voraussetzungen für Aktivitäten außer Haus auf (z.B. noch Skifahren *und* bereits Biergartenbesuch möglich), während die Welle im Sommer durch wechselhaftes Wetter geprägt war. Aus dem vergleichsweise hohen Mobilitätsstreckenbudget an Sonntagen ist zu schließen, dass ein Einschluss von Feiertagen in die zeitliche Stichprobensteuerung ebenfalls zu einer weiteren Verbesserung der Ergebnisse führen würde.

Umfangreiche Unterlagen bedürfen einer besonderen Betreuung der Teilnehmer

Zur Sicherung der Qualität der vorliegenden Arbeit wurden mehrere unterstützende Punkte realisiert. Der Pretest der Erhebungsunterlagen im Vorfeld der Erhebung ist ein wichtiger Beitrag dazu. Einige Veränderungen für eine bessere Verständlichkeit der Unterlagen und die Reduzierung des Umfangs auf ein vertretbares Maß sind wichtige Ergebnisse. Allerdings sind die Befragungsunterlagen in der endgültigen Form immer noch sehr umfangreich. Dieser Umstand hatte dennoch keine negative Auswirkung auf den Rücklauf. Offensichtlich konnte mit den Incentives, der farblichen Gestaltung der Unterlagen und wegen der alltäglichen Vertrautheit der Teilnehmer mit dem Thema Mobilität ein überdurchschnittliches Interesse und ein entsprechender Rücklauf erzielt werden. Die nochmalige telefonische Nachfrage bei den Untersuchungsteilnehmern am Vorabend des jeweiligen ersten Stichtags über die Ankunft und Vollständigkeit der Unterlagen und die Besprechung eventuell auftretender Verständnisfragen reduzierte die Inanspruchnahme der telefonischen Hotline auf wenige, i.d.R. ohnehin sehr gewissenhafte Teilnehmer.

Eine Schwäche der Rücklaufkontrolle im Rahmen der Untersuchung Mobilität ´97 ist der Verzicht auf eine Non-Response-Analyse. Damit kann über die Erfahrung aus dem Pretest hinaus nicht quantitativ nachvollzogen werden, warum einzelne Personen oder gesamte Haushalte die Erhebungsunterlagen nicht ausgefüllt zurücksandten.

Bezüglich des Rücklaufs können insgesamt ähnliche Effekte wie im Mobilitätspanel festgestellt werden (vgl. Chlond et al., 1997, S. 5):

- Der Anteil von Ein-Personen-Haushalten ist unterproportional,
- der Anteil von älteren Personen ist unterproportional.

Bei zukünftigen Auswertungen ist daher auf eine geeignete Gewichtung der Ergebnisse zu achten. Bei einer Neuauflage von Erhebungen in einem ähnlichen Untersuchungsdesign ist bereits bei der Stichprobensteuerung mit solchen Effekten zu rechnen. Die mögliche Überrepräsentierung des ländlichen Raums wurde durch die Nacherhebung für den Ballungsraum München kompensiert.

6.3 Ergebnisse

Allgemeine Kennzahlen halten einem Vergleich stand

Zur Diskussion grundsätzlicher Ergebnisse lassen sich andere Erhebungen mit ähnlichem Erhebungsdesign heranziehen. In Anhang E werden allgemeine Kennzahlen vergleichbarer Erhebungen mit denen von Mobilität '97 verglichen. Für den Vergleich (s. Tabellen E 25 und E 26) sind ausgewählt die KONTIV '89 (Emnid, o.J.), der Schweizer Mikrozensus Verkehr 1994 (BAfSt, 1996) und die Ergebnisse des Mobilitätspanels für das Paneljahr 1996 (Chlond et al., 1997).

Abbildung 6.1 zeigt z.B. einen Vergleich der Aktivitäten nach KONTIV-Systematik. Hierzu wurde die Möglichkeit dieses Ansatzes ausgenutzt, die differenzierten Aktivitäten des Modells zu den klassischen Aktivitätengruppen zusammenzufassen.

Die Ergebnisse der Erhebungen stimmen weitgehend überein. Allerdings werden durch die genauere Erfassung der Feinmobilität durch die Einführung von Zwischenstops in Mobilität ´97 wesentlich mehr verkettete Wege (mehr als zwei Wege innerhalb einer Tour) berichtet als in KONTIV ´89. Daher ist der Anteil der Nach-Hause-Wege an allen Wegen deutlich geringer. Ein wesentlicher Unterschied besteht in den Größenordnungen der dienstlich/geschäftlichen Wege, der Service-Wege und der Wege zur Inanspruchnahme von Dienstleistungen.

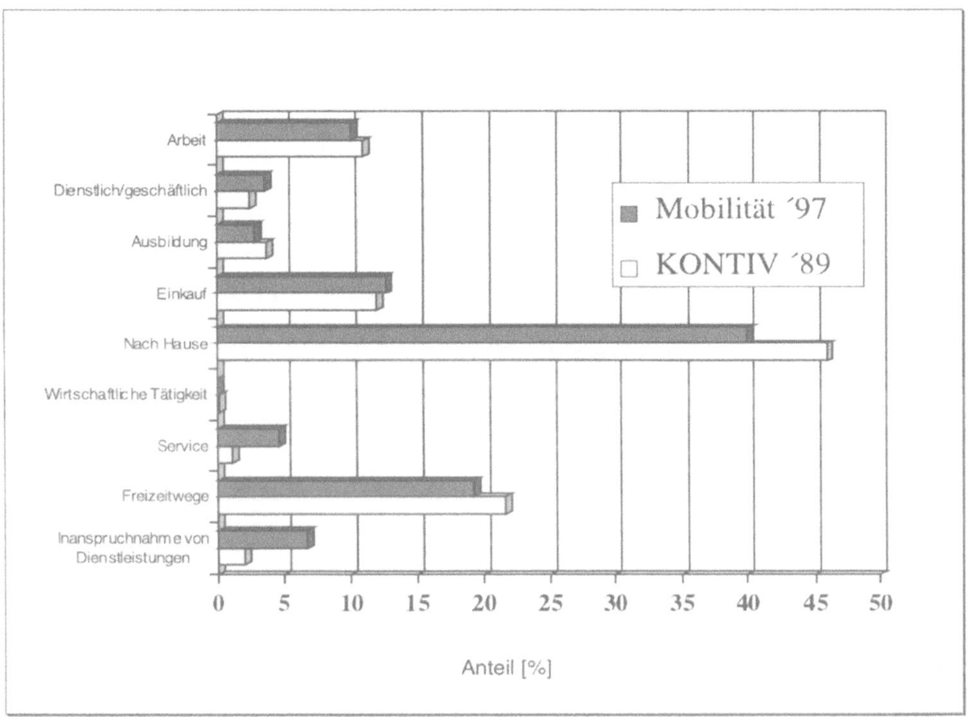

Abb. 6.1. Vergleich des Anteils der Aktivitäten von Mobilität '97 und KONTIV '89 nach KONTIV-Zielzwecken

Die Unterschiede können liegen

- am Erhebungsdesign,
- an der unterschiedlichen Grundgesamtheit,
- am zeitlichen Abstand von sieben Jahren zwischen den Erhebungen.

Bei den Service-Wegen geben Häberli und Greuter (1996, S. 20ff.) zu bedenken, dass diese Form der Mobilität bisher i.d.R. vernachlässigt wurde. Gerade bei diesem Zielzweck ist die Einführung von Zwischenstops sinnvoll, da die Integration von Bring- und Holdiensten in eine Tour i.d.R mit Umwegen verbunden ist. Zeitdauer und Distanz werden dem folgenden Weg, bei Nichterfassung der folgenden Aktivität zugeordnet.

Die Verkehrsbeteiligung liegt in Mobilität '97 etwas höher als in den anderen Studien. Dies kann wiederum an der Teilnehmeranweisung liegen, auch ihre Feinmobilität zu berichten.

Abbildung der Feinmobilität

Die Mobilitätsrate als die Anzahl der Wege pro Person und Tag liegt im Vergleich zu anderen Studien höher, dagegen liegt die durchschnittliche Entfernung pro Weg im Rahmen der Vergleichserhebungen. Es kann folglich wiederum darauf geschlossen werden, dass der vorliegende Ansatz in der Lage ist, Kurz- und Feinmobilität präziser abzubilden. Da sich für die Teilnehmer der Aufwand zur Bearbeitung der Mobilitätstagebücher durch Nichtprotokollierung von Wegen vereinfacht, ist anzunehmen, dass tendenziell auch mit diesem Ansatz weniger Wege berichtet als tatsächlich durchgeführt werden. Es kann jedoch aus der deutlich höheren Mobilitätsrate auf eine Reduzierung der verschwiegenen Wege durch diesen Ansatz geschlossen werden (vgl. Wermuth et al., 1984, S. 127).

Die Werte für das Mobilitätsstreckenbudget und das Mobilitätszeitbudget liegen ebenfalls in der Größenordnung der Vergleichserhebungen (Tabelle E 26 im Anhang). Auch die Ergebnisse der Zeitbudgeterhebung[1] (StBA, 1995a, S. 30 und 1995d, S. 35) für die Wegezeiten pro Tag und Person liegen mit etwas über 80 Minuten sehr nah an den Erhebungen zum Mobilitätsverhalten (Ausnahme: KONTIV '89).

Höhere Fallzahl würde die differenzierte Abbildung von Mobilität verbessern

Zum Vergleich differenzierterer Kennzahlen kann nicht auf Vergleichswerte anderer Studien zurückgegriffen werden. Da die aggregierten Kennzahlen in der Größenordnung der Vergleichsstudien liegen, ist anzunehmen, dass die weitere Differenzierung ebenfalls das tatsächliche Mobilitätsverhalten widerspiegelt. Auf der Ebene einiger Einzelaktivitäten ist auf die geringe Fallzahl hinzuweisen, die einen Schluss auf die Grundgesamtheit verbietet. Es ist dennoch als wichtiges Ergebnis festzuhalten, dass sich das Mobilitätsverhalten nach ein-

1 Die Zeitbudgeterhebung 1991 weist an Wegezeiten 69 Minuten pro Tag (alle Personen) auf. Zur Vergleichbarkeit sind mobile Freizeitaktivitäten hinzuzuzählen. Spazieren gehen wird mit 11 Minuten ausgewiesen. Da bei «Sport» (16 Minuten) nicht zwischen mobilem und stationärem Freizeitsport unterschieden wird, ist eine exakte Angabe des Vergleichswerts nicht möglich. Der Wert dürfte bei rund 85 Minuten pro Tag und Person liegen.

zelnen Aktivitäten und den zugrunde liegenden Bedürfnissen differenzieren lässt. Dies zeigt sich z.B. in der Verkehrsmittelwahl, der Zahl der Personen, die gemeinsam unterwegs sind, und der zu überwindenden Distanz. Die Freizeit- und die Versorgungsmobilität können jeweils als Aktivitätenbereiche identifiziert werden, die in sich eine erhebliche Inhomogenität aufweisen.

Die Erklärung von Mobilität beschränkt sich in dieser Arbeit auf einige ausgewählte abhängige Variablen. Die Vorgehensweise mit klassischer und logistischer multipler Regression ermöglicht über die beschreibende Statistik hinaus einen Einblick in Bestimmungsgründe von Mobilität. Durch die gleichzeitige Berücksichtigung mehrerer unabhängiger Variablen wird einer Überbewertung von einzelnen Merkmalen entgegengewirkt. Besonders auffällig ist, dass der Einfluss des Merkmals Geschlecht durch die Berücksichtigung anderer Merkmale abgeschwächt wird.

An den Interaktionen zwischen den Variablen muß weitergearbeitet werden

Die verwendete Anzahl von Merkmalen birgt die Gefahr eines «Overfittings» oder der Multikollinearität zwischen den nach den Prämissen der Regressionrechnung unabhängigen Variablen in sich (Backhaus et al., 1996, S. 33f.). Einzelne Variablen mussten daher aus dem Modell entfernt werden. Für weitere Auswertungen ist geplant, geeignete Merkmale zu Faktoren zusammenzufassen (Faktoranalyse). Das Bestimmtheitsmaß für die vorgestellten Gleichungen zeigt, dass das Mobilitätsverhalten auch durch ein «Mehr» an Merkmalen zur Beschreibung der Rahmenbedingungen von Mobilität nicht umfassend erklärt werden kann. Allerdings bewegen sich die vorgestellten Größenordnungen durchaus im Rahmen anderer Arbeiten (z.B. Franzen, 1997, S. 84ff.; Kloas und Kunert, 1993, S. 147ff.). Eine sozialpsychologische Vertiefung des Modells könnte sein Erklärungsvermögen steigern.

Aussagen zu Vermeidung und Verlagerung können grundsätzlich in Bezug auf die gegebenen Rahmenbedingungen oder unter möglichen veränderten Rahmenbedingungen getroffen werden.

Verhaltensänderungen sollten durch Zeitreihenanalysen erfasst werden

Die Aussagen dieser Arbeit basieren auf dem tatsächlich erfassten Mobilitätsverhalten. Aus der Differenzierung des Mobilitätsverhaltens wird für den einzelnen

Haushalt ein begrenzter Spielraum für die Veränderbarkeit innerhalb der im Querschnitt erfassten Rahmenbedingungen von Mobilität aufgezeigt. Allerdings kann aus Unterschieden zwischen den Haushalten auf Veränderungsmöglichkeiten durch die Veränderung von Rahmenbedingungen geschlossen werden. Diese beziehen sich vor allem auf eine Stärkung der Attraktivität des Nahbereichs. Ergebnisse dieser Arbeit sind folglich in der Lage die Forderung nach einem verstärkten nahräumlichen (Freizeit-) Angebot und einer verweilenswerten Umgebung des Wohnstandorts zu stützen (vgl. Richter, 1995, S. 320ff.; Heinze, 1997, S. 115).

7 Zusammenfassung und Ausblick

Im Rahmen dieser Arbeit wird ein Modell für die Mobilität privater Haushalte entwickelt und zur Beschreibung und Erklärung der Mobilität in Alltag und Freizeit eingesetzt. Dabei werden die Handlungen der Haushaltsmitglieder differenziert in die Bewegung im Raum und die Aktivitäten an Zielorten. Die Funktionsbereiche des privaten Haushalts werden über übliche Untersuchungen der Mobilität im Haushaltskontext zum besseren Verständnis der Mobilität und damit im weiteren Sinne des Verkehrs herangezogen. Der private Haushalt wird dadurch nicht nur zum Gegenstand, sondern auch zum Inhalt der Untersuchung.

«Mobilität» *oder* «Verkehr»?

Besonderer Wert wird auf eine deutliche definitorische Trennung der Begriffe Mobilität und Verkehr gelegt. Diese Arbeit betrachtet Mobilität aus der Sicht der menschlichen Bedürfnisse und stellt im Gegensatz dazu Verkehr als im Raum quantifizierbares Ergebnis der Mobilität dar. Ein formales Zeichen für den Blickwinkel des Verhaltens von Menschen ist die Einführung des «Mobilitätstages»[1], der am Minimum der Bewegung im Raum um 4:00 Uhr beginnt. Damit wird gewährleistet, dass abendliche (Freizeit-) Aktivitäten nicht willkürlich um 24.00 Uhr definitorisch abgeschnitten werden.

Freizeit darf keine Restgröße sein

Besonders die bisher als Restgröße verstandene und als grundsätzlich disponibel kommunizierte Freizeitmobilität wird sehr differenziert in das Modell integriert. Aktivitäten, die vom Wesen her wenig mit Freizeit gemein haben (z.B. Pflege von Angehörigen, Ehren-

1 Diese Definition hat folgenden Praxisbezug: Im ÖV ist festzustellen, dass einige Verbünde ebenfalls die Zeit zwischen Mitternacht und Betriebsschluss in ihren Fahrplänen dem Vortag zurechnen. Die Fahrpläne der Deutschen Bahn AG enden dagegen um 24.00 Uhr.

amt), sind im vorliegenden Ansatz einem eigenen Handlungsbereich, dem Transferbereich, zugeordnet.

Das Modell findet sich wieder im Erhebungsdesign der Untersuchung Mobilität ´97, das auf klassischen Aktivitätenansätzen aufbaut. In einem Mobilitätstagebuch wird die Trennung der Bewegung im Raum von den stationären Aktivitäten vorgenommen. Das Layout entspricht visuell der Wahrnehmung dieser Abfolge. Es werden subjektive Merkmale zu jedem einzelnen Weg erfasst. Ein entscheidender Punkt ist die Differenzierung der Freizeitmobilität durch die offene Fragestellung und die umfangreichen Codierarbeiten. Parallel dazu wurde die Versorgungsmobilität ähnlich genau betrachtet. Auch die Feinmobilität kann detaillierter abgebildet werden. Die Umsetzung in die Erhebungsunterlagen erfolgt durch die Einführung von Zwischenstopps. Die Teilnehmeranweisung unterstützt durch die gewählten visualisierten Beispiele eine möglichst präzise Protokollierung des Mobilitätsverhaltens. Die Untersuchung wurde 1997 in Bayern durchgeführt und umfasst 986 private Haushalte mit 2.169 Personen.

Freizeitmobilität gewährleistet soziale Interaktion in einer individualisierten Gesellschaft

Eine Differenzierung nach einzelnen Aktivitäten zeigt, dass die Verkehrsmittelwahl, die Zahl der Personen, die gemeinsam unterwegs sind, und die Distanz, die die Personen zu überwinden bereit sind, sich stark unterscheiden. Die herkömmlichen Zuordnungen nach groben Aktivitätenbereichen verdecken durch Mittelwertbildung die dahinterliegende Heterogenität.

Die Differenzierung der Freizeitmobilität ergibt ein Bild, das stark durch die soziale Interaktion zwischen Menschen geprägt ist. Mehr als die Hälfte der Wege und der Kilometer in der Freizeit dienen in erster Linie dazu, den Kontakt zu anderen Menschen aufrecht zu erhalten. Auch bei den verbleibenden Aktivitäten sind eine ganze Reihe zu nennen, bei denen andere Aktivitäten im Vordergrund stehen (z.B. Sport, Kultur), die aber auf den zweiten Blick wiederum mit sozialem Kontakt verbunden sind.

Eine Vielzahl von Bestimmungsgründen

Bei der Erklärung des Mobilitätsverhaltens zeigen sich u.a. folgende wichtige Bestimmungsgründe: Von Bedeutung sind die Art des Wochentages, die Witterungsverhältnisse, der Haushaltstyp, der Wohnstatus und der Wohnstandort. Auch die Standortrelation z.B. zum Arbeitsplatz und zu wichtigen Einrichtungen der täglichen Versorgung, Kultur und Freizeit spielen eine Rolle. Der Besitz eines Pkw und die entsprechende Fahrerlaubnis können als Bestimmungsgründe durch diese Arbeit bestätigt werden. Ebenso ist ein Einfluss von soziodemographischen Merkmalen festzustellen. Das Geschlecht hat eine geringere Bedeutung bei der gleichzeitigen Berücksichtigung anderer Merkmale. Darüber hinaus ist die haushaltsinterne Zugangsregelung zu den formal verfügbaren Pkw von besonderer Bedeutung für die Verkehrsmittelwahl. Außerdem kann die mögliche Reduzierung von Wegelängen und des Mobilitätsstreckenbudgets durch das Erreichen einer Zufriedenheit mit dem Wohnstandort erreicht werden. Allerdings müsste sich einiges in den Kernbereichen der Städte verändern, dass der Anteil der Zufriedenen auch dort wächst und der Drang zur Freizeitgestaltung außerhalb der Stadt reduziert wird.

Leben ist Bewegung

Insgesamt erweist sich das Mobilitätsverhalten als in das Leben und den Lebensstil der Menschen eingebunden. Freudige und traurige Anlässe setzen die Menschen ebenso in Bewegung wie die Notwendigkeiten des Alltags. Zwischen Hedonismus und Altruismus ergibt sich ein weites Spektrum von Mobilität. Die Heterogenität der Distanzen, die Menschen bereit sind zu überwinden, um an einen Ort zu gelangen oder nur um einfach unterwegs zu sein, gibt Aufschluss über die Wertschätzung. Die unangenehmen Dinge des Alltags werden mit möglichst geringem (Mobilitäts-) Aufwand erledigt. Das Angebot der Nähe wird dabei durchaus angenommen. Die Abwechslung, Erholung, der Tapetenwechsel, das Treffen von in die Ferne verzogenen Freunden und Verwandten werden durch den Einsatz von Fahrzeugtechnik ermöglicht und realisiert.

Die vorliegende Arbeit ist

- als eine methodische Plattform zu sehen, die nach mehreren Richtungen Entwicklungsmöglichkeiten aufweist, und
- umfangreiche Daten zum Mobilitätsverhalten für weitere Sekundäranalysen verfügbar macht[2].

2 Siehe z.B.: Hensel et al., 1998; EUROMOS-Konsortium, 1998, S. A30 ff.; Grüber et al., 1999; Bauer, 1999

- Folgende methodische Erweiterungen des Ansatzes sind denkbar oder werden bereits erarbeitet.

Erhöhung der Fallzahl

Es konnte gezeigt werden, dass man in einer quantitativen Erhebung die Aktivitäten differenziert erfassen kann. Bei zunehmender Differenzierung ist eine weitere Erhöhung der Fallzahl notwendig, um eine ausreichende Zellenbesetzung für einzelne Fragestellungen zu gewährleisten. Erhebungen mit einer großen Fallzahl (z.B. differenziertere Erfassung der Aktivitäten in einer künftigen KONTIV-Erhebung) könnten dazu einen Beitrag leisten.

Zeitreihenuntersuchung

Zur Abbildung der Änderung des Mobilitätsverhaltens in der Zeit müsste das Modell um eine zeitliche Komponente erweitert werden. Eine Wiederholung der Erhebung in einem sinnvollen zeitlichen Abstand mit den gleichen Teilnehmern wäre möglich.

Evaluationsinstrument

Derzeit wird im Rahmen des Leitprojekts MOBINET auf der Grundlage des vorliegenden Modells ein Evaluationsinstrument entwickelt, um die Veränderung des Mobilitätsverhaltens durch die Beteiligung von Personen an dort geplanten Maßnahmen feststellen zu können.

Sozialpsychologische und geographische Fragestellungen

Die Integration des vorliegenden Ansatzes in ein Mehr-Ebenen-Modell könnte verstärkt sozialpsychologische Fragestellungen integrieren und das Modell zum besseren Verständnis der Hintergründe von Mobilität und Verkehr weiter vertiefen.

Die Integration einer geographischen Referenzierung des Mobilitätsverhaltens hätte dagegen einen Praxisbezug zur konkreten Verkehrsplanung.

Informationsverhalten

Die Beziehung zwischen dem Informationsverhalten und dem Mobilitätsverhalten wird in einer Folgeuntersuchung innerhalb des Projekts Bayern-Info derzeit durchgeführt. Die Bedeutung virtueller Mobilität für private Haushalte ist in Wechselbeziehung zur physischen Mobilität von Interesse. Künftige Ansätze werden Mobilität vermutlich breiter definieren und verstärkt häusliche und informationelle Aspekte berücksichtigen.

Mobilitäts- und Zeitbudgetforschung gehen ähnliche Wege

Methodische Anknüpfungspunkte zu Zeitbudgeterhebungen sollten genutzt werden, um Synergien zwischen der Mobilitäts- und Zeitbudgetforschung zu

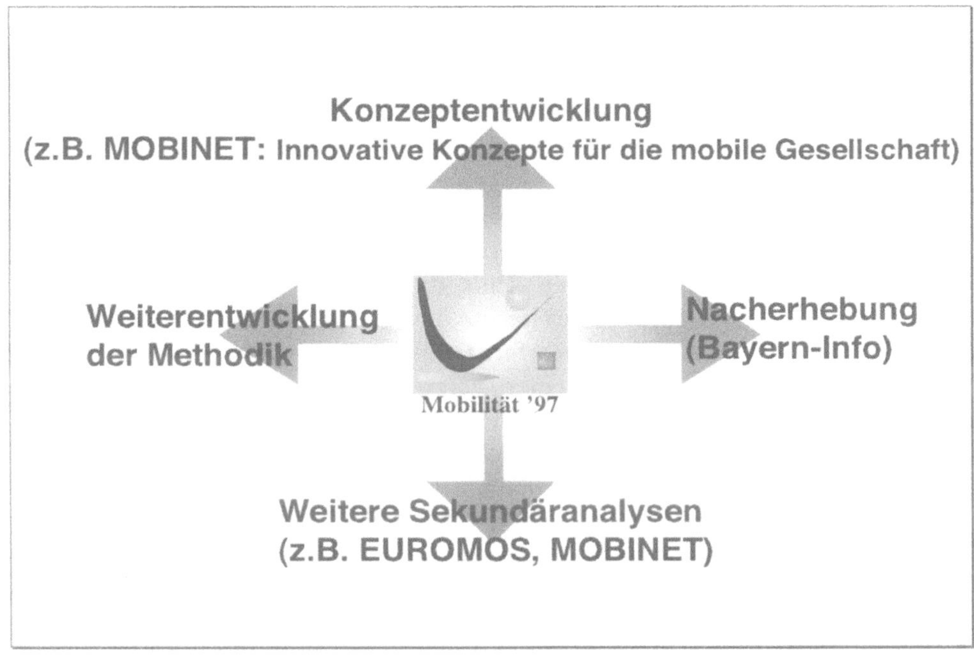

Abb. 7.1. Mobilität ´97 als Methoden- oder Dateninput für andere Forschungsprojekte

nutzen. Es ergeben sich wesentliche methodische Ähnlichkeiten zwischen Haushaltsbefragungen zum Mobilitätsverhalten und zur Zeitverwendung. Erstere müssten die häuslichen Aktivitäten mit berücksichtigen (vgl. Axhausen, 1998, S. 315), Letztere müssten sich öffnen für die räumliche Betrachtung der Handlungen. Sinnvoll erscheint unter Kostengesichtspunkten künftig über eine synergische «Time *and* Space/Land Use Study» nachzudenken.

Da das Mobilitätsverhalten in das Konsumentenverhalten eingebunden ist, erscheint eine verstärkte Untersuchung der Wechselwirkungen zwischen häuslichen Aktivitäten, der Telekommunikation und dem Mobilitätsverhalten von Interesse.

Mobilität und Wohnen

Auch das Zusammenfassen der zuständigen Bundesministerien in 1998 könnte als positives Zeichen gesehen werden, Mobilität und Wohnen verstärkt in ihrem Zusammenhang zu betrachten.

Dialog statt Polarisation

Eine Gesellschaft, die auf die geistige und physische Mobilität ihrer Mitglieder setzt, muss auf einen tragfähigen Konsens in der Verkehrspolitik hinarbeiten. Eine stark polarisierte Diskussion hilft zur Problemlösung wenig. Da die technischen Möglichkeiten z.B. zur Verbrauchssenkung oder zur Einführung neuer Antriebstechniken Zeit brauchen[3] und an physikalische Grenzen stoßen, sollte verstärkt auch auf die Nachfrageseite gesetzt werden. Falls durch das Verhalten der privaten Haushalte weiterhin die technischen Neuerungen (über-) kompensiert werden, bleiben positive Ergebnisse aus.

Neben einer verantwortungsvollen Produktpolitik der Automobilhersteller und der Anbieter im öffentlichen Verkehr geht es daher vor allem auch um das Nachfrageverhalten. Der Modal Split im Verkehr wird sich kaum durch Gebote und Moralisierung in die gewünschte Richtung verändern. Eine moderate Änderung des Modal Mix in den einzelnen privaten Haushalten hinsichtlich eines «nicht immer, aber immer öfter» könnte mit einer Breitenwirkung dazu beitragen.

Intermodalität und lebenswerte Wohnstandorte fördern

Das Miteinander und die Synergien der einzelnen Verkehrsmittelarten in einem Gesamtverkehrssystem werden auf fachlicher Ebene gewünscht und gefördert.

Folgende Aufgaben müssten den Konsumenten näher gebracht werden:

- die vielfältigen Gestaltungsmöglichkeiten ihrer Mobilität,
- der verantwortungsvolle Einsatz des Kfz-Bestands innerhalb des Gesamtsystems
- die Neuentdeckung und die Mitgestaltung eines «verweilenswerten» Nahbereichs für die Freizeit.

Die Verbraucherverbände einschließlich der Verkehrs-, Automobil- und Fahrradclubs könnten dazu einen wichtigen Beitrag leisten.

Der Staat setzt maßgeblich die gesetzlichen und infrastrukturellen Rahmenbedingungen für das Mobilitätsverhalten. Darüber hinaus wird sich am Aufbau und der finanziellen Unterstützung einer Mobilitätsberatung

3 Zudem verstreicht geraume Zeit bis Innovationen im Gesamtbestand wirksam werden.

für private Haushalte innerhalb der staatlichen Verbraucherberatung das Interesse von Bund, Ländern und Gemeinden am Mobilitätsverhalten der Menschen, das in ein Gesamtverkehrssystem integriert ist, messen lassen.

Glossar

Begriff	Erklärung	Englisch
Aktivität	Im Gegensatz zur *Bewegung* im *Raum* an einen bestimmten Ort gebundene *Handlung* mit einer zeitlichen Dauer. Diese wird begrenzt durch die vorangegangene und die folgende *Bewegung.*	activity
Alltag	Alle *Handlungen,* die nicht zu *Freizeit* und *Urlaub* zählen.	every day life
Bedarf	Gütermenge, die zur Befriedigung eines *Bedürfnisses* oder einer Bedürfniskonstellation unter Berücksichtigung der jeweiligen Beschaffungsbedingungen (Preise, *Haushaltsnettoeinkommen*) als nötig und ausreichend gesehen wird.	want
Bedürfnis	Spannungszustand, der auf einen organischen Mangel (Triebe), sozialen oder sonstigen Mangel zurückgeht. Bedürfnisse werden als Motive des Handelns betrachtet.	need
Beschaffung	Der Versorgung mit Gütern (Waren und Dienstleistungen) dienende Funktion eines *privaten Haushalts.*	acquisition
Bewegung	Im Gegensatz zur *Aktivität* eine *Handlung* der Durchquerung des *Raumes* während einer zeitlichen Periode. Diese wird begrenzt durch die vorangegangene und die folgende *Aktivität.*	movement / motion
Erwerbsbereich	*Handlungsbereich* eines privaten Haushalts, der alle *Handlungen* umfaßt, die dem gegenwärtigen und künftigen Erwerb des *Haushaltseinkommens* (z.B. Lohn, Miete, Zins) dienen. Zum künftigen Erwerb zählen die schulische und berufliche Ausbildung von Kindern und Jugendlichen, die berufliche Fort- und Weiterbildung sowie die allgemeine Zukunftsicherung.	domain of earning income
Etappe	Der Teil eines *Weges,* der mit einem *Verkehrsmittel* ohne Unterbrechung (z.B. durch Umsteigen auf ein anderes Verkehrsmittel) zurückgelegt wird (als Unterbrechung zählen nicht Stopps an Ampeln oder Stau).	stage
Fahrleistung	Fahrzeugbezogene Strecke in einer zeitlichen Periode (z.B. *Pkw*-km/Jahr).	kilometre (GB) kilometer (US) reading/mileage
Fahrzeugbesitz	Art und Anzahl der Fahrzeuge, die einem privaten Haushalt zur Verfügung stehen (d.h. inkl. privat nutzbarer Dienstwagen, Leasing-Fahrzeuge, Fahrräder).	possession/ ownership of vehicles

Finanzvermögen	Geldmittel, differenzierbar in liquide Mittel (Bargeld, Girokonto), mittel- und langfristige Geldanlagen, die einem *privaten Haushalt* zur Verfügung stehen.	financial assets
Fortbewegungsart	Art der *Bewegung* einer *Person* zu Fuß oder durch Nutzung eines *Verkehrsmittels.* Im *mIV* wird zwischen Fahren und Mitfahren unterschieden.	mode of transportation
Freizeit	Die *Zeit,* die eine *Person* für ihre Erholung und Abwechslung zur Verfügung hat (z.B. Besuche, private Telefonate, Geselligkeit, Lesen, Fernsehen, Spielen, Computerspiele, Freizeitsport, Musik, Nichtstun ...). Zur Freizeit gehören z.B. nicht: Schlafen, Körperpflege, Arbeit im Haushalt, Kinderbetreuung und -erziehung sowie ehrenamtliche Tätigkeiten. Handlungen mit Freizeitcharakter werden ab vier Übernachtungen außer Haus als *Urlaub* bezeichnet.	leisure
Freizeitmobilität	*Bewegung* im *Raum,* um *Aktivitäten* in der *Freizeit* durchzuführen. Auch die *Bewegung* um ihrer selbst willen. Zur Abgrenzung zum Begriff Freizeitverkehr siehe *Mobilität* und *Verkehr.*	leisure mobility/ recreational mobility
Handlungen	Das Tun einer *Person* in *Raum* und *Zeit,* differenzierbar in *Bewegungen* durch den *Raum* und *Aktivitäten* an *Zielorten.*	act/action
Haushaltsnettoeinkommen	Das Brutto-Einkommen eines *privaten Haushalts* (Löhne, Gehälter, Einkommen aus selbständiger Tätigkeit, Renten, Pensionen, Sozialhilfe, Arbeitslosengeld und -hilfe, Wohngeld, Kindergeld, Mieteinnahmen usw.) abzüglich der Lohnsteuer und der Sozialversicherungsbeiträge.	income of a private household
Humanvermögen	Die Fähigkeiten und die personale *Zeit* der einzelnen Haushaltsmitglieder.	human assets
Konsum	Der Verbrauch konsumreifer Güter durch *private Haushalte.*	consumption
Krafträder	Alle motorisierten Zweiräder.	motorcycles
Mobilität i.w.S.	Mobilität (von lat. mobilitas: Beweglichkeit, Schnelligkeit, Gewandtheit, Wankelmut) ist allgemein die Beweglichkeit von *Personen,* Sachen und Informationen, sowohl in rein physischer, bei *Personen* auch in geistiger oder sozialer Art.	mobility/ moveableness

Mobilität i.e.S.	Mobilität ist die mögliche oder tatsächliche Ortsveränderung von sozialökonomischen Mikroeinheiten eines geographischen *Raumes (Personen* oder Sachen) innerhalb einer zeitlichen Periode nach ihrer Art und ihrem Umfang. Im Gegensatz zu *Verkehr* aus der **Sichtweise der bewegten Einheit.** Beispiele: 1) Disaggregierte Form: Anzahl, Zwecke, Distanzen und Zeitdauern von *Wegen* einer bestimmten *Person* an einem bestimmten Tag. 2) Aggregierte Form: Anzahl, Zwecke, Distanzen und Zeitdauern von *Wegen* der deutschen Wohnbevölkerung im Jahr 1999.	mobility
Mobilitätsaufwand	Der Aufwand, den sozialökonomische Einheiten einzeln oder aggregiert für ihre *Mobilität* insgesamt oder bezogen auf die genutzten *Verkehrsmittel* und realisierten *Aktivitäten* einsetzen. Der Mobilitätsaufwand ist zu differenzieren in die *Mobilitätsrate*, das *Mobilitätssteckenbudget* und das *Mobilitätszeitbudget.*	mobility expense
Mobilitätsbedarf	Der *Bedarf* an *Bewegungen* im *Raum*, der notwendig ist, die *Bedürfnisse* der *Personen* eines *privaten Haushalts* zu befriedigen.	mobility demand
Mobilitätsbedürfnis	Das *Bedürfnis* einer *Person*, sich grundsätzlich oder auf eine bestimmte Art im *Raum* zu bewegen.	mobility need/ primary need for mobility
Mobilitätsprofil	Abfolge von *Bewegungen* im *Raum* und *Aktivitäten* an *Zielorten* in einer bestimmten zeitlichen Periode (z.B. an einem *Mobilitätstag).*	mobility profile
Mobilitätsrate	Anzahl der *Wege* je *Person* und *Mobilitätstag.* Aus der Mobilitätsrate der Bevölkerung eines geographischen Raumes läßt sich unter Berücksichtigung der Ein- und Auspendler das *Verkehrsaufkommen* errechnen.	mobility frequency
Mobilitätsstreckenbudget	Die kumulierten zurückgelegten Distanzen je *Person* und *Mobilitätstag.* Aus dem Mobilitätwegelängenbudget der Bevölkerung eines geographischen Raumes läßt sich unter Berücksichtigung der Ein- und Auspendler die *Verkehrsleistung* errechnen.	distance budget for mobility
Mobilitätstag	Nach dem üblichen *Verhalten* der Menschen einer Gesellschaft vom Wochentag (0.00 Uhr bis 24.00 Uhr) um den Zeitraum verschobene 24 Stunden-Einheit, zu dessen Beginn die wenigsten Bewegungen festzustellen sind. Für Mobilität ´97 wurde der Mobilitätstag als der Zeitraum ab 4.00 Uhr eines Wochentages bis 4.00 Uhr des folgenden Tages definiert.	mobility day

Mobilitätsverhalten	Alle *Handlungen* von *Personen* im Rahmen ihrer *Mobilität.*	mobility behaviour/ travel behaviour
Mobilitätszeitbudget	Der kumulierte Zeitaufwand für *Bewegung* im *Raum* je *Person* und *Mobilitätstag.*	time-budget for mobility
Modal Mix	Verteilung des *Mobilitätsaufwands* von sozialökonomischen Mikroeinheiten auf die einzelnen *Verkehrsbereiche* bzw. *Verkehrsmittel.*	modal mix
Modal Split	Verteilung des Gesamtverkehrs *(Verkehrsaufkommen* bzw. *Verkehrsleistung)* auf die einzelnen *Verkehrsbereiche* bzw. *Verkehrsmittel.*	modal split/ traffic mix/ traffic structure
Möglichkeitsraum	Die *Handlungen* einer *Person,* die grundsätzlich aufgrund der zur Verfügung stehenden Mittel innerhalb einer zeitlichen Periode möglich sind. Für die Betrachtung von *Alltag* und *Freizeit* beschränkt sich die zeitliche Periode in dieser Arbeit auf max. vier Tage.	
Motorisierter Individualverkehr (mIV)	*Verkehrsbereich* bestehend aus *Pkw* und *Krafträdern.*	traffic by car and motorcycles
Nachfrage	Nachfrage gibt allgemein an, welche Mengen eines Guts bestimmter Qualität bei gegebenen Präferenzen in Abhängigkeit von Preisen und Einkommen am Markt nachgefragt werden.	demand
Nichtmotorisierter Individualverkehr (nIV)	*Verkehrsbereich* bestehend aus Fußgängern und Fahrrädern.	traffic on foot and by cycling
Öffentlicher Personenverkehr (ÖV)	*Verkehrsbereich* bestehend aus dem öffentlichen Personennahverkehr (S-Bahn, U-Bahn, Straßen- und Stadtbahn, Busse des Nahverkehrs) und dem öffentlichen Personenfernverkehr (Eisenbahn, Fernbus, Flugzeug).	public transport
Personentag	Angaben, die sich auf eine *Person* und einen *Mobilitätstag* beziehen (z.B. *Mobilitätsstreckenbudget* [km/(Tag x Person)]).	personal parameters per day
Pkw	Personenkraftwagen bis zu neun Sitzplätzen (hier: inkl. Kombinationskraftwagen, Klein- und Campingbussen).	car
Pkw-Besetzungsgrad	Anzahl der *Personen,* die einen *Pkw* gemeinsam für einen *Weg* nutzen.	(vehicle) occupancy

Privater Haushalt	Eine Gruppe von verwandten oder persönlich verbundenen (auch familienfremden) *Personen*, die sowohl einkommens- als auch verbrauchsmäßig zusammengehören. Sie müssen über ein oder mehrere Einkommen oder Einkommensteile verfügen und voll oder überwiegend im Rahmen einer gemeinsamen Hauswirtschaft versorgt werden. Als privater Haushalt gilt auch eine Einzelperson mit eigenem Einkommen, die für sich alleine wirtschaftet. Haus- und Betriebspersonal, Untermieter, Kostgänger und Besucher gehören nicht zum Haushalt. Über diese ökonomischen Konventionen hinaus hat der private Mehrpersonenhaushalt eine sozialpsychologische Rahmenfunktion für das Leben in *Alltag* und *Freizeit*.	private household
Produktion	Der hauswirtschaftlichen Herstellung bzw. Veredelung von Waren bzw. der Bereitstellung eigener Dienste dienende Funktion eines privaten Haushalts (z.B. Speisenzubereitung, Wäschewaschen, Bring- und Holdienste ausführen).	production
Raum	Fundamentales Ordnungsprinzip der Materie.	space
Route	Geographische Beschreibung der Streckenführung eines *Weges*.	car/motorcycle: route; public transport: (vehicle) itinerary
Sachvermögen	Materieller Güterbestand, differenzierbar in Immobilien, Hausrat und Fahrzeuge, der einem *privaten Haushalt* zur Verfügung steht.	material assets
Streckentyp	Angabe über die Streckenführung eines *Weges* innerorts und/oder außerhalb von geschlossenen Ortschaften.	car/motorcycle: kind of track; public transport: journey
Tour	Die *Handlungen* des *Mobilitätsprofils* einer *Person*, die zwischen zwei Aufenthalten zuhause bzw. adäquater *Aktivitäten* außer Haus (z.B. Übernachtung im Hotel) begrenzt wird (in der Schweiz auch als Ausgang bezeichnet). Im Ggs. zu einer Fahrt können auch Wege zu Fuß zu einer Tour kombiniert werden.	travel/journey
Transferbereich	*Handlungsbereich* eines *privaten Haushalts*, der die sozialen und gesellschaftlichen *Handlungen* umfaßt (Einbindung in die Solidarsysteme des Gemeinwesens, informelle Dienste an anderen *privaten Haushalten*, institutionalisiertes ehrenamtliches Engagement karitativer, kultureller und politischer Art).	domain of social and economic networks

Unterhaltsbereich	Übergeordneter *Handlungsbereich* des *privaten Haushalts*, in dem materielle Güter (Waren und Dienstleistungen) am Markt beschafft werden und, soweit sie nicht konsumreif sind, veredelt und schließlich konsumiert werden. Immaterielle *Bedürfnisse* (z.B. menschliche Nähe) werden unmittelbar befriedigt.	domain of livelihood
Urlaub	*Handlungen* mit Freizeitcharakter mit mindestens vier Übernachtungen außer Haus.	holidays
Verhalten	I.w.S. Beschreibung aller *Handlungen* von Menschen und Tieren. I.e.S. Gesamtheit der menschlichen Reaktionsweisen, beruhend auf dem Zusammenwirken von Sinnesorganen, Nervensystem und Erfolgsorganen.	behaviour
Verkehr i.w.S.	Transport von Personen, Sachen und Informationen.	transport and communication
Verkehr i.e.S.	*Verkehr* ist im Gegensatz zu *Mobilität* der meßbare Durchfluss von *Verkehrsmittel*-Einheiten auf einem bestimmten Verkehrsweg (Strecke) oder aggregiert eines geographischen *Raums*. **Sichtweise des Raumes, in dem sich Einheiten bewegen.** Beispiele: 1) Disaggregierte Form: Anzahl, Distanzen, Durchfahrts- und Aufenthaltszeit von *Verkehrsmitteln* in einer bestimmten Verkehrszelle zwischen 8.00 Uhr und 9.00 Uhr eines bestimmten Tages (evtl. weiter differenziert nach Quellen, Zielen und Zwecken) 2) Aggregierte Form: *Verkehrsaufkommen*- und *Verkehrsleistung* nach *Verkehrsbereichen* in Deutschland im Jahr 1999.	traffic
Verkehrsaufkommen	Gebiets- und/oder verkehrsbereichsbezogene Gesamtanzahl aller bewegten Einheiten in einer zeitlichen Periode (z.B. mIV-Verkehrsaufkommen in Deutschland 1999), vgl. *Mobilitätsrate.*	traffic volume (number of trips)
Verkehrsbereiche	Der Personenverkehr läßt sich in die Verkehrsbereiche zu Fuß, Fahrrad,motorisierter Individualverkehr (mIV) und öffentlicher Personenverkehr (ÖV) differenzieren.	traffic-sector
Verkehrsleistung	Gebiets- und/oder verkehrsbereichsbezogene Gesamtstrecke aller bewegten Einheiten in einer zeitlichen Periode (z.B. mIV-*Verkehrsleistung* in Deutschland 1999 [Personen-km/Jahr]), vgl. *Mobilitätsstreckenbudget.*	traffic volume (distance covered by people)

Verkehrsmittel	Technisches Mittel, das dem Menschen im Vergleich zu seinen physischen Möglichkeiten eine schnellere und bequemere Raumdurchquerung ermöglichen soll (siehe auch *Fortbewegungsarten).*	means of transportation
Weg	Beschreibung der *Bewegung* einer *Person* durch den *Raum* nach der zeitlichen Dauer, der Distanz, der Art und Anzahl der Personen, die gemeinsam unterwegs sind, der *Fortbewegungsart,* der subjektiven Empfindung, dem Zielort, dem *Wegzweck* und der subjektiven Empfindung.	trip
Wegekette	Zeitliche Aneinanderreihung von *Aktivitäten* außer Haus, die jeweils durch *Bewegung* miteinander verbunden werden.	trip chain
Wegzwecke	Die Zweck(e), die eine *Person* veranlassen, einen *Weg* durchzuführen. Das kann z.B. eine *Aktivität* am *Zielort* oder der Selbstzweck des *Weges* sein.	travel purpose
Wochentagstyp	Es werden drei Typen unterschieden: (1) Die Werktage Montag bis Donnerstag, (2) Freitag und (3) Samstag und Sonntag.	kind of day in the week
Zeit	Fundamentales Ordnungsprinzip der Ereignisse.	time
Zeitabschnitt	Definierter Teil eines *Mobilitätstages* (in dieser Arbeit 3-Stunden-Intervalle: 4.00 Uhr bis 6.59 Uhr, 7.00 Uhr bis 9.59 Uhr usw.).	period (of time)
Ziel	Endpunkt eines *Weges,* beschrieben durch die Art des *Zielorts* und den *Zielzweck.*	destination
Zielort	Art des Ortes, an dem ein *Weg* endet.	kind of the location of the destination
Zielzweck	Die *Aktivität* am *Zielort.*	trip purpose
Zwischenstopp	Unterbrechung einer *Tour* durch eine kurze Erledigung unterwegs (z.B. Tanken). Die Differenzierung von *Ziel* und Zwischenstopp ist der subjektiven Beurteilung der Befragungsteilnehmer überlassen. Nach der *Aktivität* an einem Zwischenstopp beginnt der nächste *Weg.*	intermediate stop

Literaturverzeichnis

Atteslander, P.: Methoden der empirischen Sozialforschung. 7. Aufl. Berlin: de Gruyter, 1993
Axhausen, K. W.: Travel Diaries: An Annotated Catalogue (Working Paper). 2. Aufl. Innsbruck: Leopold-Franzens-Universität Innsbruck, 1995
Axhausen, K. W.: Can We Ever Obtain the Data We Would Like to Have? In: Gärling, T.; Laitila, T.; Westin, K. (Hrsg.): Theoretical Foundation of Travel Choice Modeling. Amsterdam: Elsevier, 1998

Backhaus, K.; Erichson, B.; Plinke, W.; Weiber, R.: Multivariate Analysemethoden: Eine anwendungsorientierte Einführung. 8. Aufl. Berlin: Springer, 1996
BAfSt - Bundesamt für Statistik (Hrsg.): Verkehrsverhalten in der Schweiz 1994: Mikrozensus Verkehr 1994. Bern: o.V., 1996
Bamberg, S.; Schmidt, P.: Auto oder Fahrrad? Empirischer Test einer Handlungstheorie zur Erklärung der Verkehrsmittelwahl. In: Kölner Zeitschrift für Soziologie und Sozialpsychologie 46 (1994), H. 1, S. 80-102
Bauer, Kerstin: Mobilitätsverhalten der Verbraucher im öffentlichen Personennahverkehr: Eine Sekundäranalyse der Erhebung Mobilität ′97. Freising-Weihenstephan: TU München, Diplomarbeit, 1999
Bayerisches Landesamt für Statistik und Datenverarbeitung (Hrsg.): Statistisches Jahrbuch für Bayern 1997. München: o.V., 1997
Becker, U. J.: Grundzüge einer wirklich modernen Verkehrspolitik. In: Internationales Verkehrswesen 50 (1998), Nr. 12, S. 632f.
Beier, U.: Der fehlgeleitete Konsum: Eine ökologische Kritik am Verbraucherverhalten. Frankfurt: Fischer,1993
Beik, U.; Reutter, O.; Böge, S., Ruschenburg, T.: Dokumentation und Wirkungsanalyse der Kampagne «Umdenken Umsteigen - Neue Mobilität in NRW» (Endbericht). Wuppertal: o.V., 1998
BFALuR - Bundesforschungsanstalt für Landeskunde und Raumordnung (Hrsg.): Verkehrsvermeidung: Siedlungsstrukturelle und organisatorische Konzepte (Materialien zur Raumentwicklung H. 73). Bonn: o.V., 1995
BFALuR - Bundesforschungsanstalt für Landeskunde und Raumordnung (Hrsg.): Siedlungsstrukturen und Verkehr (Materialien zur Raumentwicklung H. 84). Bonn: o.V., 1997
Bhat, C. R.: Work Travel Mode and Number of Non-Work Commute Stops. In: Transportation Research-B 31 (1997), H. 1, S. 41-54
BIK Aschpurwis und Behrens: Gemeindegrößenklassen (unveröffentlichtes Manuskript). Hamburg, o.V., o.J.
BMBF - Bundesministerium für Bildung, Wissenschaft, Forschung und Technologie (Hrsg.): Mobilität: Eckwerte einer zukunftsorientierten Mobilitätsforschungspolitik. Bonn: o.V., 1997
BMBF - Bundesministerium für Bildung und Forschung: Bekanntmachung eines Forschungsschwerpunktes Freizeitverkehr. Bonn: o.V., 1999
BMV - Der Bundesminister für Verkehr (Hrsg.): Verkehr in Zahlen. Berlin: DIW, 1995–1998
Bühl, A.; Zöfel, P.: SPSS Version 8: Einführung in die moderne Datenanalyse unter Windows. 5. Aufl. Bonn: Addison-Wesley, 1998
BUND; Misereor (Hrsg.): Zukunftsfähiges Deutschland: Ein Beitrag zu einer global nachhaltigen Entwicklung. 4. Aufl. Basel: Birkhäuser, 1997
Burkart, G.: Individuelle Mobilität und soziale Integration: Zur Soziologie des Automobilismus. In: Soziale Welt (1994), H. 2, S. 216–241

Canzler, W.; Knie, A.: Ende der Gewißheiten - Grundrisse einer neuen Verkehrspolitik. In: Internationales Verkehrswesen 50 (1998), H. 9, S. 376–377

Cervero, R.; Radisch, C.: Travel Choices in Pedestrian Versus Automobil Oriented Neighborhoods. In: Transport Policy (1996), H. 3, S.127–141

Cerwenka, P.: Verkehrswissenschaft als Berufung. In: Zeitschrift für Verkehrswissenschaft 64 (1993), Nr. 2, S. 133–145

Cerwenka, P.: Raumplanung als Beziehungskiste zwischen Raumnutzungs- und Raumüberwindungsplanung. In: Internationales Verkehrswesen 50 (1998), Nr. 1, S. 12–14

Chlond, B.; Lipps, O.; Zumkeller, D.: Begleitung und Auswertung der laufenden Erhebungen zum Mobilitätsverhalten sowie zu Fahrleistungen und Benzinverbrauch (Schlußbericht). Karlsruhe: Universität Karlsruhe, Inst. für Verkehrswesen, 1997

Delhees, K. H.: Motivation und Verhalten. München: Kindler, 1975

Diekmann, A.: Empirische Sozialforschung: Grundlagen, Methoden, Anwendungen. Hamburg: Rowohlt, 1995

Diekmann, A.; Preisendörfer, P.: Persönliches Umweltverhalten: Diskrepanzen zwischen Anspruch und Wirklichkeit. In: Kölner Zeitschrift für Soziologie und Sozialpsychologie 44 (1992), H. 2, S. 226–251

Dietiker, J.; Regli, P.: Was Menschen bewegt: Motive und Fahrzwecke der Verkehrsteilnehmer. Zürich: o.V., 1998

Dix, M. C.; Carpenter, S. M.; Clarke, M. I.; Pollard, H. R. T.; Spencer, M. B.: Care Use: A Social and Economic Study. Hampshire: Antony Rowe, 1986

DVWG – Deutsche Verkehrswissenschaftliche Gesellschaft e.V. (Hrsg.): Freizeitverkehr im Zeichen wachsender Freizeitmobilität. Bergisch Gladbach: o.V., 1997

Ehling, M.: Pretest – Ein Instrument zur Überprüfung von Erhebungsunterlagen. In: Wirtschaft und Statistik (1997), Nr. 3, S. 151–159

Ehling, M.; Schweitzer, R. v.: Zeitbudgeterhebung der amtlichen Statistik: Beiträge zur Arbeitstagung vom 30. April 1991. Wiesbaden: o.V., 1991

Eidgenössisches Verkehrs- und Energiedepartement, Bundesamt für Strassenbau (Hrsg.): Bereitschaft zur Veränderung der Mobilität und Verkehrsmittelwahl. Zürich: o.V., 1987

EKD – Evangelische Kirche in Deutschland; Deutsche Bischofskonferenz (Hrsg.): Für eine Zukunft in Solidarität und Gerechtigkeit: Wort der Rates der Evangelischen Kirche in Deutschland und der Deutschen Bischofskonferenz zur wirtschaftlichen und sozialen Lage in Deutschland. Hannover: o.V., 1997

Emnid Institut (Hrsg.): KONTIV 1989: Bericht zur Methode. Bielefeld: o.V., o.J. (a)

Emnid Institut (Hrsg.): KONTIV 1989: Tabellenband. Bielefeld: o.V., o.J. (b)

Emnid Institut (Hrsg.): KONTIV 1989: Anlagenband. Bielefeld: o.V., o.J. (c)

Enquete-Kommission «Schutz der Erdatmosphäre» des Deutschen Bundestages (Hrsg.): Mobilität und Klima: Wege zu einer klimaverträglichen Verkehrspolitik. Bonn: Economica, 1994

Esser, H.: Habits, Frames and Rational Choice: Die Reichweite von Theorien der rationalen Wahl (am Beispiel der Erklärung des Befragtenverhaltens). In: Zeitschrift für Soziologie 19 (1990), H. 4, S. 231-247

EUROMOS-Konsortium (Hrsg.): Trends and Prognosis of Transport in Selected European Agglomerations: Analysis and Comparison. o.O: o.V., 1998

FGSV – Forschungsgesellschaft für Straßen- und Verkehrswesen (Hrsg.): Verkehrsvermeidung – Verkehrsverlagerung – Verkehrslenkung (FGSV-Kolloquium am 5. und 6. Mai 1994 in Bonn). Bonn: Kirschbaum, 1995

Flade, A. (Hrsg.): Mobilitätsverhalten: Bedingungen und Veränderungsmöglichkeiten aus umweltpsychologischer Sicht. Weinheim: Beltz – Psychologie Verlags Union, 1994

Frank, D.: Mobilität - Motor zur Entwicklung der menschlichen Gesellschaft. München: o.V., 1993

Franzen, A.: Umweltbewusstsein und Verhalten: Empirische Analysen zur Verkehrsmittelwahl und der Akzeptanz umweltpolitischer Massnahmen. Zürich: Rüegger, 1997

Friedrichs, J.: Methoden empirischen Sozialforschung. 14. Aufl.. Opladen: Westdeutscher Verlag, 1990

Fuhrer, U. (Hrsg.): Wohnen mit dem Auto. Ursachen und Gestaltung automobiler Freizeit. Zürich: Chronos, 1993

Fuhrer, U.; Kaiser, F.G.: Multilokales Wohnen: Psychologische Aspekte der Freizeitmobilität. Bern: Huber, 1994

Geißler, K. A.: Zeit leben: Vom Hasten und Rasten, Arbeiten und Lernen, Leben und Sterben. Weinheim: Beltz, 1992

Golob, T., Kim, S.; Ren, W.: How Households Use Different Types of Vehicles: A Structural Driver Allocation and Usage Model. In: Transportation Research-A 30 (1996), H. 3, S.103-118.

Golob,T.; Mc Nally, M.: A Model of Activity Participation and Travel Interactions Between Household Heads. In: Transportation Research-B 31 (1997), H. 3, S.177-194

Gorr, H.: Die Logik der individuellen Verkehrsmittelwahl: Theorie und Realität des Entscheidungsverhaltens im Personenverkehr. Gießen: Focus, 1996

Götz, K.: Freizeitmobilität und Natur. In: Stadtwege (1996), H.2, S.119-129.

Götz, K.; Jahn, T.; Schultz, I.: Mobilitätsstile in Freiburg und Schwerin: Ergebnisse aus der sozialwissenschaftlichen Untersuchung zu "Mobilitätsleitbildern und Verkehrsverhalten". Freiburg: o.V., 1997

Gräbe, S. (Hrsg.): Private Haushalte im Spannungsfeld von Ökologie und Ökonomie. Frankfurt/Main: Campus, 1993

Grüber, B.; Röhr, Th.; Zängler, Th.: Freizeitverkehr in Bayern. In: Der Nahverkehr 17 (1999), H. 9, S. 14-18

Gstalter, H.; Fastenmeier, W.: Die Freizeitfahrt: Eine Pilotstudie. München: o.V., 1995

Häberli, V. (Hrsg.): Serviceleistungen im Verkehr: Unentgeltliches Hinbringen und Abholen von Personen. Zürich: o. V., 1995

Häberli, V.; Greuter, B.: Serviceleistungen: Ein zu Unrecht vernachlässigter Verkehrszweig. In: Internationales Verkehrswesen 48 (1996), H.10, S. 20-26

Hammer, A; Hammer, K.: Physikalische Formeln und Tabellen. München: Lindauer, 1976

Handy, S.: How Land Use Patterns Affect Travel Patterns: A Bibliography. Chicago: CPL, 1992

Hanson, S.: The Determinantions of Daily Travel-Activity Patterns: Relative Location and Sociodemographic Factors. In: Urban Geography 3 (1982), H. 3, S. 179-20

Hautzinger, H.: Mobilität verstehen: Neue Forschungen zum Freizeitverkehr. Heilbronn: IVT, 1994

Hautzinger, H.; Knie, A.; Wermuth, M. (Hrsg.): Mobilität und Verkehr besser verstehen: Dokumentation eines interdisziplinären Workshops am 5./6. Dezember 1996 in Berlin. Berlin: o. V., 1997

Hautzinger, H.; Pfeiffer, M.; Tassaux-Becker, B.: Mobilität: Ursachen, Meinungen, Gestaltbarkeit. Heilbronn: IVT, 1994

Heckhausen, H.: Motivation und Handeln: Lehrbuch der Motivationspsychologie. Berlin: Springer, 1980

Heine, W. D.: Mobilitätspsychologie - Psychologie für ein situationsangepaßtes Mobilitätsverhalten. In: Zeitschrift für Verkehrswissenschaft 69 (1998), H. 1, S. 23-70

Heinze, G. W.; Kill, H. K.: Freizeit und Mobilität: Neue Lösungen zum Freizeitverkehr. Hannover: Verlag der ARL, 1997

Held, M.: Verkehrsmittelwahl der Verbraucher: Beitrag einer kognitiven Motivationstheorie zur Erklärung der Nutzung alternativer Verkehrsmittel. Augsburg: Univ.-Diss., 1980

Hensel, A.; Zängler, Th.; Karg, G.: Mikroökonomische Analyse des Personenverkehrs in Ballungsräumen (im Auftrag der BMW AG, München). Freising-Weihenstephan: TU München, Lehrstuhl für Wirtschaftlslehre des Haushalts, 1998

Herzog, S.; Schafli, B.; Rapp, P.; Gros, D.: Freizeit - Freizeitverkehr - Umwelt: Tendenzen und Beeinflussungsmöglichkeiten. Zürich: o.V., 1994

Hogrebe, P.; Stang, S.: Typisierung von Verkehrsteilnehmern und Verkehrsteilnehmerinnen im Stadtverkehr am Beispiel der Stadt Köln. In: Zeitschrift für Verkehrswissenschaft 65 (1994), H. 1, S. 67-84

Holz-Rau, H. C.: Bestimmungsgrößen des Verkehrsverhaltens: Analyse bundesweiter Haushaltsbefragungen und modellierende Hochrechnung. Berlin: Univ.-Diss., 1990

IDW - Institut der deutschen Wirtschaft (Hrsg.): TV-Konsum: 10 Jahre im Fernesehsessel. In: Informationsdienst des Instituts der deutschen Wirtschaft 25 (1999), H. 17, S. 8

Infratest: Mehrthemenbefragung InfraScope (unveröffentlichte Methodenbeschreibung und statistische Angaben). München: o.V., o.J.

Infratest (Hrsg.): Freizeitmobilität. München: o.V., 1993

Infratest (Hrsg.): Haushaltspanel zum Verkehrsverhalten: Endbericht zum Paneljahr 1996/1997. München: o.V., 1997

Jones, P.M.; Dix, M.C.; Clarke, M.I.; Heggie, I.G.: Understanding Travel Behaviour. Aldershot: Gower, 1985

Karg, G.: Wirtschafts- und Sozialstatistik (Teil B). Freising-Weihenstephan: TU München (unveröffentlichtes Skriptum), 1992

Karg. G., Lehmann, M.: Haushaltsmodell der KTBL-Datensammlung Haushalt. In: KTBL (Hrsg.): Nutzungsmöglichkeiten der KTBL-Datensammlung Haushalt. Münster-Hiltrup: Landwirtschaftsverlag, 1991

Kloas, J.; Kunert, U.: Vergleichende Auswertung von Haushaltsbefragungen zum Personennahverkehr (KONTIV 1976, 1982, 1989): Forschungsprojekt im Auftrage des Bundesministeriums für Verkehr FE-NR. 90361/92. Berlin: DIW, 1993

Kroeber-Riel, W.: Konsumentenverhalten. 5. Aufl. München: Vahlen, 1992

Knauth, P.: Planung von Schichtsystemen und Arbeitspausen im Dienstleistungsbetrieb. In: Landau, K.; Stübler, E. (Hrsg.): Die Arbeit im Dienstleistungsbetrieb: Grundzüge einer Arbeitswissenschaft der personenbezogenen Dienstleistung. Stuttgart: Ulmer, 1992

Krönes, G.: Mobilität privater Haushalte. In: Hauswirtschaft und Wissenschaft 41 (1993), H. 1, S. 29-35

Kunert, U.: Individuelles Verkehrsverhalten im Wochenverlauf. Berlin: Duncker & Humblot, 1992

Lanzendorf, M.: Quantitative Aspekte des Freizeitverkehrs. Wuppertal. Forschungsverbund ökologisch verträgliche Mobilität (Arbeitspapier Nr. 6). Wuppertal: o.V., 1996

Lüking, J; Meyand-Schlee,E.: Perspektiven des Freizeitverkehrs Teil 1: Determinanten und Entwicklungen. Baden: o.V., 1994

Maslow, A.: Motivation und Persönlichkeit. Olten: Walter, 1977

Mentz, H.-J.: Analyse von Verkehrsverhalten im Haushaltskontext. Berlin: TU Berlin, Univ.-Diss, 1984

MOBINET-Konsortium: MOBINET Leitprojekt Mobilität in Ballungsräumen: Technische Beschreibung. München: o.V., 1998

Opaschowski, H. W.: Freizeitstile der Deutschen in Ost und West: Forschungsergebnisse über Freizeiteinstellungen und Freizeitgewohnheiten der ost- und westdeutschen Bevölkerung. Hamburg, o.V., 1991

Opaschowski, H. W.: Freizeit und Mobilität: Analyse einer Massenbewegung. Hamburg: o.V., 1995

Precht, M.; Kraft, R.: Biostatistik 1. 5. Aufl. München: Oldenbourg, 1992

Precht, M.; Kraft, R.: Biostatistik 2. 5. Aufl. München: Oldenbourg, 1993

Prehn, M.; Schwedt, B.; Steger, U.: Verkehrsvermeidung – aber wie?: Eine Analyse theoretischer Ansätze und praktischer Ausgestaltungen auf dem Weg zu einer wirtschafts- und umweltverträglicheren Verkehrsentwicklung. (Umwelt und Verkehr Bd. 1). Bern: Haupt, 1997

Pucher, J.: Urban Transport in Germany: Providing Feasible Alternatives to the Car. In: Transport Reviews (1998), H. 4, S. 285-310

Rese, M.; Bierend, A.: Logistische Regression: Eine anwendungsorientierte Darstellung. In: Wirtschaftswissenschaftliches Studium 28 (1999), H. 5, S. 235–240

Richter, G.: Trends im Freizeitverhalten: Ansprüche an kommunale Freiräume für Freizeit und Erholung. In: Stadt und Grün 44 (1995), H. 5, S. 318–324

Riedl, C.; Schwedt, B.; Steger, U.; Tiebler, P.: Mobilität statt Ökologie? Workshopberichte über konsensfähige Wege zur Lösung eines Dilemmas (Umwelt und Verkehr Bd. 2). Bern: Haupt, 1998

Romeiß-Stracke, F.: Freizeitmobilität: Dimensionen, Hintergründe, Perspektiven. In: Topp, H. H. (Hrsg.): Verkehr aktuell: Freizeitmobilität (Grüne Reihe, Bd. 38). Kaiserslautern: Universität Kaiserslautern, 1997

Rudolf Augstein GmbH & Co. KG (Hrsg.): Auto, Verkehr und Umwelt. Hamburg: Spiegel, 1993

Scharinger, F. X.: Zusammenhänge zwischen Energieversorgung und der individuellen Mobilität der Bevölkerung in der Bundesrepublik Deutschland (alte Länder). Freising-Weihenstephan: TU München, Univ.-Diss., 1996

Schaufler, H.(Hrsg.): Mobilität und Gesellschaft. Landsberg am Lech: Aktuell, 1993

Scherhorn, G.: Bedürfnis und Bedarf: Sozialökonomische Grundbegriffe im Lichte einer neueren Anthropologie. Berlin: Dunker & Humblot, 1959

Schwarz, N.: Ehrenamtliches Engagement in Deutschland: Ergebnisse der Zeitbudgeterhebung 1991/92. In: Wirtschaft und Statistik (1998), Nr. 4, S. 259–266

Schwarz, N.; Stahmer, C.: Umweltökonomische Trends bei privaten Haushalten (Teil 2): Ökologische Trends. In: Wirtschaft und Statistik (1996), Nr. 11, S. 728–742

Schweitzer, R. v.: Haushaltsführung. Stuttgart: Ulmer, 1983

Schweitzer, R. v.; Ehling, M.; Schäfer, D.: Zeitbudgeterhebungen: Ziele, Methoden und neue Konzepte. Stuttgart: Metzler-Poeschel, 1990

Scitovsky, T.: Psychologie des Wohlstands: Die Bedürfnisse des Menschen und der Bedarf des Verbrauchers. Frankfurt am Main: Campus, 1989

Seguin, A.-M.; Bussière, Y.: Household Forms and Patterns of Mobility: The Case of the Montreal Metropolitan Area. In: Stopher, P., Lee-Gosselin, M. (Hrsg.): Understanding Travel Behaviour in an Era of Change. Oxford: Pergamon, 1996

Spannrad, Th.: Mobilität privater Haushalte. Freising-Weihenstephan: TU München, Diplomarbeit, 1995

SPSS Inc. Marketing Department (Hrsg.): SPSS: SPSS Advanced Statistitics 7.5. Chicago: o.V., 1997

Stahmer, C.: Umweltökonomische Trends bei privaten Haushalten (Teil 1): Ökonomische Trends. In: Wirtschaft und Statistik (1996), H. 9, S. 583-591

StBA - Statistisches Bundesamt (Hrsg.): Wirtschaftsrechnungen, Fachserie 15, H. 1: Einkommens- und Verbrauchsstichprobe 1988: Ausstattung privater Haushalte mit langlebigen Gebrauchsgütern. Stuttgart: Metzler-Poeschel, 1990

StBA - Statistisches Bundesamt (Hrsg.): Wert der Haushaltsproduktion 1992. In: Wirtschaft und Statistik (1994), H. 8, S. 597–612

StBA - Statistisches Bundesamt (Hrsg.): Die Zeitverwendung der Bevölkerung: Tabellenband I: Methode und erste Ergebnisse der Zeitbudgeterhebung 1991/92. Wiesbaden: o.V., 1995a

StBA - Statistisches Bundesamt (Hrsg.): Die Zeitverwendung der Bevölkerung: Tabellenband II: Ergebnisse der Zeitbudgeterhebung 1991/92 - Allgemeiner Überblick. Wiesbaden: o.V., 1995b

StBA - Statistisches Bundesamt (Hrsg.): Die Zeitverwendung der Bevölkerung: Tabellenband III: Ergebnisse der Zeitbudgeterhebung 1991/92 - Familie und Haushalt. Wiesbaden: o.V., 1995c

StBA - Statistisches Bundesamt (Hrsg.): Die Zeitverwendung der Bevölkerung: Tabellenband IV: Ergebnisse der Zeitbudgeterhebung 1991/92 - Allgemeiner Überblick - Erwerbstätigkeit und Freizeit. Wiesbaden: o.V., 1995d

StBA - Statistisches Bundesamt (Hrsg.): Statistisches Jahrbuch für die Bundesrepublik Deutschland 1996. Stuttgart: Metzler-Poeschel, 1996

StBA - Statistisches Bundesamt (Hrsg.): Wirtschaftsrechnungen, Fachserie 15, H. 4: Einkommens- und Verbrauchsstichprobe 1993. Stuttgart: Metzler-Poeschel, 1997

Steierwald, G.; Künne, H.-D. (Hrsg.): Stadtverkehrsplanung: Grundlagen, Methoden, Ziele. Berlin: Springer, 1993

Steinkohl, F.; Knoepffler, N.; Bujnoch, S. (Hrsg.): Auto-Mobilität als gesellschaftliche Herausforderung. München: Utz, 1999

Stiftung Verbraucherinstitut (Hrsg.): Der Stau sind wir: Automobilität und neue Leitbilder. Berlin: o.V., 1998

Stopher, P.; Lee-Gosselin, M. (Hrsg.): Understanding Travel Behavior in an Era of Change. Oxford, New York, Tokyo: Pergamon, 1997

Tschammer-Osten, B.: Haushaltswissenschaften: Einführung in die Betriebswirtschaftslehre des privaten Haushalts. Stuttgart: Fischer, 1979

TU Dresden, Fakultät Verkehrswissenschaften «Friedrich List» (Hrsg.): Integrierte Mobilitätsforschung - Herausforderung für die Interdisziplinäre Zusammenarbeit, Verkehrswissenschaftliche Tage 04. und 05. Juni 1998 (Tagungssektion I Wirtschaft und Verkehr). Dresden: o.V., 1998

VDV - Verband Deutscher Verkehrsunternehmen (Hrsg.): Mobilität in Deutschland. Köln: o.V., 1991

Verbraucher-Zentrale Nordrhein-Westfalen e.V. (Hrsg.): Zeitmanagement im Haushalt. Düsseldorf: o.V., 1995

Vester, H.-G.: Zeitalter der Freizeit: Eine Bestandsaufnahme. Darmstadt: Wissenschaftliche Buchgesellschaft, 1988

Warnecke, P.: Ökonomische Rationalität und Haushaltsbuchführung: Kritik von Haushaltsbuchführungssystemen und Entwicklung eines Haushaltsführungsbuchs auf empirischer Grundlage. Frankfurt/M.: Peter Lang, 1997

Waschke, T.: Perspektiven der Freizeitmobilität: Arbeitszeitentwicklung und Freizeitverhalten. In: Straßen und Verkehr 2000: Internationale Straßen- und Verkehrskonferenz, 6. bis 9. September 1988 (Tagungsband). Berlin: o.V., 1988

Weizsäcker, E. U. v.: Erdpolitik: Ökologische Realpolitik an der Schwelle zum Jahrhundert der Umwelt. 4. Aufl.. Darmstadt: Wissenschaftliche Buchgesellschaft, 1994

Wermuth, M.; Maerschalk, G.; Brög, W.: Verfahren zur Gewinnung repräsentativer Ergebnisse aus schriftlichen Haushaltsbefragungen zum Verkehrsverhalten. Forschungsberichte aus dem Forschungsprogramm des Bundesministers für Verkehr und der Forschungsgesellschaft für Straßen und Verkehrswesen e.V., H. 424. Bonn-Bad Godesberg: o.V., 1984

Witt, D.; Zettl, W.: Möglichkeiten der Beeinflussung von Verkehrsströmen durch eine differenzierte Mineralölsteuer und eine Ballungsabgaben. In: Raumforschung und Raumordnung (1976), H. 1/2, S. 15–25

Witt, D., Wicher, J.: Auswirkungen von Infrastruktureinrichtungen auf das Siedlungsverhalten privater Haushalte: Allgemeine theoretische Überlegungen, ergänzt durch eine empirische Untersuchung bei Beschäftigten der Münchner Flughafengesellschaft. In: Akademie für Raumforschung und Raumplanung (Hrsg.): Landesentwicklungspolitik und Stadtregionen in Bayern (Arbeitsmaterial Nr. 173). Hannover: o.V., 1990

Witt, D.: Die Deckung von Mobilitätsbedürfnissen der Bevölkerung im ländlichen Raum als Beitrag zur Standortqualität. In: Akademie für Raumforschung und Raumplanung (Hrsg.): Sicherung des Wirtschaftsstandortes Bayern durch Landesentwicklung (Arbeitsmaterial Nr. 237). Hannover: o.V., 1997

Zängler, Th.; Karg, G.: Makroökonomische Analyse der Entwicklung des privaten Personenverkehrs in der Bundesrepublik Deutschland. In: Hauswirtschaft und Wissenschaft 45 (1997), H. 5, S. 202-207

Zängler, Th.; Karg, G.; Sumpf, J.: Ein mikroökonomischer Ansatz zur Analyse der Mobilität privater Haushalte. In: VDI (Hrsg.): Gesamtverkehrsforum 1998: Tagung in Braunschweig 05./06. März 1998 (VDI Berichte 1372), S. 1-11. Düsseldorf: VDI-Verlag, 1998

Zumkeller, D.: Sind Telekommunikation und Verkehr voneinander abhängig? Ein integrierter Raumüberwindungskontext. In: Internationales Verkehrswesen 49 (1997), S. 16–21

Anhang A
Erhebungsunterlagen

Landsberger Straße 338
80687 München

Haushaltsfragebogen

Wichtig für alle Haushalte!

Bitte füllen Sie zuerst diesen Haushaltsfragebogen aus.
Sollten Sie Rückfragen haben, wenden Sie sich bitte an die **Infratest Burke Verkehrsforschung:**

Telefon (089) 5600-236
Wir rufen Sie gerne zurück.

Unser Telefon ist werktags von 9-12 Uhr und von 13-20 Uhr, samstags von 10-17 Uhr besetzt.

Bitte senden Sie die ausgefüllten Wegetagebücher und diesen Haushaltsfragebogen möglichst bald zurück.
Sie tragen damit entscheidend zum Erfolg dieser wichtigen Erhebung bei. Ein Freiumschlag ist beigefügt.

Wichtig für Mehrpersonen-Haushalte!

Im Mehrpersonen-Haushalt sollte diesen Fragebogen diejenige Person beantworten, die den besten Überblick über den Haushalt hat.

Beim Ausfüllen der Unterlagen können Sie sich auch gegenseitig austauschen.
Für jede Person ab 10 Jahren in Ihrem Haushalt gibt es auch ein Wegetagebuch mit Personenfragebogen.
Falls Kinder in Ihrem Haushalt leben, bitten wir Sie, ihnen beim Ausfüllen der Unterlagen zu helfen.

Bitte bei allen Fragen Zutreffendes ankreuzen!

1. **Wo wohnen Sie?**

Im Zentrum / inneren Stadtbereich einer Großstadt (über 100.000 Einwohner) .... ☐
Am Stadtrand / in einem Vorort einer Großstadt .... ☐
Im inneren Stadtbereich einer mittelgroßen Stadt (20.000 bis 100.000 Einwohner) .... ☐
Am Stadtrand / in einem Vorort einer mittelgroßen Stadt .... ☐
In einer Kleinstadt / einer großen Gemeinde (5.000 bis 20.000 Einwohner) .... ☐
Auf dem Land / in einer kleinen Landgemeinde .... ☐

2. **Wohnt Ihr Haushalt gegenwärtig...?**

zur Miete .... ☐ ► in Untermiete .... ☐
in einer gemieteten Wohnung .... ☐
in einem gemieteten Haus (auch Reihenhaus / Doppelhaushälfte) .... ☐

als Eigentümer .... ☐ ► in einer Eigentumswohnung .... ☐
in einem landwirtschaftlichen Anwesen .... ☐
im eigenen Haus (auch Reihenhaus / Doppelhaushälfte) .... ☐

3. **Wie viele Personen leben ständig in Ihrem Haushalt (Sie selbst mit eingeschlossen)?**

Anzahl der Personen gesamt .... ☐
davon: Kinder unter 10 Jahren .... ☐

Proj. Nr. 0929685

01

Bitte geben Sie in den Fragen 4 a bis 4 g alle Personen an, die ständig in Ihrem Haushalt leben, und zwar nach dem Alter geordnet.
(Falls in Ihrem Haushalt mehr als 6 Personen leben, machen Sie die Angaben bitte für die 6 ältesten Personen.)

Für jede Person ist eine eigene Spalte vorgesehen:

	älteste Person	zweitälteste Person	drittälteste Person	viertälteste Person	fünftälteste Person	sechstälteste Person
4 a Vorname						
Männlich	☐	☐	☐	☐	☐	☐
Weiblich	☐	☐	☐	☐	☐	☐
Geburtsjahr	19	19	19	19	19	19
Staatsangehörigkeit						
Ledig	☐	☐	☐	☐	☐	☐
Verheiratet	☐	☐	☐	☐	☐	☐
Geschieden/getrennt lebend	☐	☐	☐	☐	☐	☐
Verwitwet	☐	☐	☐	☐	☐	☐
4 b (Nur für Mehrpersonen-Haushalte)						
Welche Person...?						
sind Sie selbst	☐	☐	☐	☐	☐	☐
Welche Person ist Ihr(e)...?						
Ehepartner(in) / Ihr(e) Lebensgefährte(in) / Freund(in)	☐	☐	☐	☐	☐	☐
(Schwieger-)Sohn / Tochter	☐	☐	☐	☐	☐	☐
Enkel / Urenkel	☐	☐	☐	☐	☐	☐
(Schwieger-)Vater / Mutter	☐	☐	☐	☐	☐	☐
andere Verwandte	☐	☐	☐	☐	☐	☐
nicht verwandte Person	☐	☐	☐	☐	☐	☐
4 c Welches ist der jeweils höchste (allgemeine) Schulabschluß?						
Volks- / Hauptschule	☐	☐	☐	☐	☐	☐
Mittlerer Schulabschluß / Mittlere Reife	☐	☐	☐	☐	☐	☐
Abitur / Fachabitur	☐	☐	☐	☐	☐	☐
Sonstiger Abschluß:	☐	☐	☐	☐	☐	☐
	☐	☐	☐	☐	☐	☐
(Noch) kein Abschluß	☐	☐	☐	☐	☐	☐
4 d Was ist der letzte berufliche Abschluß?						
Lehre	☐	☐	☐	☐	☐	☐
Meister / Techniker	☐	☐	☐	☐	☐	☐
Hochschule / Fachhochschule	☐	☐	☐	☐	☐	☐
Sonstiger Abschluß:	☐	☐	☐	☐	☐	☐
	☐	☐	☐	☐	☐	☐
(Noch) kein Abschluß	☐	☐	☐	☐	☐	☐

4e Was trifft zu?

berufstätig als...	älteste Person	zweitälteste Person	drittälteste Person	viertälteste Person	fünftälteste Person	sechstälteste Person
Arbeiter(in) / Facharbeiter(in)	☐	☐	☐	☐	☐	☐
Angestellte(r)	☐	☐	☐	☐	☐	☐
Beamter(in) / Richter(in) / Zeitsoldat	☐	☐	☐	☐	☐	☐
selbständiger Landwirt (auf eigenem Hof)	☐	☐	☐	☐	☐	☐
selbständig / freiberuflich tätig	☐	☐	☐	☐	☐	☐
mithelfende(r) Familienangehörige(r)	☐	☐	☐	☐	☐	☐
sonstiges ______	☐	☐	☐	☐	☐	☐
Ausbildung...						
in einer Berufsausbildung / Lehre	☐	☐	☐	☐	☐	☐
in Schule / Berufsschule	☐	☐	☐	☐	☐	☐
an einer (Fach-)Hochschule / Universität	☐	☐	☐	☐	☐	☐
Falls Person(en) nicht berufstätig und nicht in Ausbildung ist / sind:						
Hausfrau / Hausmann	☐	☐	☐	☐	☐	☐
in Rente / in Pension	☐	☐	☐	☐	☐	☐
zur Zeit arbeitslos	☐	☐	☐	☐	☐	☐

4f Lage des derzeitigen Arbeits-/ Ausbildungsplatzes, der (Hoch-) Schule oder des Kindergartens?

Trifft nicht zu	☐	☐	☐	☐	☐	☐
Im inneren Stadtbereich einer Großstadt (über 100.000 Einwohner)	☐	☐	☐	☐	☐	☐
Am Stadtrand / in einem Vorort einer Großstadt	☐	☐	☐	☐	☐	☐
Im inneren Stadtbereich einer mittelgroßen Stadt	☐	☐	☐	☐	☐	☐
Am Stadtrand / in einem Vorort einer mittelgroßen Stadt	☐	☐	☐	☐	☐	☐
In einer Kleinstadt / einer großen Gemeinde (5.000 bis 20.000 Einw.)	☐	☐	☐	☐	☐	☐
Auf dem Land / in einer kleinen Landgemeinde	☐	☐	☐	☐	☐	☐

4g Urlaubsreisen der Person in den letzten 12 Monaten?

	(Anzahl)	(Anzahl)	(Anzahl)	(Anzahl)	(Anzahl)	(Anzahl)
Wie viele Reisen? (mit 4 Übernachtungen und mehr)	☐☐	☐☐	☐☐	☐☐	☐☐	☐☐

davon Reisen mit... (Verkehrsmittel der Anreise zum Urlaubsziel, Mehrfachnennungen möglich!)	(Anzahl)	(Anzahl)	(Anzahl)	(Anzahl)	(Anzahl)	(Anzahl)
dem Pkw	☐☐	☐☐	☐☐	☐☐	☐☐	☐☐
der Eisenbahn	☐☐	☐☐	☐☐	☐☐	☐☐	☐☐
dem Bus	☐☐	☐☐	☐☐	☐☐	☐☐	☐☐
dem Flugzeug	☐☐	☐☐	☐☐	☐☐	☐☐	☐☐
sonstigen Verkehrsmitteln: ______	☐☐	☐☐	☐☐	☐☐	☐☐	☐☐

03

5. Gibt es in der näheren Umgebung Ihrer Wohnung, also im Umkreis von 1 bis 2 Kilometern (das sind 15 bis 20 Minuten Fußweg)...?

	Ja	Nein	nächste Entfernung von zuhause
Einkaufsmöglichkeiten für den täglichen Bedarf (z. B. Lebensmittel) ...	☐	☐ ▶	☐ km
Einkaufsmöglichkeiten für andere Dinge (z. B. Kleidung)	☐	☐ ▶	☐ km
Cafés / Kneipen / Restaurants	☐	☐ ▶	☐ km
ein Kino	☐	☐ ▶	☐ km
ein Theater	☐	☐ ▶	☐ km
eine Disco / ein Tanzlokal	☐	☐ ▶	☐ km
einen Sportverein	☐	☐ ▶	☐ km
Behörden (z. B. Rathaus, Gemeindeamt)	☐	☐ ▶	☐ km
einen Hausarzt	☐	☐ ▶	☐ km
eine Sozialstation / Altentagesstätte	☐	☐ ▶	☐ km
eine Grundschule	☐	☐ ▶	☐ km
eine weiterführende Schule	☐	☐ ▶	☐ km
eine Wertstoffsammelstelle (z. B. Altglas-Container)	☐	☐ ▶	☐ km

6 a Wie häufig...?

	Täglich	mehrmals pro Woche	ca. 1 x pro Woche	ca. 1–2 x pro Monat	seltener	nie
essen Sie außer Haus (ohne Kantine)	☐	☐	☐	☐	☐	☐
lassen Sie sich fertige Speisen von einem Heimservice liefern (z. B. Pizzaservice)	☐	☐	☐	☐	☐	☐
lassen Sie sich Tiefkühlkost liefern	☐	☐	☐	☐	☐	☐
lassen Sie sich Getränke liefern	☐	☐	☐	☐	☐	☐
bringen Sie Wäsche in eine Reinigung / einen Waschsalon / eine Wäscherei	☐	☐	☐	☐	☐	☐
kauft eine bezahlte Haushaltshilfe für Sie ein	☐	☐	☐	☐	☐	☐
unterstützt Sie eine bezahlte Haushaltshilfe / Putzhilfe bei der Hausarbeit	☐	☐	☐	☐	☐	☐

6 b Wie häufig helfen Ihnen Freunde, Verwandte oder Nachbarn unentgeltlich oder höchstens gegen Aufwandsentschädigung...?

	Täglich	mehrmals pro Woche	ca. 1 x pro Woche	ca. 1–2 x pro Monat	seltener	nie
beim Einkaufen	☐	☐	☐	☐	☐	☐
bei handwerklichen Tätigkeiten	☐	☐	☐	☐	☐	☐
beim Wäschewaschen	☐	☐	☐	☐	☐	☐
bei der sonstigen Hausarbeit	☐	☐	☐	☐	☐	☐
sonstige Hilfe: ☐	☐	☐	☐	☐	☐	☐
☐	☐	☐	☐	☐	☐	☐

6c Werden Reparaturen in der Wohnung / im Haus...?

überwiegend durch bezahlte Handwerker ausgeführt ☐
überwiegend selbst ausgeführt ☐
teilweise selbst / teilweise durch Handwerker ausgeführt ☐

6d Wie oft werden in Ihrem Haushalt Dinge aus Versandkatalogen bestellt?

Öfter als 1 x pro Monat ☐
Ca. 1 x pro Monat ☐
Seltener ☐
Nie ☐

Bitte beachten: Haushalte ohne Kind bitte weiter mit Frage 8!

7. Nur für Haushalte mit Kind(ern)
Wie häufig nutzen Sie folgende Möglichkeiten der Kinderbetreuung?

7a Kinderbetreuung bei Ihnen zuhause

	Betreuung durch Freunde/Verwandte (z.B. Großeltern)	Tagesmutter/Pflegemutter	bezahlte(r) Babysitter
täglich	☐	☐	☐
mehrmals wöchentlich	☐	☐	☐
ca. 1 x pro Woche	☐	☐	☐
ca. 1 – 2 x pro Monat	☐	☐	☐
seltener	☐	☐	☐
nie	☐	☐	☐

7b Kinderbetreuung außer Haus

	Kinderkrippe/Kindergarten/Kinderhort	Betreuung durch Freunde/Verwandte (z.B. Großeltern)	Tagesmutter/Pflegemutter	bezahlte(r) Babysitter
täglich	☐	☐	☐	☐
mehrmals wöchentlich	☐	☐	☐	☐
ca. 1 x pro Woche	☐	☐	☐	☐
ca. 1 – 2 x pro Monat	☐	☐	☐	☐
seltener	☐	☐	☐	☐
nie	☐	☐	☐	☐
Wie viele Kilometer sind Sie dafür in der Regel unterwegs (einfache Entfernung von zuhause)?	____ km	____ km	____ km	____ km
Welche(s) Verkehrsmittel benutzen Sie für diesen Zweck?				
Zu Fuß	☐	☐	☐	☐
Fahrrad	☐	☐	☐	☐
Pkw	☐	☐	☐	☐
Bus / Straßenbahn	☐	☐	☐	☐
U- / S-Bahn	☐	☐	☐	☐
Eisenbahn	☐	☐	☐	☐
Sonstiges, und zwar: ____	☐	☐	☐	☐

8. Lebt in Ihrem Haushalt eine dauerhaft pflegebedürftige Person?

Nein .... ☐ ► *Weiter mit Frage 9!*

Ja .... ☐ ► Geburtsjahr 19 ☐☐

Welche Möglichkeiten nutzen Sie zur Versorgung und Pflege der Person?

Transportdienste .... ☐
Zivildienstleistende .... ☐
Mobile Kranken- / Pflegedienste .... ☐
Sonstige, und zwar: .... ☐

9 a Wird in Ihrem Haushalt mindestens ein Pkw / Kombi etc. benutzt?

Nein .... ☐ ► *Weiter mit Frage 10!*

Ja .... ☐

9 b Bitte beschreiben Sie das (die) Automobil(e) in Ihrem Haushalt (auch privat nutzbare Firmenfahrzeuge, Leasing-Autos). Die Angaben finden Sie in Ihrem Fahrzeugschein.
Falls Sie mehr als 4 Autos im Haushalt nutzen, machen Sie bitte die Angaben für die 4 Wagen, mit denen am häufigsten gefahren wird.
Verwenden Sie bitte im **Wegetagebuch** die gleichen Pkw-Nummern.

	1. Wagen (Pkw-Nr. 1)	**2. Wagen** (Pkw-Nr. 2)	**3. Wagen** (Pkw-Nr. 3)	**4. Wagen** (Pkw-Nr. 4)
Hersteller / Marke (z.B. VW, Opel)	☐	☐	☐	☐
Typ (z.B. Golf, Astra)	☐	☐	☐	☐
Hubraum	☐ ccm	☐ ccm	☐ ccm	☐ ccm
Baujahr	19 ☐☐	19 ☐☐	19 ☐☐	19 ☐☐

9 c Was trifft für diese(n) Wagen zu?

Pkw	☐	☐	☐	☐
Kombi	☐	☐	☐	☐
Kleinbus / Van	☐	☐	☐	☐
Sonderfahrzeug / Wohnmobil / Campingbus	☐	☐	☐	☐
Katalysator vorhanden	☐	☐	☐	☐
Gebraucht gekauft	☐	☐	☐	☐
Neu gekauft	☐	☐	☐	☐
Leasingwagen	☐	☐	☐	☐
Privat nutzbarer Dienst-/Firmenwagen	☐	☐	☐	☐
Welcher Kraftstoff wird getankt?				
Normal-Benzin	☐	☐	☐	☐
Super (Plus)	☐	☐	☐	☐
Diesel	☐	☐	☐	☐
durchschnittlicher Kraftstoffverbrauch? ..	☐,☐ l/100 km	☐,☐ l/100 km	☐,☐ l/100 km	☐,☐ l/100 km
Wie viele km wird der Wagen pro Jahr gefahren?	☐ km	☐ km	☐ km	☐ km

06

9 d Wo stellen Sie den Pkw gewöhnlich zuhause ab?

	1. Wagen (Pkw-Nr. 1)	2. Wagen (Pkw-Nr. 2)	3. Wagen (Pkw-Nr. 3)	4. Wagen (Pkw-Nr. 4)
In einer Garage	☐	☐	☐	☐
Auf einem reservierten Stellplatz im Freien	☐	☐	☐	☐
Am Straßenrand	☐	☐	☐	☐
Sonstiges	☐	☐	☐	☐

10. Wie schwierig ist es, in Ihrer näheren Umgebung einen Parkplatz am Straßenrand zu finden?

Sehr schwierig ☐
Schwierig ☐
Nicht besonders schwierig ☐
Überhaupt nicht schwierig ☐

11 a Welche der folgenden Haltestellen sind für Sie zu Fuß erreichbar?

	Nein	Ja	Entfernung	Dauer
Bus	☐	☐ ▶	☐ km	☐ Minuten Fußweg
Straßenbahn	☐	☐ ▶	☐ km	☐ Minuten
U-Bahn	☐	☐ ▶	☐ km	☐ Minuten
S-Bahn	☐	☐ ▶	☐ km	☐ Minuten
Eisenbahn	☐	☐ ▶	☐ km	☐ Minuten

Falls Sie mindestens eine Haltestelle / einen Bahnhof zu Fuß erreichen können ▶ Weiter mit Frage 11 c!

11 b Kann man von Ihrer Wohnung aus eine Haltestelle / einen Bahnhof (z. B. mit Park and Ride-Stellplatz) erreichen, wenn man ein Auto oder ein Fahrrad benutzt?

	Nein	Ja	Entfernung	Dauer
Mit dem Auto	☐	☐ ▶	☐ km	☐ Minuten Autofahrt
Mit dem Fahrrad	☐	☐ ▶	☐ km	☐ Minuten radfahren

11 c Wie zufrieden sind Sie mit dieser Anbindung?

Sehr zufrieden ☐
Insgesamt zufrieden ☐
Sollte verbessert werden ☐

12. Sind in Ihrem Haushalt folgende Geräte / Möglichkeiten vorhanden?

Gefrierschrank/-truhe	☐	Anrufbeantworter	☐
Mikrowellengerät	☐	Faxgerät	☐
Waschmaschine	☐	BTX	☐
Wäschetrockner	☐	Homecomputer / PC	☐
Nähmaschine	☐	Internet-Anschluß	☐
elektrische Heimwerkergeräte	☐	Telebanking / Teleshopping	☐
Videorecorder	☐		

13. (Nur falls Sie ein Haustier haben)

Haben Sie ...?

einen Hund / mehrere Hunde ☐

ein anderes Tier / mehrere andere Tiere ☐

14. Welche der folgenden Freizeitziele stehen Ihrem Haushalt ständig zur Verfügung?

	Nein	Ja	Entfernung von der Wohnung	für den Weg dorthin benutzte Verkehrsmittel: zu Fuß	Pkw	öffentl. Verkehrsmittel	Sonstige
Ein Wochenend-/Ferienhaus, eine Almhütte etc.	☐	☐ ►	____ km	☐	☐	☐	____
Ein Wohnwagen auf einem festen Stellplatz	☐	☐ ►	____ km	☐	☐	☐	____
Ein Nutz-/Schrebergarten (außerhalb des Wohngrundstücks)	☐	☐ ►	____ km	☐	☐	☐	____
Sonstiges, und zwar: ____	☐	☐ ►	____ km	☐	☐	☐	____

15. Wenn Sie alles zusammenzählen, was Sie und die anderen Haushaltsmitglieder zusammen in einem durchschnittlichen Monat an Netto-Einnahmen* beziehen, zu welcher Einkommensgruppe gehören Sie?

Bis unter 2.000 DM ☐

2.000 bis unter 3.000 DM ☐

3.000 bis unter 4.000 DM ☐

4.000 bis unter 5.000 DM ☐

5.000 bis unter 7.000 DM ☐

7.000 DM und mehr ☐

* Das ist das Brutto-Einkommen, also alle Löhne und Gehälter, Einkommen aus selbständiger Tätigkeit, Renten, Pensionen, Sozialhilfe, Arbeitslosengeld und -hilfe, Wohngeld, Kindergeld, Mieteinnahmen usw. abzüglich Lohnsteuer und Sozialversicherungsbeiträge.

Bitte senden Sie die ausgefüllten Wegetagebücher und diesen Haushaltsfragebogen möglichst bald zurück.

Vielen Dank für Ihre Mitarbeit!

0 8

Personen-Fragebogen

Bevor Sie die Befragungsunterlagen zurückschicken, möchten wir Sie bitten, noch einige allgemeine Angaben zu Ihrer Person und zu Ihrer Mobilität zu machen.

Bitte bei allen Fragen Zutreffendes ankreuzen!

1a Verliefen die Tage, über die Sie berichtet haben, mehr oder weniger wie immer oder gab es Besonderheiten?

Mehr oder weniger wie immer .... ☐ ▶ *Weiter mit Frage 1b!*

		Wochentag(e)	Datum
Nicht wie immer	☐		
Krankheit	☐		
Auto in der Werkstatt	☐		
Urlaub	☐		

Andere Besonderheiten:

		Wochentag(e)	Datum
	☐		
	☐		
	☐		

Bitte notieren

Wichtiger Hinweis:

Falls Sie am letzten Erhebungstag über 24.00 Uhr hinaus unterwegs waren, tragen Sie bitte noch Ihre Wege bis 4.00 Uhr des folgenden Tages ins Wegetagebuch ein.

1b Bitte geben Sie alle Erhebungstage an, an denen Sie überhaupt nicht unterwegs waren!

Wochentag(e)	Datum

2a Haben Sie eine...?

	Nein	Ja	Wann erworben?
Pkw-Fahrerlaubnis (Führerschein Klasse 3)	☐	☐ ▶	19 ☐☐
Motorrad-Fahrerlaubnis (Führerschein Klasse 1 / 1a / 1b)	☐	☐ ▶	19 ☐☐
Lkw-Fahrerlaubnis (Führerschein Klasse 2)	☐	☐ ▶	19 ☐☐

Falls Sie keine Pkw-Fahrerlaubnis (Führerschein Klasse 3) haben: ▶ *Weiter mit Frage 3!*

2b Was trifft für Sie zu?

In Ihrem Haushalt gibt es einen Pkw, den...

überwiegend Sie als Fahrer(in) benutzen ☐

Sie nach Absprache als Fahrer(in) benutzen können ☐

Sie haben persönlich einen Dienst-/Firmenwagen, den Sie auch privat nutzen können ☐

2c Beschreiben Sie bitte den Wagen, den Sie am häufigsten als Fahrer(in) privat benutzen!

Hersteller/Marke (z. B. VW, Opel) ☐

Typ / Modell (z. B. Golf, Astra) ☐

Baujahr 19 ☐☐

3. Was trifft für Sie zu?

	nein	ja
Sie beteiligen sich regelmäßig an Fahrgemeinschaften mit Kollegen oder Freunden	☐	☐
Sie sind Mitglied in einer Car-Sharing-Institution	☐	☐
Sie verfügen über eine Monatskarte / andere Netzkarte / Schülerkarte / Grüne Karte z. B. für einen Verkehrsverbund	☐	☐
Sie verfügen über eine BahnCard	☐	☐
Sie nutzen Sonderangebote der Bahn (z. B. „Schönes-Wochenende-Ticket“)	☐	☐

4. Welche der folgenden Verkehrsmittel nutzen Sie?	Pkw (auch als Mitfahrer(in))	Fahrrad		Mofa/Moped/ Motorroller/Motorrad	
4a Steht mir zur Verfügung	☐	☐		☐	
4b Benutze ich...		in der kalten Jahreszeit	in der warmen Jahreszeit	in der kalten Jahreszeit	in der warmen Jahreszeit
täglich	☐	☐	☐	☐	☐
mehrmals pro Woche	☐	☐	☐	☐	☐
ca. 1 x pro Woche	☐	☐	☐	☐	☐
ca. 1 – 2 x pro Monat	☐	☐	☐	☐	☐
seltener	☐	☐	☐	☐	☐
nie	☐	☐	☐	☐	☐

4c Für welche Zwecke?	Pkw (auch als Mitfahrer(in))	Fahrrad in der kalten Jahreszeit	Fahrrad in der warmen Jahreszeit	Mofa/Moped/ Motorroller/Motorrad in der kalten Jahreszeit	Mofa/Moped/ Motorroller/Motorrad in der warmen Jahreszeit
Fahrt zur Arbeit	☐	☐	☐	☐	☐
Fahrt zum Ausbildungsort	☐	☐	☐	☐	☐
Fahrt zum Einkaufen	☐	☐	☐	☐	☐
Mache Besuche damit	☐	☐	☐	☐	☐
Fahrt in eine Stadt / Innenstadt	☐	☐	☐	☐	☐
Fahren als sportliche Betätigung	☐	☐	☐	☐	☐
Mache Touren damit	☐	☐	☐	☐	☐
Fahrt zu nahegelegenen Freizeitzielen	☐	☐	☐	☐	☐
Mache Tagesausflüge damit	☐	☐	☐	☐	☐
Mache Urlaub damit	☐	☐	☐	☐	☐
Fahre gerne mal damit herum	☐	☐	☐	☐	☐
Sonstige, und zwar: ______	☐	☐	☐	☐	☐
______	☐	☐	☐	☐	☐
______	☐	☐	☐	☐	☐

5. Welche der folgenden öffentlichen Verkehrsmittel nutzen Sie?

5a Ich benutze…	Bus/Straßenbahn	U-Bahn/ S-Bahn	Eisenbahn	Taxi	Schiff	Flugzeug
täglich	☐	☐	☐	☐	☐	☐
mehrmals pro Woche	☐	☐	☐	☐	☐	☐
ca. 1 x pro Woche	☐	☐	☐	☐	☐	☐
ca. 1 – 2 x pro Monat	☐	☐	☐	☐	☐	☐
seltener	☐	☐	☐	☐	☐	☐
nie	☐	☐	☐	☐	☐	☐

5b Für welche Zwecke?	Bus/Straßenbahn	U-Bahn/ S-Bahn	Eisenbahn	Taxi	Schiff	Flugzeug
Fahrt zur Arbeit	☐	☐	☐	☐	☐	☐
Fahrt zum Ausbildungsort	☐	☐	☐	☐	☐	☐
Fahrt zum Einkaufen	☐	☐	☐	☐	☐	☐
Mache Besuche damit	☐	☐	☐	☐	☐	☐
Fahre in eine Stadt / Innenstadt	☐	☐	☐	☐	☐	☐
Fahrt zu nahegelegenen Freizeitzielen	☐	☐	☐	☐	☐	☐
Mache Tagesausflüge damit	☐	☐	☐	☐	☐	☐
Mache Urlaub damit	☐	☐	☐	☐	☐	☐
Fahre gerne mal damit herum	☐	☐	☐	☐	☐	☐
Sonstige, und zwar: ______	☐	☐	☐	☐	☐	☐
______	☐	☐	☐	☐	☐	☐
______	☐	☐	☐	☐	☐	☐
______	☐	☐	☐	☐	☐	☐

6. Was tun Sie gerne nebenbei, wenn Sie mit folgenden Verkehrsmitteln unterwegs sind?

	Pkw	öffentliche Verkehrsmittel	Fahrrad	Mofa/Moped/ Motorroller/Motorrad
Sich mit Mitfahrern unterhalten	☐	☐	☐	☐
Die Landschaft betrachten	☐	☐	☐	☐
Die Geschwindigkeit genießen	☐	☐	☐	☐
(Als Beifahrer) etwas lesen	☐	☐	☐	☐
Radio / Walkman oder ähnliches hören	☐	☐	☐	☐
Telefonieren	☐	☐	☐	☐
Arbeiten, lernen	☐	☐	☐	☐
Handarbeiten	☐	☐	☐	☐
Sonstiges ______	☐	☐	☐	☐
______	☐	☐	☐	☐

7a Wie oft geraten Sie in einen Stau?
(Auch als Mitfahrer(in))

Häufig ☐
Gelegentlich ☐
Selten ☐
Nie ☐ ▶ *Weiter mit Frage 8!*

7b Wo geraten Sie typischerweise in einen Stau?

In der Stadt ☐
Auf der Landstraße ☐
Auf der Autobahn ☐

7c Zu welcher Gelegenheit geraten Sie in einen Stau?

Fahrt zur Arbeit / zum Ausbildungsort bzw. zurück ☐
Am Wochenende ☐
Auf dem Weg in den Urlaub ☐
Auf dienstlichen/geschäftlichen Fahrten ☐
Sonstige ______ ☐

8. Wenn Sie frei Ihren Wohnort wählen könnten, wo würden Sie am liebsten wohnen?

Im Zentrum / Inneren einer Großstadt (über 100.000 Einwohner) ☐
Am Stadtrand / in einem Vorort einer Großstadt ☐
Im inneren Stadtbereich einer mittelgroßen Stadt (20.000 bis 100.000 Einwohner) ☐
Am Stadtrand / in einem Vorort einer mittelgroßen Stadt ☐
In einer Kleinstadt / einer großen Gemeinde (5.000 bis 20.000 Einwohner) ☐
Auf dem Land / in einer kleinen Landgemeinde ☐

9a Denken Sie, daß man etwas für die Umwelt tun könnte, wenn man den Preis für einen Liter Kraftstoff auf etwa 3,00 DM erhöhen würde?

Ja ☐ Nein ☐

9b Warum sind Sie dieser Ansicht?

9c Was müßte sich Ihrer Meinung nach ändern, damit wieder mehr mit öffentlichen Verkehrsmitteln gefahren wird?

9d Was müßte sich Ihrer Meinung nach ändern, damit der Autoverkehr wieder flüssiger wird?

10. Bitte beantworten Sie folgende Fragen für eine durchschnittliche Woche.

	Ausbildung in Schule/Hochschule Berufsausbildung	Arbeit im/für den Haushalt (inkl. Einkaufen, Kinderbetreuung)	Berufstätigkeit	Arbeit auf 610 DM-Basis
10a Welche Tätigkeiten treffen auf Sie zu?	☐	☐	☐	☐
Wieviel Zeit verwenden Sie				
dafür pro Woche insgesamt?	☐ Stunden	☐ Stunden	☐ Stunden	☐ Stunden
davon zuhause	☐ Stunden	☐ Stunden	☐ Stunden	☐ Stunden
	zur Schule/ Hochschule Berufsausbildung	zum Einkaufen/ für Besorgungen	zum Arbeitsplatz	zur Arbeit auf 610 DM-Basis
10b (Einfache) Entfernung von zuhause? ..	☐ km	☐ km	☐ km	☐ km
10c Mit welchem Verkehrsmittel kommen Sie dorthin?				
Zu Fuß	☐	☐	☐	☐
Fahrrad	☐	☐	☐	☐
Mofa, Moped, Motorrad	☐	☐	☐	☐
Pkw	☐	☐	☐	☐
Bus/Straßenbahn	☐	☐	☐	☐
U-Bahn/S-Bahn	☐	☐	☐	☐
Eisenbahn	☐	☐	☐	☐
Sonstiges, und zwar: ☐	☐	☐	☐	☐

11. Wenn Sie an die letzten 12 Monate zurückdenken: Haben Sie folgende unbezahlte Tätigkeiten für Personen übernommen, die nicht mit Ihnen im Haushalt zusammenwohnen?

Bitte beantworten Sie die Fragen auch, wenn Sie eine kleine finanzielle Anerkennung oder ein Taschengeld dafür erhalten haben.

Ja .... ☐ ▼   Nein .... ☐ ▶ *Weiter mit Frage 12!*

11a Welche Tätigkeiten waren das, und für wen?	Verwandte	Freunde	Sonstige Personen
Hilfe bei der Hausarbeit	☐	☐	☐
Einkaufen, Behördengänge etc.	☐	☐	☐
Betreuung von Kindern, Baby-Sitten	☐	☐	☐
Pflege und Betreuung von Erwachsenen	☐	☐	☐
Handwerkliche Hilfe	☐	☐	☐
Sonstiges, und zwar: ________	☐	☐	☐

11b Wie oft waren Sie für diese Personen unterwegs?	Verwandte	Freunde	Sonstige Personen
Täglich	☐	☐	☐
Mehrmals pro Woche	☐	☐	☐
Ca. 1 x pro Woche	☐	☐	☐
Ca. 1 x pro Monat	☐	☐	☐
Seltener	☐	☐	☐

11c Wie weit waren Sie dafür in der Regel (einfach) unterwegs?	ca. ____ km	ca. ____ km	ca. ____ km

11d Welche(s) Verkehrsmittel benutzten Sie, um diesen Personen behilflich zu sein?	Verwandte	Freunde	Sonstige Personen
Zu Fuß	☐	☐	☐
Fahrrad	☐	☐	☐
Mofa, Moped, Motorrad	☐	☐	☐
Pkw	☐	☐	☐
Bus/Straßenbahn	☐	☐	☐
U-Bahn / S-Bahn	☐	☐	☐
Eisenbahn	☐	☐	☐
Sonstiges, und zwar: ________	☐	☐	☐

12a Sind Sie ehrenamtlich aktiv (z. B. in einem oder mehreren Vereinen/Sportvereinen/Verbänden/Kirche/ Religionsgemeinschaft, soziales oder politisches Engagement...)?
Bitte beantworten Sie die Fragen auch, wenn Sie für Ihre Tätigkeit eine Aufwandsentschädigung erhalten.

Ja .... ☐ ▼ Nein .... ☐ ▶ *Weiter mit Frage 13!*

	1. Organisation	2. Organisation	3. Organisation
12b Bei welcher Organisation sind Sie aktiv? (z. B. freiwillige Feuerwehr, Kirchengemeinde, Musik-/Sportverein...)			
12c Welche ehrenamtlichen Aufgaben übernehmen Sie dort? (z. B. Vorsitzende(r), verteile Einladungen, leite Jugendgruppe...)			
12d Wie oft sind Sie dafür unterwegs?			
Täglich	☐	☐	☐
Mehrmals pro Woche	☐	☐	☐
Ca. 1 x pro Woche	☐	☐	☐
Ca. 1 x pro Monat	☐	☐	☐
Seltener	☐	☐	☐
12e Wie weit sind Sie dafür in der Regel (einfach) unterwegs?	ca. ___ km	ca. ___ km	ca. ___ km
12f Welche(s) Verkehrsmittel benutzten Sie für diesen Zweck?			
Zu Fuß	☐	☐	☐
Fahrrad	☐	☐	☐
Mofa, Moped, Motorrad	☐	☐	☐
Pkw	☐	☐	☐
Bus/Straßenbahn	☐	☐	☐
U-Bahn / S-Bahn	☐	☐	☐
Eisenbahn	☐	☐	☐
Sonstiges, und zwar: ______	☐	☐	☐

13a Wieviel Freizeit* haben Sie an einem ...?

13b Wo verbringen Sie Ihre Freizeit?

13a		ausschließlich zuhause	überwiegend zuhause	etwa zu gleichen Teilen zuhause und außer Haus	überwiegend außer Haus	ausschließlich außer Haus
Werktag	☐ Stunden / ganz unterschiedlich .. ☐	☐	☐	☐	☐	☐
Samstag	☐ Stunden / ganz unterschiedlich .. ☐	☐	☐	☐	☐	☐
Sonntag	☐ Stunden / ganz unterschiedlich .. ☐	☐	☐	☐	☐	☐
Feiertag	☐ Stunden / ganz unterschiedlich .. ☐	☐	☐	☐	☐	☐

* die Zeit, die Sie persönlich für Erholung und Abwechslung zur Verfügung haben (z. B. Besuche, Telefonate, Geselligkeit, Lesen, Fernsehen, Spielen, Computerspiele, Freizeitsport, Musik, Kultur, Nichtstun ...).
Zur Freizeit zählen nicht Schlafen, Körperpflege, Arbeit im Haushalt, Kinderbetreuung und -erziehung und ehrenamtliche Tätigkeiten.

13c Was machen Sie am liebsten in Ihrer Freizeit? *(Mehrfachnennungen möglich)*

14. Angenommen, Sie hätten spürbar mehr Zeit zur Verfügung: Was würden Sie damit machen?

Mit der Familie verbringen .... ☐
Mit Freunden verbringen .... ☐
Kulturelle Veranstaltungen, Museen oder ähnliches besuchen .... ☐
Ausflüge machen .... ☐
Reisen unternehmen .... ☐

Sport treiben, und zwar: ☐
Sich engagieren, und zwar für / in: ☐
Sonstiges, und zwar: ☐

15. Was trifft für Tagesreisen/-ausflüge und Kurzreisen zu, die Sie in den letzten 12 Monaten unternommen haben?	Tagesreisen/-ausflüge (keine Übernachtung)	Kurzreisen (1 bis 3 Übernachtungen)
15a Anzahl in den letzten 12 Monaten	ca. ☐	ca. ☐
15b Warum haben Sie diese unternommen?		
Familienfeier etc.	☐	☐
Besuch bei Freunden/Verwandten	☐	☐
Fahrt zu(r) Zweitwohnung/Wochenend- bzw. Ferienhaus/ festem Camping-Stellplatz	☐	☐
Städtereise	☐	☐
Fahrten für Erholung und Sport (z. B. in Wander-/Ski-/Wassersportgebiete)	☐	☐
Dienst-/Geschäftsreise	☐	☐
Sonstiges: ______	☐	☐
______	☐	☐
15c Bevorzugen Sie eher die gleichen Orte?	Nein ☐ Ja ☐	Nein ☐ Ja ☐
15d Wie weit waren Sie dafür in der Regel (einfach) unterwegs?	von ☐ bis ☐ km	von ☐ bis ☐ km
15e Welche(s) Verkehrsmittel benutzten Sie überwiegend?	Tagesreisen/-ausflüge	Kurzreisen
Zu Fuß	☐	☐
Fahrrad	☐	☐
Mofa, Moped, Motorrad	☐	☐
Pkw	☐	☐
Bus/Straßenbahn	☐	☐
U-Bahn / S-Bahn	☐	☐
Eisenbahn	☐	☐
Flugzeug	☐	☐
Sonstiges, und zwar: ______	☐	☐

16. Welche der folgenden Aktivitäten haben Sie in den letzten 4 Wochen außer Haus ausgeübt?

Benutzte(s) Verkehrsmittel (ggf. der Anreise: z. B. mit der S-Bahn zum Wandern)

	trifft zu	zu Fuß	Fahrrad	Pkw	Mofa, Moped, Motorrad	Bus/ Straßenbahn	U-Bahn/ S-Bahn	Eisenbahn	Sonstiges
Freunde, Verwandte oder Bekannte besucht	☐ ▶	☐	☐	☐	☐	☐	☐	☐	
Erholung in der freien Natur	☐ ▶	☐	☐	☐	☐	☐	☐	☐	
Café, Kneipe, Essen gegangen	☐ ▶	☐	☐	☐	☐	☐	☐	☐	
Sportveranstaltung besucht	☐ ▶	☐	☐	☐	☐	☐	☐	☐	
Aktiv Sport „ohne" Verein	☐ ▶	☐	☐	☐	☐	☐	☐	☐	
Aktiv Sport im Sportverein	☐ ▶	☐	☐	☐	☐	☐	☐	☐	
Andere Vereine	☐ ▶	☐	☐	☐	☐	☐	☐	☐	
Fahrt „ins Blaue"	☐ ▶	☐	☐	☐	☐	☐	☐	☐	
Fahrradfahren/Fahrradtouren	☐ ▶	☐	☐	☐	☐	☐	☐	☐	
Wandern/Spazieren gegangen	☐ ▶	☐	☐	☐	☐	☐	☐	☐	
Schrebergarten/Nutzgarten	☐ ▶	☐	☐	☐	☐	☐	☐	☐	
Gottesdienst besucht	☐ ▶	☐	☐	☐	☐	☐	☐	☐	
Friedhof besucht	☐ ▶	☐	☐	☐	☐	☐	☐	☐	
Kleidung gekauft	☐ ▶	☐	☐	☐	☐	☐	☐	☐	
Ausgiebigen Einkaufsbummel	☐ ▶	☐	☐	☐	☐	☐	☐	☐	
Erledigung bei einer Bank/ Sparkasse	☐ ▶	☐	☐	☐	☐	☐	☐	☐	
Abheben beim Geldautomaten	☐ ▶	☐	☐	☐	☐	☐	☐	☐	

Fortsetzung der Frage 16. nächste Seite!

Fortsetzung der Frage 16.

	trifft zu	Benutzte(s) Verkehrsmittel: zu Fuß	Fahrrad	Pkw	Mofa, Moped, Motorrad	Bus/ Straßenbahn	U-Bahn/ S-Bahn	Eisenbahn	Sonstiges
Theater/Konzert	☐ ▶	☐	☐	☐	☐	☐	☐	☐	
Kino	☐ ▶	☐	☐	☐	☐	☐	☐	☐	
Tanzen/Disco	☐ ▶	☐	☐	☐	☐	☐	☐	☐	
Musizieren (Chor/Orchester/ Musikschule/-lehrer)	☐ ▶	☐	☐	☐	☐	☐	☐	☐	
Sonstige Hobbys außer Haus, und zwar:									
	☐ ▶	☐	☐	☐	☐	☐	☐	☐	
	☐ ▶	☐	☐	☐	☐	☐	☐	☐	

17a Angenommen, Staus werden seltener (z. B. durch Neubau oder Ausbau von Straßen oder durch Verkehrsleittechnik).

Wie wird sich der Autoverkehr im Vergleich zu heute entwickeln? Nimmt zu ... ☐ Nimmt ab ... ☐ Bleibt in etwa gleich ... ☐

Platz für Ihre Meinung:

17b Angenommen, die Bahn baut ihr Streckennetz weiter aus, gestaltet das Angebot kundenfreundlicher und hält dabei die Tarife in etwa gleich.

Welche Folgen wird das haben? *(Mehrfachnennungen möglich)*

- Es werden generell wieder mehr Menschen mit der Bahn fahren ☐
- Die Menschen werden wieder mehr Ausflüge und Kurzreisen mit der Bahn machen ☐
- Die Menschen, die weit entfernt vom nächsten Bahnhof wohnen, werden trotzdem lieber die ganze Strecke mit dem Auto fahren ☐
- Die Menschen werden nicht vermehrt mit der Bahn fahren, weil sie andere Verkehrsmittel (z. B. das Auto, das Flugzeug) weiterhin bevorzugen? ☐

Platz für Ihre Meinung:

17c Angenommen, die Situation für das Fahrradfahren verbessert sich (z. B. Ausbau des Fahrradwegenetzes, sicherere Verkehrsführung).

Welche Folgen wird das haben? *(Mehrfachnennungen möglich)*

- Es wird dann generell mehr mit dem Fahrrad gefahren, zum Beispiel auch zur Arbeit und zum Einkaufen ☐
- Es wird das Fahrrad nur in der Freizeit mehr eingesetzt, weil es auch jetzt hauptsächlich für Sport- und Freizeit verwendet wird ☐
- Es wird sich nichts ändern, weil das Fahrradfahren viel zu abhängig vom Wetter ist ☐
- Es wird sich aus anderen Gründen nichts ändern ☐
- Es wird sogar weniger mit dem Fahrrad gefahren, weil es wieder aus der Mode kommt ☐

Platz für Ihre Meinung: ____________

18a Wenn Sie alles zusammenrechnen, was Sie persönlich in einem durchschnittlichen Monat an Netto-Einkommen* beziehen, zu welcher Einkommensgruppe gehören Sie?

bis unter 200 DM ☐	2.000 bis unter 3.000 DM ☐
200 bis unter 700 DM ☐	3.000 bis unter 4.000 DM ☐
700 bis unter 1.200 DM ☐	4.000 bis unter 5.000 DM ☐
1.200 bis unter 2.000 DM ☐	5.000 DM und mehr pro Monat ☐

* das ist das Brutto-Einkommen, also Ihr Lohn oder Gehalt, Einkommen aus selbständiger Tätigkeit, BAFöG, Renten, Pensionen, Sozialhilfe, Arbeitslosengeld und -hilfe, Wohngeld, Kindergeld, Mieteinnahmen usw. abzüglich Lohnsteuer und Sozialversicherungsbeiträge.

18b Angenommen, Sie hätten monatlich doppelt soviel Geld zur Verfügung: Was würden Sie machen? *(Mehrfachnennungen möglich)*

Weniger arbeiten ☐	Reisen unternehmen ☐
Sparen/Altersvorsorge ☐	Kleidung kaufen ☐
Direkte Unterstützung anderer ☐	Neues/neueres bzw. größeres Auto kaufen ☐
Spenden für einen guten Zweck ☐	Technische Geräte kaufen (z. B. PC, Video, Hifi) ☐
Möbel kaufen ☐	Sportgeräte/-artikel kaufen ☐
Besser wohnen ☐	
Haus mieten oder kaufen ☐	Sonstiges, und zwar: ____________ ☐

Vielen Dank für Ihre Teilnahme!

Wochentag: ____

Ihr Weg / Ihre Fahrt

Ab: [ ] Uhr   Entfernung: ca. [ ] km

1. Verkehrsmittel?

- Zu Fuß ☐
- Fahrrad ☐
- Mofa, Moped, Motorrad ☐
- Pkw als Fahrer(in) (Pkw-Nr.___)* ☐
- Pkw als Mitfahrer(in) ☐
- Bus ☐
- Straßenbahn ☐
- U-Bahn ☐
- S-Bahn ☐
- Eisenbahn ☐
- Anderes, und zwar: ☐

* Pkw-Nr. nur eintragen, wenn im Haushalt mehrere Pkw zur Verfügung stehen.

2. Mit wem unterwegs?

- Alleine ☐
- Mit anderen Haushaltsmitgliedern (Anzahl)
  - Kind(er) unter 10 Jahren [ ]
  - Haushaltsmitglieder ab 10 Jahren (z.B. Eltern/Ehepartner/Geschwister) [ ]
- Mit anderen Personen (Anzahl)
  - Verwandte, Nachbarn, Freunde [ ]
  - Kollegen, Mitschüler/-studenten [ ]
  - Sonstige, und zwar: [ ]

3. Warum dieses Verkehrsmittel gewählt?

- Schon vorher damit unterwegs ☐
- Hat sich bewährt/Gewohnheit ☐
- Keine andere Möglichkeit ☐
- Paßt zur Entfernung ☐
- Kürzeste Fahrzeit ☐
- Viel Gepäck ☐
- Ist bequem ☐
- Ist flexibel ☐
- Ist kostengünstig ☐
- Als Sport/zur Bewegung ☐
- Als Freizeiterlebnis ☐
- Wetter gut ☐
- Wetter schlecht ☐
- Andere Gründe, und zwar: ☐

4a War der Weg/die Fahrt...?

- über Land ☐
- innerorts ☐

4b Wie war der Weg/die Fahrt?

- Angenehm ☐
- Durchschnittlich, wie immer ☐
- Anstrengend, unangenehm ☐

4c Besonderheiten

(z.B. Stau, Zug-Verspätung, heftiger Regenguß...): ☐

Ihr Ziel / Ihr Zwischenstop

An: [ ] Uhr

5. Wo angekommen?

- Zuhause ☐
- Am Arbeitsplatz ☐
- Anderer dienstl./geschäftl. bedingter Ort ☐
- Am Ausbildungsort, (Hoch-)Schule ☐
- Lebensmittelgelgeschäft/Supermarkt ☐

} *Weiter m. 6.!*

- Sonstiger Ort ☐

und zwar:

was dort gemacht?

6. Um was für einen Stop handelt es sich?

- Ein relativ kurzer Zwischenstop ☐
- Der bzw. ein Zielort wurde erreicht ☐

7. Was trifft auf diesen Stop/dieses Ziel zu?

- War verpflichtend/mußte (dringend) dort hin ☐
- Hätte ich ein anderes mal erledigen können ☐
- Hatte ich vorher geplant ☐
- War kurzfristig ☐
- Ist mir unterwegs eingefallen ☐
- Lag gerade günstig ☐
- Sonstiges, und zwar: ☐

Von hier aus nächster Weg (auch Rückweg) auf der nächsten Seite!

(Erfassung eines Weges im Mobilitätstagebuch)

Weitere mögliche Antworten auf die Frage 5:

5. Wo angekommen?

Beispiele:

Zuhause .... ☐
Am Arbeitsplatz .... ☐
Anderer di... bedingter Ort ☐
Am Ausb... (Hoch-)Schule .. ☐
Lebensmi...geschäft/Supermarkt .. ☐

Weiter m. 6.!

Sonstiger Ort .... ☒

und zwar: *bei Freunden*
was dort gemacht? *Besuch*

Sonstiger Ort .... ☒

und zwar: *bei einem Freund*
was dort gemacht? *Hilfe beim Heimwerken*

Sonstiger Ort .... ☒

und zwar: *bei kranker Großmutter*
was dort gemacht? *Hilfe bei der Hausarbeit*

Sonstiger Ort .... ☒

und zwar: *zwei Bekleidungsgeschäfte*
was dort gemacht? *Preisvergleich*

Sonstiger Ort .... ☒

und zwar: *Chiemsee*
was dort gemacht? *Segeln*

Sonstiger Ort .... ☒

und zwar: *Restaurant*
was dort gemacht? *Familienfeier*

Sonstiger Ort .... ☒

und zwar: *Sportverein*
was dort gemacht? *Jugendmannschaft trainiert*

usw.

Wichtig:

Ihr Ausgangspunkt

für den ersten Weg/
die erste Fahrt

Das Wegetagebuch beginnt frühestens um **4.00 Uhr morgens des ersten Erhebungstages.**

An welchem Ort beginnt Ihr Wegetagebuch?

Zuhause .... ☐
Am Arbeitsplatz .... ☐
Anderer dienstlich/
geschäftlich bedingter Ort ☐
Sonstiger Ort .... ☐

und zwar:

Von hier aus der erste Weg auf der nächsten Seite!

Falls Sie am letzten Erhebungstag über 24.00 Uhr hinaus unterwegs sind, geben Sie bitte noch Ihre Wege bis 4.00 Uhr des folgenden Tages an.

Bitte beginnen Sie auf der nächsten Seite mit den Eintragungen für Ihren ersten Weg bzw. Ihre erste Fahrt.

Wer soll ein persönliches Wegetagebuch führen?
Alle Personen, die im Haushalt leben und *mindestens 10 Jahre alt* sind, sollen über alle ihre Wege und Fahrten an den Erhebungstagen berichten. Wichtig ist, *dass jedes dieser Haushaltsmitglieder* ein eigenes Wegetagebuch ausfüllt.

Wann ist das Wegetagebuch zu führen?
Das Wegetagebuch soll an den Tagen geführt werden, die Sie dem Aufkleber auf der ersten Seite dieses Wegetagebuches entnehmen können. Es ist für uns *sehr wichtig*, dass Sie und die anderen Haushaltsmitglieder an den *vorgegebenen Tagen* über alle Wege und Fahrten berichten.

Sie können das Wegetagebuch z.B. unterwegs oder an jedem Abend zuhause ausfüllen.

Was ist **wie** einzutragen?
Sie werden zu den Wegen bzw. Fahrten nach Wochentag, Abfahrts- und Ankunftszeiten, Entfernung und Verkehrsmittel(n) gefragt.

Genauso interessieren uns die Ziele der Wege und etwaige Zwischenstopps, die Sie einlegen, um kurz etwas zu erledigen (z.B. jemanden hinbringen oder abholen, eine Zeitung kaufen, tanken, Altglas entsorgen...).

Für *jeden Weg und jede Fahrt*, d.h. auch für die Rückwege, steht Ihnen *jeweils eine neue Seite im Wegetagebuch* zur Verfügung.

Wenn Sie mit *öffentlichen Verkehrsmitteln* fahren und *umsteigen* **oder** wenn Sie mit dem PKW bzw. dem Fahrrad fahren und auf öffentliche Verkehrsmittel umsteigen, kreuzen Sie bitte *alle benutzten Verkehrsmittel* für diesen Weg *auf einer Seite* des Wegetagebuches an.

Bitte beachten Sie hierzu nachfolgende Wege, Fahrten und Tätigkeiten einer Beispielperson.

Beispiel für die ersten 5 Wege/Fahrten im Wegetagebuch

Weg/Fahrt 1: Eine berufstätige Frau verläßt um 7.40 Uhr mit ihrem achtjährigen Sohn das Haus und begleitet ihn zu Fuß zur Schule. Sie kommen um 7.55 Uhr dort an.

Weg/Fahrt 2: Sie fährt von dort um 8.00 Uhr mit Bus und U-Bahn weiter zur Arbeit. Von der U-Bahn-Haltestelle muss sie noch ein wenig zu Fuß gehen. Sie trifft um 8.30 Uhr am Arbeitsplatz ein.

Weg/Fahrt 3: Um 12.30 Uhr beginnt Sie von Ihrer Firma aus den Rückweg (zu Fuß, mit U-Bahn und Bus). Unterwegs fällt ihr ein, dass sie dringend beim Bäcker und im direkt benachbarten Supermarkt noch etwas besorgen muss. Sie kommt um 13.00 Uhr dort an.

Weg/Fahrt 4: Um 13.15 Uhr geht sie zu Fuß nach Hause (Ankunft 13.25 Uhr).

Weg/Fahrt 5: Um 19.00 Uhr fährt Sie mit dem PKW (PKW-Nr. 2 im Haushalt*) nochmals in die Schule des Sohnes, um an einer Elternbeiratsitzung teilzunehmen.
** Die PKW-Nr. aus dem Haushaltfragebogen tragen Sie bitte ein, wenn in Ihrem Haushalt mehrere PKW zur Verfügung stehen.*

Weg/Fahrt 6: usw.

Anhang B

Anlagen zur Erhebungsmethode

Tabelle B 1: Ergebnisse des Pretests

Kritikfelder und Kritikpunkte	Konsequenz
Verständlichkeit / Schrift / Gestaltung	
Gruppen mit Schwierigkeiten (Alter < 15 J.; > 70 J.; geringe Bildung)	Hinweis in der Anleitung, Kindern zu helfen; Erinnerungsanruf; Hotline
Als Anleitung für das Mobilitätstagebuch wurden v.a. die Beispielwege verwendet; 2 Beispielpersonen ungünstig	Wege nur einer Beispielperson, durch zusätzliche Aktivitäten ergänzt
Filterführung bei Ziel/Zweck	Klares Layout
Inhalte	
Mobilitätstagebuch: Abschätzung der Distanzen zu Fuß und mit ÖV (systematisches Problem der Aktivitätenansätze)	Berücksichtigung bei der Interpretation von Ergebnissen
Items zuviel: „Umweltschutz" „bewährt" *und* „Gewohnheit"	 Entfällt „Hat sich bewährt/Gewohnheit"
Items fehlend: „Schon vorher damit unterwegs" „Als Sport/zur Bewegung" „Als Freizeiterlebnis"	Items wurden ergänzt
Zuordnung als Haushaltsmitglieder für alte Menschen und Kinder schwierig	Klareres Layout/ Erklärung „Eltern/Ehepartner/Geschwister"
Numerierung der Wege durch Probanden	erfolgt erst bei der Codierung
Personenfragebogen: Eine geschlossene Frage nach religiös/weltanschaulichen Wegen wurde von einigen Teilnehmern als zu persönlich bewertet.	Aufnahme in einen allgemeinen Aktivitäten-Katalog
Freizeit nicht genau definiert	genaue Definition nach StBA
Benzinpreiserhöhung auf 2,50 DM zu moderat	Erhöhung auf 3,00 DM
Umfang	
Personenfragebogen zu umfangreich	Kürzung um ca. 25%

(Anm.: Am Haushaltsfragebogen wurde keine Kritik geübt)

Infratest Burke©
Verkehrsforschung

INFORMATIONSBLATT FÜR DEN INTERVIEWER

Folgende Punkte *müssen* im Anwerbungsgespräch berücksichtigt werden:

- **Was** soll gemacht werden?
  - Der Haushaltsvorstand füllt für den Haushalt einen kurzen Fragebogen aus.
  - (Möglichst) alle Familienangehörigen sollen Angaben zu ihrem Verkehrsverhalten machen und 2 bzw. 3 Tage lang in einem Wegetagebuch ihre Mobilität bzw. ihre Nutzung von Verkehrsmitteln dokumentieren (Beispiel s. Rückseite)

- **Wann** soll das stattfinden?
  - Die Erhebung erfolgt in der Woche von 14. bis 20. Oktober 1997 wobei die Teilnehmer nur 2 bzw. 3 Tage in dieser Woche das Wegetagebuch führen.

- **Wer** soll teilnehmen ?
  - Jeder Familienangehörige ab 10 Jahren bekommt sein eigenes, persönliches Wegetagebuch.

- **Was** bekommt man dafür?
  - Für jeden teilnehmenden Haushalt gibt es von Infratest ein bezahltes Monatslos für die Aktion Sorgenkind-Lotterie, sowie gegen Mitte 1998 eine Übersicht über wichtige Erhebungsergebnisse.

- **Wie** läuft es im einzelnen ab?
  - Infratest schickt Ihnen einen Haushaltsfragebogen und für jedes Familienmitglied ab 10 Jahren ein persönliches Wegetagebuch.
  - Sie füllen diese Unterlagen aus und schicken sie in einem beiliegendem Rückkuvert an Infratest zurück, so daß für Sie die Rücksendung gebührenfrei ist.
  - Wenn Sie Fragen zum Ausfüllen der Unterlagen haben, steht Ihnen eine telefonische Hotline zur Verfügung. Wir helfen Ihnen dann gerne weiter.
  - Nach Erhalt der ausgefüllten Unterlagen schicken wir Ihnen das von Infratest bezahlte Los der ZDF-Fernsehlotterie zugunsten der Aktion Sorgenkind.

- **Datenschutz?**
  - **Es ist selbstverständlich, daß Ihre Daten vertraulich und anonym behandelt werden. Sie erhalten zusammen mit dem Fragebogen ein Informationsblatt zum Datenschutz.**

Folgende Punkte *können* im Anwerbungsgespräch berücksichtigt werden:

- **Was** nützt das ganze?
  - Die Untersuchung ist sehr wichtig, denn sie leistet einen wissenschaftlichen Beitrag zur Lösung von Verkehrsproblemen in Bayern.
  - Die Nutzung von Verkehrsmitteln ist ein Thema, zu dem alle Bewohner eines Landes ihre eigenen Erfahrungen, Meinungen und Wünsche haben. Für die Lösung von Verkehrsproblemen sollten deshalb die Verkehrsteilnehmer selbst befragt werden.

- **Wer** ist Infratest?
  - Infratest ist eines der größten Meinungsforschungsinstitute in der Bundesrepublik. Wir führen seit annähernd 30 Jahren Umfragen zum Verkehrsverhalten der Bundesbürger durch.

- **Wieso** gerade ich?
  - Vor einiger Zeit hat uns eine Person aus Ihrem Haushalt freundlicherweise ein Interview gegeben und war damit einverstanden, daß wir noch einmal anrufen.
  - Ihre Adresse ist ursprünglich nach einem mathematischen Zufallsverfahren aus Telefonbüchern ausgewählt worden. Daher ist es auch sehr wichtig, daß jeder Ausgewählte an der Untersuchung teilnimmt, damit Rückschlüsse auf die Gesamtbevölkerung möglich sind.

- Teilnahme erst nach **Rücksprache** mit der Familie?
  - Wenn die Zielperson am Telefon Bereitschaft zum Mitmachen zeigt, als Teilnahme werten und der Familie die Fragebögen erst einmal zuschicken!
  - Wenn die Zielperson am Telefon selbst noch unsicher ist, ob sie mitmachen will/darf, dann ggf. nochmaligen Anruf vereinbaren.

- Während der Untersuchungswoche **nicht zu Hause**?
  - Wenn die Zielperson angibt, während der gesamten Untersuchungswoche nicht zu Hause zu sein, dann bekommt der Haushalt keine Unterlagen zugeschickt.

TECHNISCHE UNIVERSITÄT MÜNCHEN

Mobilität '97

Institut für Sozialökonomik des Haushalts
Prof. Dr. G. Karg, Ph. D.
85350 Freising-Weihenstephan

Herrn
Dr. Karlheinz Mustermann
Musterhaus GmbH
Glockenspitz 413

99999 Musterhausen

19.09.99
DrK / 000001

Sehr geehrter Herr Dr. Mustermann,

Sie haben sich bereit erklärt, an unserer Studie teilzunehmen und über Ihre **Mobilität** bzw. Ihre **Nutzung von Verkehrsmitteln** Auskunft zu geben. Dafür möchten wir Ihnen herzlich danken.

Die Nutzung von Verkehrsmitteln ist ein Thema, zu dem alle Bewohner eines Landes ihre eigenen Erfahrungen, Meinungen und Wünsche haben. Für die Lösung von Verkehrsproblemen sollten deshalb **die Verkehrsteilnehmer selbst** befragt werden.

Ein vollständiges Bild der Verkehrsbeteiligung von privaten Haushalten in Bayern kann nur entstehen, wenn **alle** Personen ab 10 Jahren in den ausgewählten Haushalten an der Erhebung teilnehmen.
Deshalb bitte ich Sie und die Personen, die mit Ihnen in einem Haushalt zusammenleben, die Fragebögen und Wegetagebücher vollständig zu beantworten und zurückzuschicken. Bitte beachten Sie hierfür die Erläuterungen am Anfang des persönlichen Wegetagebuches und insbesondere die aufgedruckten Berichtstage.

Als Dankeschön für die Mitarbeit erhält Ihr Haushalt ein Los der "**Aktion Sorgenkind**". Selbstverständlich schicken wir Ihnen bei Teilnahme an der Erhebung auch eine Übersicht von Ergebnissen, die voraussichtlich Mitte 1998 vorliegen werden.

Die Befragung führen wir in Zusammenarbeit mit der ***Infratest Burke Verkehrsforschung*** durch. *Infratest* ist ein namhaftes Meinungsforschungsinstitut in der Bundesrepublik Deutschland und führt seit langer Zeit Umfragen zur Mobilität der Bevölkerung durch.
Infratest hilft Ihnen auch gerne telefonisch weiter. Wenn Sie noch Rückfragen haben, steht Ihnen folgende Hotline zur Verfügung: 089/5600 236. Gerne rufen wir Sie zurück.

Mit freundlichen Grüßen

Prof. Dr. Georg Karg, Ph.D.

P.S.: Diesem Schreiben liegen bei:
ein Haushaltsfragebogen,
pro Person ein persönliches Wegetagebuch mit Fragebogen und
ein Umschlag für die Rücksendung der ausgefüllten Unterlagen.

Infratest Burke GmbH & Co.

Infratest Burke
Wirtschaftsforschung
GmbH & Co.

Institut für Sozialökonomik
des Haushalts
Technische Universität München

Erklärung zum Datenschutz und zur absoluten Vertraulichkeit Ihrer Angaben bei mündlichen oder schriftlichen Interviews

Die **Infratest Burke-Institute und das Institut für Sozialökonomik des Haushalts** arbeiten nach den gesetzlichen Bestimmungen über den Datenschutz.

Die Ergebnisse einer Befragung werden ausschließlich in

- **anonymisierter Form und**
- **für Gruppen zusammengefaßt**

dargestellt. Das bedeutet: Niemand kann aus den Ergebnissen erkennen, von welcher Person die Angaben gemacht worden sind.

Das gilt auch bei einer möglichen Folge-Befragung und bei einer Wiederholungs-Befragung, wo es wichtig ist, nach einer bestimmten Zeit

noch einmal ein Interview mit derselben Person

durchzuführen und die statistische Auswertung so vorzunehmen, daß die Angaben aus mehreren Befragungen durch eine Code-Nummer, also ohne Namen und Adresse, miteinander verknüpft werden.

Auch hier gilt: **Außerhalb der Infratest Burke-Institute und des Instituts für Sozialökonomik des Haushalts gibt es keine Weitergabe von Daten, die Ihre Person erkennen lassen.**

Falls die um Teilnahme gebetene Person noch nicht 18 Jahre alt und zur Zeit kein Erwachsener anwesend ist: Bitte zeigen Sie dieses Merkblatt auch Ihren Eltern mit der Bitte, es billigend zur Kenntnis zu nehmen.

Für die Einhaltung der Datenschutzbestimmungen sind verantwortlich bei der

Infratest Burke GmbH & Co.:

Winfried Hagenhoff
Mitglied der Geschäftsleitung

Infratest Burke
Wirtschaftsforschung
GmbH & Co.:

Reinhold Weissbarth
Geschäftsführer

Institut für Sozialökonomik
des Haushalts
Technische Universität
München

Prof. Dr. Georg Karg
Leiter der Forschungsgruppe

Anschrift der Infratest Burke-Institute:
Landsberger Straße 338
80687 München
Telefon (0 89) 56 00 - 0
Telefax (0 89) 56 00 - 5 63

Fragen zum Datenschutz bei Infratest beantwortet:
Helmut Quitt
Betrieblicher Datenschutzbeauftragter der
Infratest Burke-Institute
Landsberger Straße 338
80687 München
Telefon (0 89) 5 60 03 58
Telefax (0 89) 5 60 04 39

Anschrift des Instituts für Sozialökonomik des Haushalts Technische Universität München:
Weihenstephaner Steig 17
85350 Freising
Telefon (0 81 61) 71 - 33 16
Telefax (0 81 61) 71 - 45 01

Auf der Rückseite dieser Erklärung zeigen wir Ihnen den Weg Ihrer Daten vom Fragebogen bis zur völlig anonymen Ergebnistabelle.

2/97, 0929685

Was geschieht mit Ihren Angaben?

1. Unser(e) Mitarbeiter(in) trägt oder Sie selbst tragen (bei einer schriftlichen Umfrage) Ihre Angaben in den Fragebogen ein, z.B. so:

Und welches Verkehrsmittel benutzen Sie überwiegend, um zu Ihrer Arbeitsstätte zu gelangen?

Pkw .... ( )
Bus/Bahn .... ( )
Fahrrad .... (-)
usw.

2. Beim durchführenden Institut werden Adresse und Fragenteil getrennt. Beide erhalten eine Code-Nummer. Wer dann den Fragebogen sieht, weiß also nicht, von wem die Antworten gegeben wurden. Die Adresse verbleibt bei den umseitig genannten Instituten, jedoch nur bis zum Abschluß der Gesamtuntersuchung. Sie dient – bei einer mündlichen Befragung – nur für stichprobenartige Interviewer-Kontrollen (Zusendung einer Postkarte, mit der Bitte, die Durchführung des Interviews zu bestätigen), und um Sie gegebenenfalls später für ein neues Interview noch einmal aufzusuchen, anzuschreiben oder anzurufen; dies kann durch jedes der beteiligten Institute geschehen.

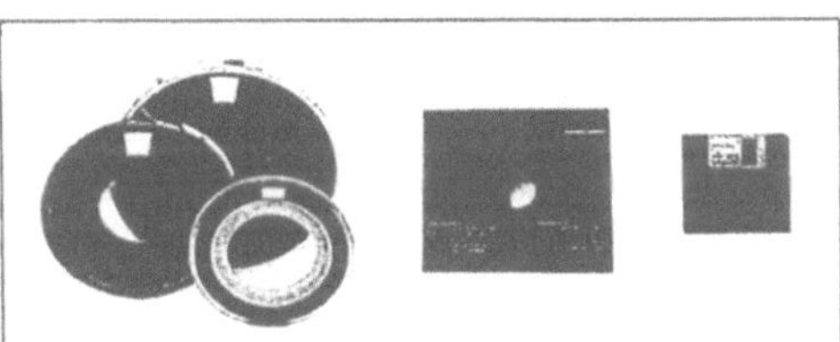

3. Die Interviewdaten des Frageteils werden in Zahlen umgesetzt und **ohne Ihren Namen und ohne Ihre Adresse** (also anonymisiert) auf einen Datenträger (Diskette, Magnetband) gebracht.

4. Dann werden die Interviewdaten (ohne Namen und Adresse) von einem Computer ausgewertet. Der Computer zählt z.B. alle Antworten pro Salzart und errechnet die Prozentergebnisse.

5. Das Gesamtergebnis und die Ergebnisse von Teilgruppen (z.B. Arbeiter, Angestellte) werden in Tabellenform ausgedruckt.

Welches Verkehrsmittel?

	Gesamt %	Arbeiter %	Angestellte %
Pkw	**56**	**49**	**61**
Bus/Bahn	**14**	**22**	**13**
Fahrrad	**6**	**5**	**7**
usw.			

6. Auch bei der Folge-Befragung oder Wiederholungs-Befragung werden Ihr Name und Ihre Anschrift stets von den Daten des Frageteils getrennt. Bei der Auswertung vergleicht der Computer – während er rechnet – pro Person, aber er tut das über die Code-Nummer (also niemals über Namen!), und druckt dann die Ergebnisse genauso anonymisiert aus wie bei der Einmal-Befragung.

7. In jedem Fall gilt: Ihre Teilnahme ist **freiwillig**. Bei Nicht-Teilnahme entstehen Ihnen **keine Nachteile.** Es ist selbstverständlich, daß die **Infratest Burke-Institute und das Institut für Sozialökonomik des Haushalts alle Vorschriften des Datenschutzes einhalten.**
Sie können absolut sicher sein, daß die **Infratest Burke-Institute und das Institut für Sozialökonomik des Haushalts**
- Ihren Namen und Ihre Anschrift nicht wieder mit Ihren Interviewdaten zusammenführen, so daß niemand erfährt, welche Antworten Sie gegeben haben.
- Ihren Namen und Ihre Anschrift nicht an Dritte weitergeben.
- keine Einzelheiten an Dritte weitergeben, die einen Rückschluß auf Ihre Person zulassen.

2/97, 0929685 ***Wir danken Ihnen für Ihre Mitwirkung und Ihr Vertrauen in unsere Arbeit!***

Mobilität `97

Teilnehmer-Information

Sehr geehrte Teilnehmerin, sehr geehrter Teilnehmer,

Sie haben im vergangenen Jahr an unserer Erhebung Mobilität `97 teilgenommen. Wir möchten uns heute nochmals herzlich dafür bedanken und Sie anhand einiger Beispiele darüber informieren, welche Ergebnisse aufgrund Ihrer Angaben berechnet werden konnten.

Mit freundliche Grüßen

Prof. Dr. Georg Karg

Warum sind die Bayern unterwegs?
Anteil der Kilometer für ...

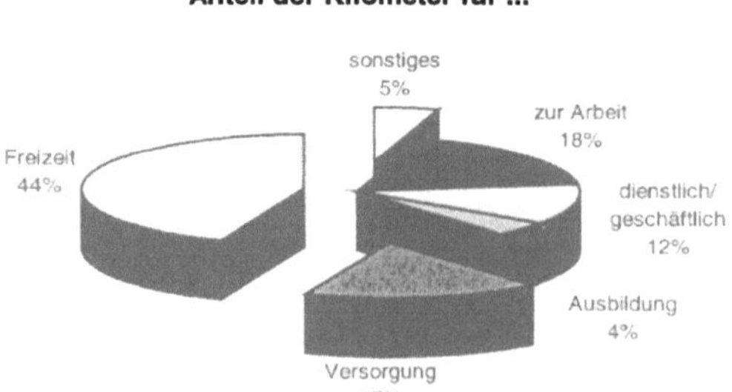

In unserer Mobilität spiegelt sich unser Leben wider.

Ein Drittel der Kilometer werden für den Weg zur Arbeit, Fahrten zu Kunden, Dienstreisen und zur Schule zurückgelegt.

Jeder fünfte Kilometer wird verwendet, um alltägliche Dinge einzukaufen, zum Arzt oder zum Friseur zu gelangen

Der **Freizeitverkehr** nimmt den größten Teil unserer Wege in Anspruch. Die Freizeitgestaltung ist aber auch vielfältiger als die anderen Zwecke.

Freizeitmobilität nutzen wir, um andere Menschen zu treffen, Sport zu treiben ...

... durchschnittlich 19 km ist man in Bayern pro Tag für Freizeit unterwegs (die Münchner sogar 23 km).

So verteilen die Bayern ihre Kilometer in der Freizeit

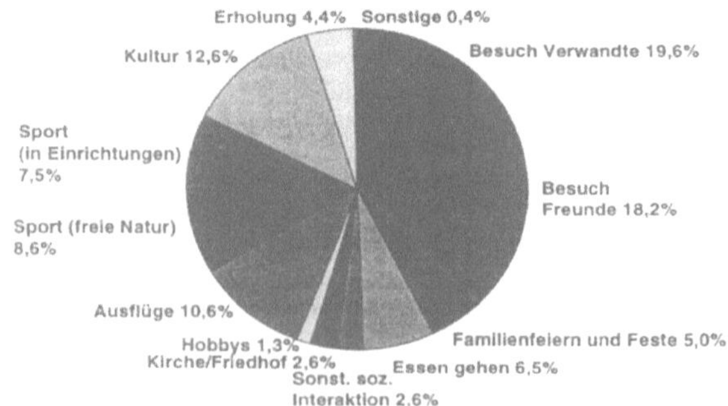

Welche Verkehrsmittel werden verwendet?

Anteil an allen Wegen

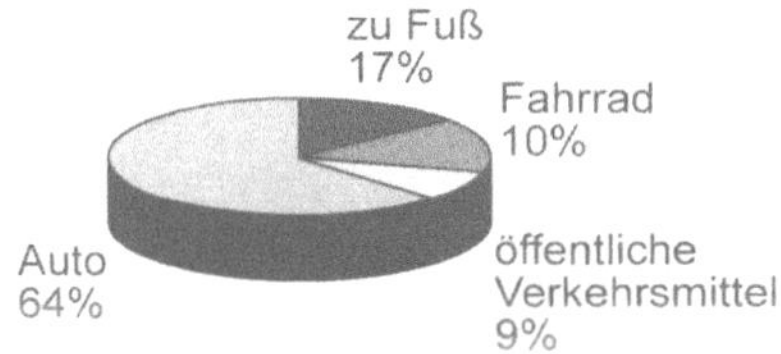

Das Auto wird als Verkehrsmittel für alle Streckenlängen und Zwecke eingesetzt. In den ländlichen Gebieten ist es häufig das einzig mögliche Verkehrsmittel.

Für die kurzen Wege innerorts wird zusätzlich auch das Fahrrad benutzt oder zu Fuß gegangen.

In den Großstädten wird das Angebot von U- und S-Bahn besonders für regelmäßige Fahrten (z.B. zur Arbeit) genutzt, die sich gut in die Fahrpläne einpassen lassen.

Mobilität ist nicht nur ein Spiegel unseres Lebensstils, sondern hängt auch von den Möglichkeiten, Gewohnheiten und Rahmenbedingungen ab.
Junge Erwachsene legen im Schnitt pro Tag doppelt so weite Strecken zurück wie die älteren ab 60. Das bedeutet aber nicht, daß diese grundsätzlich weniger mobil sind.
Familien mit Kindern haben andere Gewohnheiten als Singles. Auch das hat einen Einfluß auf die Mobilität.

Junge Erwachsene legen die weitesten Strecken zurück

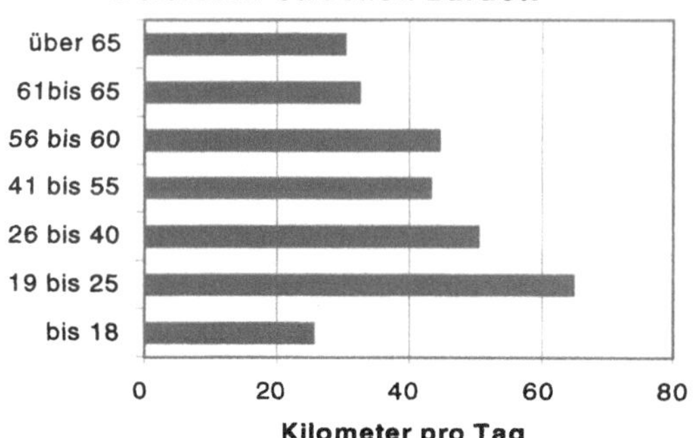

Meinungen zu den öffentlichen Verkehrsmitteln

Was müßte sich Ihrer Meinung nach ändern, damit wieder mehr mit öffentlichen Verkehrsmitteln gefahren wird?

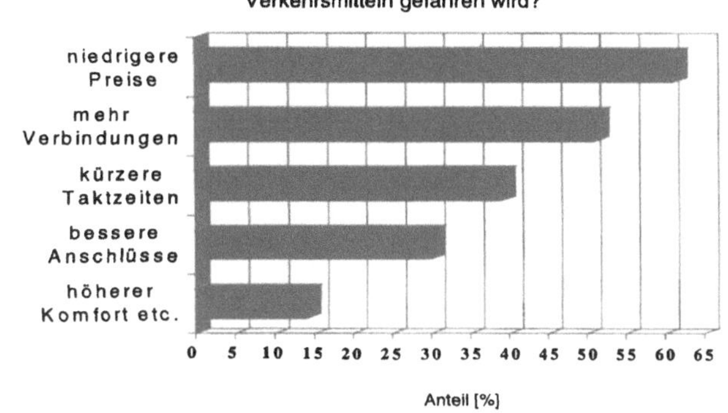

Wir hatten Sie auch nach Ihrer Meinung zu verkehrspolitischen Themen gefragt.

Ihre meistgenannten Verbesserungswünsche für die **öffentlichen Verkehrsmittel** sehen Sie in der Grafik.

Um den **Auto-Verkehr** wieder flüssiger zu machen, haben Sie eine Reihe von Maßnahmen vorgeschlagen: Diese reichen von baulichen über technische Maßnahmen bis hin zur Änderung des eigenen Verhaltens (z.B. öfter mal öffentliche Verkehrsmittel zu verwenden).

Anhang C
Stichprobenstatistik

Tabelle C 1: Stichprobensteuerung[1] nach BIK-Gemeindetypen

BIK-Typ (nach Ortstypen und Einwohnern)	Grundgesamtheit	Stichprobensteuerung				
		Brutto-Stichprobe ohne Aufstockung		Aufstockung brutto (Welle 3)	Brutto-Stichprobe mit Aufstockung	
[Tausend Einwohner]	[%]	[1]	[%]	[1]	[1]	[%]
Über 500; Kerngebiet (BIK 0)	24,5	311	23,0	115	426	28,3
Über 500; Stadtrandlage und Umland (BIK 1)	7,6	97	7,1	36	132	8,8
100 bis unter 500; Kerngebiet (BIK 2)	8,4	106	7,9	0	106	7,1
100 bis unter 500; Stadtrandlage und Umland (BIK 3)	5,4	68	5,0	0	68	4,5
50 bis unter 100; Kerngebiet (BIK 4)	3,9	76	5,6	0	76	5,1
50 bis unter 100; Stadtrandlage und Umland (BIK 5)	1,4	76	5,6	0	76	5,1
20 bis unter 50 (BIK 6)	5,7	73	5,4	0	73	4,8
5 bis unter 20 (BIK 7)	20,2	257	19,0	0	257	17,1
2 bis unter 5 (BIK 8)	15,0	192	14,1	0	191	12,7
Bis unter 2 (BIK 9)	7,7	98	7,3	0	98	6,5
Gesamt	**100,0**	**1350**	**100,0**	**151**	**1501**	**100**

Tabelle C 1a: Stichprobensteuerung[1] der Erhebungswellen nach BIK-Gemeindetypen

BIK-Typ (nach Ortstypen und Einwohnern)	Welle 1 brutto	Welle 2 brutto	Welle 3 ohne Aufstockung brutto	Welle 3 Aufstockung brutto	Summe Brutto-Stichprobe
[Tausend Einwohner]	[1]	[1]	[1]	[1]	[1]
Über 500; Kerngebiet (BIK 0)	104	92	115	115	426
Über 500; Stadtrandlage und Umland (BIK 1)	32	29	36	36	132
100 bis unter 500; Kerngebiet (BIK 2)	35	32	39	0	106
100 bis unter 500; Stadtrandlage und Umland (BIK 3)	23	20	25	0	68

Tabelle C 1a: Fortsetzung

BIK-Typ (nach Ortstypen und Einwohnern)	Welle 1 brutto	Welle 2 brutto	Welle 3 ohne Aufstockung brutto	Welle 3 Aufstockung brutto	Summe Brutto-Stichprobe
[Tausend Einwohner]	[1]	[1]	[1]	[1]	[1]
50 bis unter 100; Kerngebiet (BIK 4)	25	23	28	0	76
50 bis unter 100; Stadtrandlage und Umland (BIK 5)	25	23	28	0	76
20 bis unter 50 (BIK 6)	24	22	27	0	73
5 bis unter 20 (BIK 7)	86	76	95	0	257
2 bis unter 5 (BIK 8)	64	57	71	0	191
Bis unter 2 (BIK 9)	33	29	36	0	98
Gesamt	**450**	**400**	**500**	**151**	**1501**

Tabelle C 2: Rücklaufstatistik[1] nach BIK-Gemeindetypen

BIK-Typ (nach Ortstypen und Einwohnern)	Brutto-Stichprobe	Netto-Stichprobe	Rücklauf	Rücklauf nach BIK
[Tausend Einwohner]	[1]	[1]	[%]	[%]
Über 500; Kerngebiet (BIK 0)	426	285	67,0	28,9
Über 500; Stadtrandlage und Umland (BIK 1)	132	88	66,6	8,9
100 bis unter 500; Kerngebiet (BIK 2)	106	69	64,9	7,0
100 bis unter 500; Stadtrandlage und Umland (BIK 3)	68	44	65,2	4,5
50 bis unter 100; Kerngebiet (BIK 4)	76	54	71,1	5,5
50 bis unter 100; Stadtrandlage und Umland (BIK 5)	76	50	65,8	5,1
20 bis unter 50 (BIK 6)	73	52	71,7	5,3
5 bis unter 20 (BIK 7)	257	159	62,0	16,1
2 bis unter 5 (BIK 8)	191	122	64,0	12,4
Bis unter 2 (BIK 9)	98	63	64,4	6,4
Gesamt	**1501**	**986**	**65,7**	**100,0**

Tabelle C 3: Stichprobensteuerung und Rücklaufstatistik nach Haushaltsgröße

Haushalts - Größe	Grundgesamtheit [2]		Stichprobensteuerung ohne Aufstockung		Rücklauf mit Aufstockung	
[1]	[1]	[%]	[1]	[%]	[1]	[%]
1	1903	35,2	475,2	35,2	200	20,3
2	1678	31,1	419,85	31,1	282	28,6
3	821	15,2	205,2	15,2	221	22,4
4	701	13,0	175,5	13,0	207	21,0
5 und mehr	302	5,6	75,6	5,6	76	7,7
Gesamt	**5404**	**100,0**	**1350**	**100,0**	**986**	**100,0**

Tabelle C 4: Rücklaufstatistik nach Altersgruppen

Altersgruppen	Grundgesamtheit 31.12.1996 [1]		Rücklauf mit Aufstockung	
[Jahre]	[1]	[%]	[1]	[%]
Bis unter 6*	658.451	5,5	231	8,8
6 bis unter 10*	560.610	4,7	172	6,5
10 bis unter 15	642.086	5,3	194	7,4
15 bis unter 18	388.714	3,2	100	3,8
18 bis unter 21	368.992	3,1	90	3,4
21 bis unter 25	532.649	4,4	91	3,4
25 bis unter 30	916.378	7,6	182	6,9
30 bis unter 35	1.094.838	9,1	285	10,8
35 bis unter 40	1.010.839	8,4	287	10,9
40 bis unter 44	856.116	7,1	237	9,0
45 bis unter 60	2.337.788	19,4	496	18,8
60 bis unter 65	689.830	5,7	88	3,3
65 bis unter 74	991.102	8,2	131	5,0
74 und älter	995.476	8,3	55	2,1
Gesamt	**12.043.869**	**100,0**	**2639**	**100,0**

* Für Personen unter 10 Jahren wurden nur die Personen-Merkmale des Haushaltsfragebogens erfaßt.

Die Erhebung wurde nicht nach dem Alter gesteuert.

Quellen: [1] Infratest (o.J.)
[2] Bayerisches Landesamt für Statistik und Datenverarbeitung (1997, S. 37)

Anhang D

Aktivitäten und Ortstypen

Tabelle D1: Systematik der Aktivitäten

Code	Bedeutung
100	***Erwerbsbereich***
101	Zur Arbeit
102	Dienstlich / geschäftlich
110	Weiterbildung
111	Ausbildung
190	Sonstige erwerbswirtschaftliche Aktivitäten
200 bis 700 Unterhaltsbereich	
200	**Information**
300	**Beschaffung**
310	**Kleidung und Möbel**
311	Kleidung
312	Möbel
313	Hausrat
314	Geschenke
320	**Bau- und Gartenbedarf**
330	**Tanken**
340	**Apothekenartikel**
350	**Dienstleistungen im Gesundheitswesen**
351	Ärztliche Versorgung
359	Sonstige DL im Gesundheitswesen
360	**Dienstleistungen ohne Gesundheitswesen**
361	Gastronomie (ohne soziale Interaktion)
362	Hotellerie (z.B. Übernachtung)
363	Bank / Post
364	Kosmetik / Friseur
365	Für den Pkw
369	Sonstige Dienstleistungen
370	**Unentgeltliche Hilfe von Verwandten**
390	**Sonstige Beschaffung (nur Güter)**

Tabelle D1: Fortsetzung

Code	Bedeutung
400	**Produktion**
410	**Service (haushaltseigene Personen und Sachen)**
411	Service für Haushaltsmitglieder (≥ 10 Jahre)
412	Service für Haushaltsmitglieder im Kindesalter (< 10 Jahre)
413	Service haushaltseigenes Transportgut (auch Tiere)
419	Unspezifizierter Service (nur Personen)
420	**Erziehung von Kindern**
421	Betreung von Kindern (z.B. an einem Spielplatz)
429	Sonstige Aktivitäten im Bereich der Erziehung (z.B. Elternabend)
430	**Hauswirtschaftliche Produktion und sonstige Dienstleistungen (Ernte im Nutzgarten, Waschen im Salon)**
470	**Unentgeltliche Hilfe von Verwandten**
490	**Sonstige hauswirtschaftliche Produktion und Bereitstellung von haushaltsinternen Dienstleistungen**
499	Sonst. Service
500	**Freizeit**
510	**Soziale Interaktion**
511	Verwandte (nicht im Haushalt lebend)
512	Freunde
513	Feste und Familienfeiern
514	Essen gehen
519	Sonstige soziale Interaktion
520	**Weltanschauung**
521	Gottesdienstbesuch
522	Friedhofbesuch / Grabpflege
529	Sonstige weltanschauliche Aktivitäten (nur Teilnahme!)
530	**Hobbies**
531	Kulturelle Hobbies (z.B. selbst singen, musizieren, theaterspielen)
539	Sonstige Hobbies
540	**Ausflüge**
541	Stadt- / Einkaufsbummel

Tabelle D1: Fortsetzung

Code	Bedeutung
542	Aktivitäten in Wochenendhaus / Wohnwagen / Almhütte / Schrebergarten
549	Sonstige Ausflüge
550	**Zwischenstopps zum Umstieg auf mobilen Freizeit-Sport**
551	Start für Spazierengehen / Wandern / Bergsteigen
552	Start für Radfahren
553	Start für Jogging
554	Start für Inlineskating
555	Ziel / Ende von physiologisch-geographischer Bewegung
559	Sonstiger Zwischenstop (nur Start) zum Umstieg auf Freizeitsport in der freien Natur
560	**Freizeitsport aktiv betreiben in Sporteinrichtungen bzw. -gebieten**
561	Fußballspielen u. andere Mannschaftssportarten
562	Gymnastik / Aerobic etc.
563	Schwimmen / Sauna
564	Kegeln / Billard / Dart
565	Tennis / Squash / Badminton / Tischtennis / Golf
566	Wassersport / Angeln (ohne Schwimmen)
567	Skifahren und anderer Wintersport
569	Sonstiger Freizeitsport
570	**Inanspruchnahme von Kultur**
571	Theater / Konzert besuchen
572	Film ansehen
573	Tanzen
574	Sportveranstaltung besuchen
575	Volksfest besuchen
576	Freizeitpark besuchen
577	Museum / botanischer Garten / andere Besichtigungsorte besuchen
578	Zoologischer Garten / Tierpark besuchen
579	Sonstige Inanspruchnahme von Kultur

Tabelle D1: Fortsetzung

Code	Bedeutung
580	**Erholung**
581	Erholungspause unterwegs
582	Faulenzen / Erholen
589	Sonstige Erholung
590	**Sonstige Freizeitgestaltung und Konsum**
600	**Entsorgung**
700	**Sonstige unterhaltswirtschaftliche Aktivitäten**
701	Aktivitäten zu Hause
800	***Transferbereich***
810	**Service (haushaltsfremder Personen und Sachen)**
811	Service für haushaltsfremde Personen (≥ 10 Jahre)
812	Service für haushaltsfremdes Kind (< 10 Jahre)
813	Service haushaltsfremdes Transportgut
819	Unspezifizierter Service
820	**Haushälterische und karitative Hilfeleistungen in anderen Haushalten**
821	Hilfe bei der Hausarbeit
822	Hilfe bei handwerklichen Tätigkeiten
823	Hilfe bei der Pflege / Betreuung (nur Personen)
829	Sonstige private Hilfe in/für anderen Haushalte(n)
830	**Institutionalisiertes Engagement**
831	Sport-Vereine
832	Freiwillige Feuerwehr
833	Hilfsorganisationen (z.B. THW / Rotes Kreuz)
834	Politische Parteien / Bürgerinitiativen / politische Verbände etc.
835	Kirchen / Religionsgemeinschaften
836	Kulturelle Vereine (Musikverein / Theatergruppe)
839	Sonstiges Aktivitäten des Transferbereichs
890	**Sonstige Aktivitäten des Transferbereichs**
900	**Sonstige Aktivitäten**

Tabelle D2: Systematik der Ortstypen

Code	Bedeutung	Ortsbindung
	Private Wohnung / privates Grundstück	
10	Eigene Wohnung / eigenes Haus	stark
11	Wohnung der Verwandten	stark
12	Wohnung der Freunde	stark
13	Ferienwohnung / Campingstellplatz	stark
14	Schrebergarten / Fischteich	stark
15	Zweitwohnung	stark
19	Sonstige	stark
	Einzelhandel / Dienstleistung / Gastronomie	
20	Lebensmittelgeschäft / Supermarkt	mittel
21	Bekleidungsgeschäft / Sportgeschäft	mittel
22	Gärtnerei / Blumengeschäft / Baumarkt	mittel
23	Kaufhaus / Einkaufszentrum / Möbelhaus	mittel
24	Friseur / Kosmetik - Studio etc.	mittel
25	Handwerksbetrieb	mittel
26	Werkstatt / Tankstelle / Waschanlage (nur KFZ)	mittel
27	Café / Bistro / Eisdiele / Imbiss / Kneipe	mittel
28	Hotel / Restaurant / Gasthaus / Lokal	mittel
29	Sonstige	mittel
	Orte der Pflege / med. Versorgung	
31	Arzt	mittel
32	Apotheke	mittel
33	Krankenhaus	stark
34	Altenheim	stark
39	Sonstige	mittel
	Bank / Post / Behörden / öffentliche Plätze	
41	Bank	mittel
42	Post	mittel
43	Behörde	stark
44	Bahnhof / Flughafen	mittel
45	Friedhof	stark

Tabelle D2: Fortsetzung

Code	Bedeutung	Ortsbindung
46	Dorfplatz / Spielplatz	mittel
47	Parkplatz / Parkhaus	mittel
49	Sonstige	mittel
	Orte für Freizeit und Erholung / kulturelle Orte	
51	Freie Natur (z.B Wald, See)	schwach
52	Sportplatz, Sport- / Turn- / Reithalle	mittel
53	Tierpark, Zoo, Freizeitpark	schwach
54	Disco / Tanzlokal	mittel
55	Fitnesscenter / Schwimmhalle	mittel
56	Kino / Konzerthalle / Theater	mittel
57	Museum / Besichtigungsorte / botanischer Garten	schwach
58	Jugend- / Gemeindezentrum	stark
59	Sonstige	schwach
	Organisationen u. Einrichtungen	
60	Eigener Arbeitsplatz	stark
61	Partei	stark
62	Kirche / Pfarrzentrum	stark
63	Feuerwehr	stark
64	Bürgerzentrum / VHS / Musikschule / Stadtbücherei	mittel
65	Schule / Hochschule	stark
66	Kindergarten / Hort	stark
67	Arbeitsstätte (für nicht dort Angestellte)	stark
68	Dienstlich / geschäftlicher Ort	stark
69	Sonstige	stark
	Nicht genauer erfassbare Orte	
71	Ballungsraum (z.B. München)	schwach
72	Städte / Großstädte	schwach
73	Zentrum / Innenstadt	schwach
74	Ausflugsort	schwach
75	Kurzreiseziel	schwach
79	Sonstige	schwach

Tabelle D2: Fortsetzung

Code	Bedeutung	Ortsbindung
80	**Orte der Entsorgung**	mittel
90	**Keine Angabe**	–

Anhang E

Anlage zu den Ergebnissen

Tabelle E 1: Zufriedenheit mit der Anbindung an den ÖV nach BIK-Gemeindetypen

Zufriedenheit mit Anbindung an ÖV	BIK-Gemeindetyp										Total
	0	1	2	3	4	5	6	7	8	9	
Sehr zufrieden											
Anzahl	136	17	28	8	17	5	15	24	15	2	267
Erwartete Anzahl	78,4	23,5	19,3	11,2	14,8	12,9	14,6	42,6	33,1	16,5	267
Innerhalb Zufriedenheit mit Anbindung an ÖV [%]	50,9	6,4	10,5	3,0	6,4	1,9	5,6	9,0	5,6	0,7	100,0
Innerhalb BIK [%]	48,6	20,2	40,6	20,0	32,1	10,9	28,8	15,8	12,7	3,4	28,0
Von allen [%]	14,3	1,8	2,9	0,8	1,8	0,5	1,6	2,5	1,6	0,2	28,0
Insgesamt zufrieden											
Anzahl	117	46	30	21	32	30	28	84	51	24	463
Erwartete Anzahl	136	40,8	33,5	19,4	25,7	22,3	25,3	73,8	57,3	28,7	463
Innerhalb Zufriedenheit mit Anbindung an ÖV [%]	25,3	9,9	6,5	4,5	6,9	6,5	6,0	18,1	11,0	5,2	100,0
Innerhalb BIK [%]	41,8	54,8	43,5	52,5	60,4	65,2	53,8	55,3	43,2	40,7	48,6
Von allen [%]	12,3	4,8	3,1	2,2	3,4	3,1	2,9	8,8	5,4	2,5	48,6
Sollte verbessert werden											
Anzahl	27	21	11	11	4	11	9	44	52	33	223
Erwartete Anzahl	65,5	19,7	16,1	9,4	12,4	10,8	12,2	35,6	27,6	13,8	223
Innerhalb Zufriedenheit mit Anbindung an ÖV [%]	12,1	9,4	4,9	4,9	1,8	4,9	4,0	19,7	23,3	14,8	100,0
Innerhalb BIK [%]	9,6	25,0	15,9	27,5	7,5	23,9	17,3	28,9	44,1	55,9	23,4
Von allen [%]	2,8	2,2	1,2	1,2	0,4	1,2	0,9	4,6	5,5	3,5	23,4
Zusammen											
Anzahl	280	84	69	40	53	46	52	152	118	59	953
Keine Angabe	5	4	0	4	1	4	0	7	4	4	33
Insgesamt	285	88	69	44	54	50	52	159	122	63	986

n=986 Haushalte

Tabelle E 2: Allgemeine Kennzahlen zur Mobilität von Personen

Kriterium	Anzahl (2083 ≙ 100%)	Anteil [%]
PKW-Fahrerlaubnis	1666	80,0
Motorrad-Fahrerlaubnis	451	21,7
LKW-Fahrerlaubnis	201	9,6
Fahrrad-Verfügung	1683	80,8
Kraftrad-Verfügung	219	10,5
PKW-Verfügung (auch Mitfahren)	1944	93,3
PKW-Hauptnutzer (als Fahrer(in))	1102	52,9
PKW-Mitnutzer (als Fahrer(in))	490	23,5
Private Dienstwagennutzung	80	3,8
Regelmäßige Fahrgemeinschaft	264	12,7
Car-Sharing-Mitgliedschaft	14	0,7
ÖV-Netzkarte	390	18,7
Bahncard	141	6,8
Nutzung von Bahn-Sonderangeboten	323	15,5

n=2083 Personen ab 10J.; Mehrfachnennungen sind möglich.

Tabelle E 3: Individualverkehrsmittel nach der persönlichen Nutzungshäufigkeit[1]

Nutzungs-häufigkeit	PKW (n=1944)		Kraftrad (n=219)				Fahrrad (n=1683)			
	Anzahl	Anteil [%]	Anzahl		Anteil [%]		Anzahl		Anteil [%]	
			Jahreszeit		Jahreszeit		Jahreszeit		Jahreszeit	
			kalt	Warm	kalt	warm	kalt	warm	kalt	warm
Täglich	829	42,6	15	41	6,8	18,7	159	429	9,4	25,5
Mehrmals pro Woche	759	39,9	5	72	2,3	32,8	167	610	9,9	36,2
Ca. 1x pro Woche	193	10,2	8	31	3,7	14,2	89	241	5,3	14,3
Ca. 1-2 x pro Monat	55	2,9	7	21	3,2	9,6	58	127	3,4	7,5

Tabelle E 3: Fortsetzung

Nutzungs-häufigkeit	PKW (n=1944)		Kraftrad (n=219)				Fahrrad (n=1683)			
	Anzahl	Anteil [%]	Anzahl		Anteil [%]		Anzahl		Anteil [%]	
			Jahreszeit		Jahreszeit		Jahreszeit		Jahreszeit	
			kalt	Warm	kalt	warm	kalt	warm	kalt	warm
Seltener	58	3,1	25	27	11,4	12,3	280	231	16,7	13,6
Nie	6	0,3	111	24	50,7	11,0	612	22	36,4	1,3
Keine Angabe	44	2,3	48	3	21,9	1,4	318	23	18,9	1,4
Insgesamt	1944	100,0	219	219	100,0	100,0	1683	1683	100,0	100,0

[1] nur Personen, denen das Verkehrsmittel zur Verfügung steht (PKW auch als Mitfahrer(in))

Tabelle E 4: Freizeitneigung nach Wochentagen

Freizeitneigung	Werktage (Mo - Fr)		
	Anzahl	Anteil [%]	Gültiger Anteil[1] [%]
Ausschließlich zuhause	157	7,5	7,9
Überwiegend zuhause	1170	56,3	59,2
Etwa zu gleichen Teilen zuhause und außer Haus	555	26,6	28,1
Überwiegend außer Haus	91	4,4	4,6
Ausschließlich außer Haus	3	0,1	0,2
Keine Angabe	107	5,1	–
Insgesamt	2083	100,0	100,0
Freizeitneigung	**Samstag**		
	Anzahl	**Anteil [%]**	**Gültiger Anteil[1] [%]**
Ausschließlich zuhause	60	2,9	3,2
Überwiegend zuhause	782	37,5	41,7
Etwa zu gleichen Teilen zuhause und außer Haus	826	39,7	44,1
Überwiegend außer Haus	194	9,3	10,4
Ausschließlich außer Haus	12	0,6	0,6

Tabelle E 4: Fortsetzung

Freizeitneigung	Samstag		
	Anzahl	**Anteil [%]**	**Gültiger Anteil[1] [%]**
Keine Angabe	209	10,0	–
Insgesamt	2083	100,0	100,0
Freizeitneigung	**Sonntag**		
	Anzahl	**Anteil [%]**	**Gültiger Anteil[1] [%]**
Ausschließlich zuhause	61	2,9	3,2
Überwiegend zuhause	691	33,2	36,7
Etwa zu gleichen Teilen zuhause und außer Haus	920	44,2	48,8
Überwiegend außer Haus	204	9,8	10,8
Ausschließlich außer Haus	9	0,4	0,5
Keine Angabe	198	9,5	–
Insgesamt	2083	100,0	100,0

n=2083 Personen ab 10J.; [1] Anteil ohne keine Angaben.

Tabelle E 5: Gewünschte Aktivitäten bei mehr verfügbarer Zeit

Aktivitäten	Anzahl (2083 ≙ 100%)	Anteil [%]
Mit Familie verbringen	1045	50,1
Mit Freunden verbringen	1011	48,5
Kulturelle Veranstaltungen, Museen oder ähnliches besuchen	586	28,1
Ausflüge machen	1059	50,8
Reisen unternehmen	970	46,6
Sport treiben	704	33,8
Sich engagieren	137	6,6

n=2083 Personen ab 10J.; Mehrfachnennungen sind möglich.

Tabelle E 6: Gewünschte Geldverwendung bei mehr verfügbarem Geld

Geldverwendung	Anzahl (2083 ≙ 100%)	Anteil [%]
Weniger arbeiten	392	18,8
Sparen/Altersvorsorge	1266	60,8
Direkte Unterstützung anderer	242	11,6
Spenden für einen guten Zweck	397	19,1
Möbel kaufen	308	14,8
Besser wohnen	347	16,7
Haus mieten oder kaufen	453	21,7
Reisen unternehmen	1267	60,8
Kleidung kaufen	750	36,0
Neues/neueres bzw. größeres Auto kaufen	318	15,3
Technische Geräte kaufen	384	18,4
Sportgeräte/-artikel kaufen	250	12,0

n=2083 Personen ab 10J.; Mehrfachnennungen sind möglich.

Tabelle E 7: Tatsächlicher und gewünschter Wohnstandort[1]

Wohnstandort des Haushalts	Persönlich gewünschter Wohnstandort	Anzahl	Anteil[2] [%]
Zentrum einer Großstadt	Zentrum einer Großstadt	70	**36,6**
	Stadtrand / Vorort Großstadt	58	30,4
	Zentrum mittelgroße Stadt	14	7,3
	Stadtrand / Vorort mittelgroße Stadt	12	6,3
	Kleinstadt/große Gemeinde	8	4,2
	Auf dem Land	29	15,2
	Zusammen	191	100,0
Stadtrand/Vorort Großstadt	Zentrum einer Großstadt	25	7,5
	Stadtrand / Vorort Großstadt	212	**63,7**
	Zentrum mittelgroße Stadt	4	1,2
	Stadtrand / Vorort mittelgroße Stadt	46	13,8

Tabelle E 7: Fortsetzung

Wohnstandort des Haushalts	Persönlich gewünschter Wohnstandort	Anzahl	Anteil[2] [%]
Stadtrand/Vorort Großstadt	Kleinstadt / große Gemeinde	11	3,3
	Auf dem Land	35	10,5
	Zusammen	333	100,0
Zentrum mittelgroße Stadt	Zentrum einer Großstadt	10	7,6
	Stadtrand / Vorort Großstadt	24	18,2
	Zentrum mittelgroße Stadt	44	**33,3**
	Stadtrand / Vorort mittelgroße Stadt	33	25,0
	Kleinstadt / große Gemeinde	9	6,8
	Auf dem Land	12	9,1
	Zusammen	132	100,0
Stadtrand / Vorort mittelgroße Stadt	Zentrum einer Großstadt	7	2,8
	Stadtrand / Vorort Großstadt	20	7,9
	Zentrum mittelgroße Stadt	10	3,9
	Stadtrand / Vorort mittelgroße Stadt	167	**65,7**
	Kleinstadt / große Gemeinde	13	5,1
	Auf dem Land	37	14,6
	Zusammen	254	100,0
Kleinstadt / große Gemeinde	Zentrum einer Großstadt	11	2,3
	Stadtrand / Vorort Großstadt	52	10,8
	Zentrum mittelgroße Stadt	25	5,2
	Stadtrand / Vorort mittelgroße Stadt	43	9,0
	Kleinstadt / große Gemeinde	266	**55,4**
	Auf dem Land	83	17,3
	Zusammen	480	100,0
Auf dem Land	Zentrum einer Großstadt	17	2,7
	Stadtrand / Vorort Großstadt	39	6,2
	Zentrum mittelgroße Stadt	13	2,1
	Stadtrand / Vorort mittelgroße Stadt	54	8,6
	Kleinstadt / große Gemeinde	75	12,0

Tabelle E 7: Fortsetzung

Wohnstandort des Haushalts	Persönlich gewünschter Wohnstandort	Anzahl	Anteil[2] [%]
Auf dem Land	Auf dem Land	429	**68,4**
	Zusammen	627	100,0
Keine Angabe		66	–
Insgesamt		2083	–

n=2083 Personen ab 10J.;
[1] Es wird jeweils die Selbsteinschätzung des Wohnstandorts des Haushaltsfragebogens mit dem gewünschten Wohnstandort im Personenfragebogen verglichen. Es handelt sich dabei nicht um die BIK-Gemeindetypen.
[2] Der Anteil der mit der Art des Wohnstandortes zufriedenen Personen ist **fett** ausgewiesen.

Tabelle E 8: Wege, Distanzen und Personen nach Handlungsbereichen

Handlungs-bereiche	Anzahl	Anteil [%]	Gültiger Anteil[1] [%]	Distanzen [km]	Anteil [%]	Gültiger Anteil[1] [%]	Personen gem. unter-wegs*
Erwerbs-bereich	3657	27,0	28,0	53959	36,1	38,5	1,3
Unterhalts-bereich	8693	64,2	66,5	79019	52,9	56,3	1,8
Transfer-bereich	716	5,3	5,5	7310	4,9	5,2	1,8
Keine Angaben	478	3,5	–	9114	6,1	–	–
Insgesamt	13545	100,0	100,0	149403	100,0	100,0	1,6

n=13545 Wege (ohne nach-Hause-Wege); [1] Anteil ohne keine Angaben.

Tabelle E 9: Wege, Distanzen und Personen des Erwerbsbereichs nach Aktivitäten

Aktivitäten	Anzahl	Anteil [%]	Distanzen [km]	Anteil [%]	Personen gem. unterwegs*
Zur Arbeit	2130	58,2	25860	47,9	1,1
Dienstlich / geschäftlich	782	21,4	21023	39,0	1,3
Weiterbildung	20	0,6	298	0,6	1,1

* Durchschnittliche Anzahl der Personen, die gemeinsam für diesen Wegzweck unterwegs sind (5% trimmed mean)

Tabelle E 9: Fortsetzung

Aktivitäten	Anzahl	Anteil [%]	Distanzen [km]	Anteil [%]	Personen gem. unterwegs*
Ausbildung	633	17,3	5331	9,9	1,8
Sonst. erwerbliche Aktivitäten	92	2,5	1448	2,7	1,3
Insgesamt	3657	100,0	53959	100,0	1,3

n=3657 Wege (ohne nach-Hause-Wege)

Tabelle E 10: Wege, Distanzen und Personen des Unterhaltsbereichs nach Aktivitätengruppen

Aktivitätengruppen	Anzahl	Anteil [%]	Distanzen [km]	Anteil [%]	Personen gem. unterwegs*
Information	184	2,1	1655	2,1	1,8
Beschaffung von Waren	2616	30,1	13589	17,2	1,5
Beschaffung von Dienstleistungen	988	11,4	8027	10,2	1,4
Produktion	1201	13,8	7156	9,1	1,9
Freizeit	3606	41,5	48426	61,3	2,1
Entsorgung	97	1,1	166	0,2	1,4
Sonstige	1	0,0	0	0,0	2,0
Insgesamt	8693	100,0	79019	100,0	1,8

n=8693 Wege (ohne nach-Hause-Wege)

Tabelle E 11: Wege, Distanzen und Personen des Transferbereichs nach Aktivitätengruppen

Aktivitätengruppen	Anzahl	Anteil [%]	Distanzen [km]	Anteil [%]	Personen gem. unterwegs*
Servicewege für andere Haushalte	409	57,1	4540	62,1	2,1
Informelle Hilfe	168	23,4	2004	27,4	1,5
Ehrenamtliches Engagement	140	19,5	766	10,5	1,4
Insgesamt	716	100,0	7310	100,0	1,8

n=716 Wege (ohne nach-Hause-Wege)

*Durchschnittliche Anzahl der Personen, die gemeinsam für diesen Wegzweck unterwegs sind (5% trimmed mean).

Tabelle E 12: Wege, Distanzen und Personen für die Beschaffung von Waren nach Aktivitäten

Aktivitäten	Anzahl	Anteil [%]	Distanzen [km]	Anteil [%]	Personen gem. unterwegs*
Täglicher Bedarf	1733	66,3	6074	44,7	1,4
Kleidung	83	3,2	965	7,1	2,2
Möbel	32	1,2	432	3,2	2,1
Hausrat	15	0,6	174	1,3	2,4
Geschenke	22	0,8	206	1,5	1,7
Bau und Garten	115	4,4	602	4,4	1,7
Tanken	110	4,2	1009	7,4	1,5
Apothekenartikel	57	2,2	160	1,2	1,6
Sonstige Güter	448	17,1	3967	29,2	1,7
Insgesamt	2616	100,0	13589	100,0	1,5

n=2616 Wege (ohne nach-Hause-Wege)

Tabelle E 13: Wege, Distanzen und Personen für die Beschaffung von Dienstleistungen nach Aktivitäten

Aktivitäten	Anzahl	Anteil [%]	Distanzen [km]	Anteil [%]	Personen gem. unterwegs*
Arzt	217	21,9	1790	22,3	1,4
Dienstleistung für Gesundheit	71	7,2	377	4,7	1,3
Gastronomie	130	13,2	989	12,3	1,8
Hotellerie	38	3,9	1788	22,3	2,6
Bank/Post	252	25,5	841	10,5	1,3
Kosmetik / Friseur	58	5,9	368	4,6	1,3
Dienstleistung für PKW	75	7,6	661	8,2	1,3
Sonstige Dienstleistung	135	13,6	1184	14,7	1,5
Hilfe von Verwandten	11	1,2	31	0,4	1,9
Insgesamt	988	100,0	8027	100,0	1,4

n=988 Wege (ohne nach-Hause-Wege)

*Durchschnittliche Anzahl der Personen, die gemeinsam für diesen Wegzweck unterwegs sind (5% trimmed mean)

Tabelle E 14: Wege, Distanzen und Personen für die haushälterischen Produktion nach Aktivitäten

Aktivitäten	Anzahl	Anteil [%]	Distanzen [km]	Anteil [%]	Personen gem. unterwegs*
Service für Personen ab 10 Jahren	342	28,5	2302	32,2	1,9
Service für Personen unter 10 J.	520	43,3	1861	26,0	2,0
Sonst. Service	50	4,2	696	9,7	1,8
Transport	95	7,9	1093	15,3	1,5
Kinderbetreuung	45	3,7	177	2,5	3,0
Sonst. Erziehung	16	1,3	47	0,7	1,4
Ernte im Nutzgarten / Waschen etc.	90	7,5	359	5,0	1,6
Sonst. haushälterische Produktion	43	3,6	620	8,7	1,7
Insgesamt	1201	100,0	7156	100,0	1,9

n=1201 Wege (ohne nach-Hause-Wege)

Tabelle E 15: Wege, Distanzen und Personen in der Freizeit nach Aktivitäten

Aktivitäten	Anzahl	Anteil [%]	Distanzen [km]	Anteil [%]	Personen gem. unterwegs*
Besuch Verwandte	564	15,6	9887	20,4	2,2
Besuch Freunde	844	23,4	9143	18,9	1,9
Feste	178	4,9	2522	5,2	2,6
Essen gehen	245	6,8	3318	6,9	2,9
Sonstige soziale Interaktion	88	2,4	1306	2,7	2,1
Kirche / Friedhof	262	7,3	1344	2,8	2,0
Hobbys	99	2,7	656	1,4	1,4
Ausflüge	171	4,7	5244	10,8	2,4
Sport (freie Natur)	294	8,1	2622	5,4	2,2
Sport (in Einrichtungen)	438	12,1	3805	7,9	1,8
Kultur	360	10,0	6168	12,7	2,6
Erholung	33	0,9	2229	4,6	1,9
Sonstige	30	0,8	183	0,4	2,2
Insgesamt	3606	100,0	48426	100,0	2,1

n=3606 Wege (ohne nach-Hause-Wege)

*Durchschnittliche Anzahl der Personen, die gemeinsam für diesen Wegzweck unterwegs sind (5% trimmed mean).

Tabelle E 16: Ausgewählte Aktivitäten nach durchschnittlicher Entfernung und Häufigkeit

Aktivität	**n**	**Durchschnittl. Entfernung [km]**	**kumulierte Distanz [km]**
Zur Arbeit	2120	12,3	26076
Dienstlich / geschäftlich	765	27,3	20885
Kontakt Verwandte	558	17,7	9877
Kontakt Freunde	831	11,0	9141
Täglicher Bedarf	1697	3,6	6109
Ausbildung	632	8,5	5372
Service für hh-fremde P. ≥ 10 J.	279	13,2	3683
Essen gehen	244	13,6	3318
Sonst. Ausflüge	30	114,0	3420
Service für Haushaltsm. ≥ 10 J.	342	6,7	2291
Zum Spazierengehen	111	18,5	2054
Hilfe (hausw. / handw. / pflegerisch)	166	12,0	1992
Service für Haushaltsm. <10 J.	515	3,6	1854
Arzt	217	8,5	1845
Information	181	9,1	1655
Gottesdienst / Friedhof / sonst. Welta.	260	5,2	1352
Sportveranstaltung	74	15,3	1132
Schwimmen / Kegeln / Tennis	131	8,0	1048
Kleidung	81	12,0	972
Theater	58	16,4	951
Bank / Post	246	3,4	836
Ehrenamt	133	5,6	745
Dienstleistung Pkw	73	9,0	657
Hobbys	97	6,7	650
Bau- und Gartenbedarf	115	5,2	598
Film ansehen	46	8,7	400
Service für hh-fremde P. < 10 J.	64	6,1	390
Friseur	58	6,3	365
Fitness	88	4,1	361

Tabelle E 16: Fortsetzung

Aktivität	n	Durchschnittl. Entfernung [km]	kumulierte Distanz [km]
Haushälterische Produktion	90	4,0	360
Kinderbetreuung / sonst. Erziehung	60	3,7	222
Entsorgung	97	1,7	166
Apothekenartikel	56	2,8	157

n=10515 Wege

Tabelle E 17: Modal Split nach ausgewählten Aktivitäten

Aktivität	n	zu Fuß [%]	Fahrrad [%]	ÖV [%]	mIV [%]
Tanken	110	0,0	0,0	0,0	100,0
Service für Haushaltsm. ≥ 10 J.	338	3,3	0,3	0,0	96,4
Zum Spazierengehen	111	1,8	0,9	3,6	93,7
Service für hh-fremde P. ≥ 10 J.	284	4,2	1,1	1,4	93,3
Dienstleistung für den PKW	73	5,5	5,5	0,0	89,0
Dienstlich / geschäftlich	772	5,0	1,7	5,3	88,0
Bau- und Gartenbedarf	115	6,1	7,8	0,0	86,1
Transport (ohne Beschaffung)	94	9,6	5,3	4,3	80,8
Feste	177	14,7	2,8	4,0	78,5
Kleidung	83	12,1	4,8	8,4	74,7
Kontakt Verwandte	564	16,3	5,9	3,9	73,9
Information	185	13,5	8,6	4,9	73,0
Entsorgung	97	22,7	5,1	0,0	72,2
Sonst. erw. Aktivitäten	93	14,0	8,6	5,4	72,0
Zur Arbeit	2140	10,7	9,2	9,6	70,5
Service für Haushaltsm. < 10 J.	517	23,0	6,6	0,6	69,8
Fitness	88	13,6	8,0	9,1	69,3
Mannschaftssport	83	6,0	21,7	3,6	68,7
Friedhof	92	17,4	6,5	7,6	68,5

Tabelle E 17: Fortsetzung

Aktivität	n	zu Fuß [%]	Fahrrad [%]	ÖV [%]	mIV [%]
Essen gehen	244	19,7	8,2	4,1	68,0
Hauswirtschaftliche Produktion	90	11,1	20,0	1,1	67,8
Sonst. soziale Interaktion	88	20,5	6,8	5,7	67,0
Sonst. Freizeitsport	102	13,7	16,7	2,9	66,7
Sportveranstaltung	75	18,7	12,0	4,0	65,3
Alle Aktivitäten	**21474**	**17,5**	**9,7**	**7,9**	**64,9**
Arzt	218	15,6	7,3	12,4	64,7
Täglicher Bedarf	1729	25,9	11,1	2,2	60,8
Kontakt Freunde	843	22,1	10,9	6,9	60,1
Sonst. Güterbeschaffung	448	20,6	10,0	10,7	58,7
Dienstleistung für Gesundheit	71	9,9	19,7	12,7	57,7
Bank / Post	252	21,0	16,3	5,2	57,5
Gastronomie	131	30,5	7,6	4,6	57,3
Sonst. Dienstleistungen	135	19,2	11,9	11,9	57,0
Gottesdienst	130	31,6	12,3	1,5	54,6
Bummeln gehen	120	20,8	2,5	26,7	50,0
Ausbildung	638	18,6	16,5	44,5	20,4
Ziel phys. Bewegung	151	94,0	4,0	(2,0)	0,0

Tabelle E 18: Tourenanzahl und kumulierte Distanzen nach Tourenzweck

Tourenzweck	Anzahl	Anteil [%]	Gültiger Anteil[1] [%]	kumulierte Distanz [km]	Anteil [%]	Gültiger Anteil[1] [%]
Erwerb	2767	30,9	33,0	91411	41,9	44,6
Unterhalt	5321	59,4	63,5	108546	49,7	53,0
Darunter						
Beschaffung / Produktion	*3111*	*34,7*	*37,1*	*46807*	*21,4*	*22,9*
Freizeit	*2210*	*24,7*	*26,4*	*61739*	*28,3*	*30,2*

Tabelle E 18: Fortsetzung

Tourenzweck	Anzahl	Anteil [%]	Gültiger Anteil[1] [%]	kumulierte Distanz [km]	Anteil [%]	Gültiger Anteil[1] [%]
Transfer	291	3,3	3,5	4791	2,2	2,3
Keine Angabe	583	6,5	–	13616	6,2	-
Insgesamt	8963	100,0	100,0	218364	100,0	100,0

n=8963 Touren (inkl. nach-Hause-Wege); [1] Anteil ohne keine Angaben.

Tabelle E 19: Tourenlänge nach mIV-Beteiligung

Tourenlänge	ohne mIV-Beteiligung (n=3184 Touren)		mit mIV-Beteiligung (n=5751 Touren)		Zusammen (n=8935 Touren)	
	Anzahl	Anteil [%]	Anzahl	Anteil [%]	Anzahl	Anteil [%]
Bis unter 1 km	444	13,9	13	0,2	456	4,8
1 km bis unter 2 km	572	18,0	158	2,7	731	7,7
2 km bis unter 3 km	512	16,1	379	6,6	890	9,3
3 km bis unter 5 km	475	14,9	606	10,5	1693	24,2
5 km bis unter 10 km	475	14,9	983	17,1	1458	15,3
10 km bis unter 20 km	295	9,3	1222	21,3	1517	15,9
20 km bis unter 50 km	240	7,5	1379	24,0	1619	17,0
50 km und mehr	124	3,9	989	17,2	1114	11,7
Keine Angabe	47	1,5	23	0,4	70	0,7
Insgesamt	3184	100,0	5751	100,0	8935	100,0

Tabelle E 20: Subjektive Beurteilung der Dringlichkeit nach Aktivitäten

Aktivität	n (≙ 100%)	Davon dringlich [%]	Aktivität	n (≙ 100%)	Davon dringlich [%]
Sonst. Unterhalt	(1)	(100,0)	Sonst. Freizeit	(31)	(25,8)
Sonst. Erziehung	(16)	(87,5)	Kegeln etc.	(39)	(25,6)
Ausbildung	558	82,4	Sonst. hw. Produktion	41	24,4
Zur Arbeit	1985	78,5	Fitness	79	21,5
Freiwillige Feuerwehr	(20)	(75,0)	Täglicher Bedarf	1646	21,3
Dienstlich / Geschäftlich	733	71,8	Produktion	87	19,5
Engagement Religion	(28)	(71,4)	Kontakt Verwandte	578	18,9
Sonst. Engagement	(26)	(65,4)	Tennis etc.	50	18,0
Service Haushaltsm. < 10 J.	488	63,5	Gottesdienst	146	17,8
Pflege	(24)	(62,5)	Kinderbetreuung	45	17,8
Engagement Sportverein	(29)	(62,1)	Sonst. soz. Interaktion	94	17,0
Arzt	185	61,6	Bau- und Gartenmarkt	104	15,4
Dienstleistung Gesundheit	63	58,7	Friedhof	92	15,2
Dienstleistung PKW	67	56,7	Information	173	13,9
Engagement Politik	(9)	(55,6)	Kosmetik / Friseur	57	12,3

Tabelle E 20: Fortsetzung

Aktivität	n (≙ 100%)	Davon dringlich [%]	Aktivität	n (≙ 100%)	Davon dringlich [%]
Transport	55	54,5	Sonst. Hobbys	41	12,2
Keine Angabe	(13)	(53,8)	Wintersport	(17)	(11,8)
Hilfe Hausarbeit	43	53,5	Sportveranstaltung	87	11,5
Sonst. erwerbw. Aktivitäten	91	52,7	Entsorgung	93	10,8
Weiterbildung	(21)	(52,4)	Sonst. Güter	433	10,6
Kulturelle Hobbys	58	50,0	Eigenes Freizeitziel	(19)	(10,5)
Engagement Kultur	(8)	(50,0)	Kontakt Freunde	853	9,6
Vergeblicher Weg	(6)	(50,0)	Volksfest	76	9,2
THW, Rotes Kreuz etc.	(4)	(50,0)	Hilfe von Verwandten	(11)	(9,1)
Sonst. Hilfe	49	46,9	Sonst. Erholung	(11)	(9,1)
Service für hh-fremde P. < 10 J.	72	45,8	Gastronomie	133	8,3
Sonst. hw. Produktion	47	44,7	Kleidung	76	7,9
Sonst. Weltanschauung	(37)	(43,2)	Sonst. Kultur	43	7,0
Sonst. Dienstleistungen	124	42,7	Sonst. Ausflüge	(29)	(6,9)
Hotellerie	(34)	(41,2)	Bummeln gehen	120	6,7
Tanken	100	40,0	Theater	60	6,7

Tabelle E 20: Fortsetzung

Aktivität	n (≙100%)	Davon dringlich [%]
Mannschaftssport	85	40,0
Apothekenartikel	55	40,0
Sonst. Transfer	(5)	(40,0)
Sonst. Service	(5)	(40,0)
Service für Haushaltsm. ≥ 10 J.	308	39,9
Bank / Post	228	39,9
Alle Aktivitäten	**21134**	**34,6**
Feste	181	33,7
Service für hh-fremde P. ≥ 10 J.	282	33,3
Transport	97	33,0
Wegbedingte Pause	(25)	(32,0)
Geschenke	(17)	(29,4)
Hausrat	(17)	(29,4)
Sonst. Freizeitsport	97	28,9
Nach Hause	8463	28,3
Tanzen	(18)	(27,8)
Handw. Hilfe	46	26,1

Aktivität	n (≙ 100%)	Davon dringlich [%]
Möbel	(31)	(6,5)
Schwimmen	49	6,1
Essen gehen	255	3,5
Ziel phys. Bewegung	156	2,6
Museum	43	2,3
Zum Spazierengehen	114	1,8
Film ansehen	45	0,0
Faulenzen	(18)	(0,0)
Wassersport / Angeln	(10)	(0,0)
Sonst. Start (Freizeit)	(8)	(0,0)
Zum Radfahren	(8)	(0,0)
Tierpark besuchen	(7)	(0,0)
Zum Jogging	(7)	(0,0)
Zum Inlineskating	(7)	(0,0)
Freizeitparks	(6)	(0,0)
Erholungspause	(5)	(0,0)

Tabelle E 21: Wege nach Zielorten

Zielorte	Anzahl	Anteil [%]
Wohnungen anderer privater Haushalte	2104	15,7
Einzelhandel und Dienstleistungen	2872	21,4
Gastronomie	782	5,8
Medizinische Versorgung	514	3,8
Bank, Post, Behörden	303	2,3
Klassische Freizeitziele	1834	13,7
Arbeitsplatz, Organisationen, Einrichtungen	4603	34,3
Sonstige	409	3,0
Insgesamt	13421	100,0

n=13421 Wege (ohne nach-Hause-Wege)

Tabelle E 22: Subjektive Gründe für die Verkehrsmittelwahl nach Verkehrsbereichen

Subjektive Gründe für die Verkehrsmittelwahl	zu Fuß (n = 3739) [%]	Rad (n =2029) [%]	ÖV (n = 1630) [%]	mIV (n = 14004) [%]	Alle (n = 21402) [%]
Vorher damit unterwegs	14,1	33,1	16,6	35,0	29,7
Bewährt / Gewohnheit	21,6	35,2	40,6	18,2	22,1
Keine andere Möglichkeit	13,7	8,0	41,5	35,8	29,7
Passt zur Entfernung	49,5	41,4	18,3	11,3	21,3
Kürzeste Zeitdauer	1,1	17,2	18,6	25,7	20,0
Viel Gepäck	0,3	0,6	1,4	10,3	6,9
Ist bequem	3,2	10,3	19,5	18,5	15,1
Ist flexibel	2,1	15,6	2,6	11,7	9,7
Ist kostengünstig	7,9	22,9	13,6	3,7	7,0
Als Sport / zur Bewegung	23,5	27,1	1,8	0,2	6,9
Als Freizeiterlebnis	6,1	9,5	1,7	1,3	2,9
Gutes Wetter	19,3	24,9	4,8	4,9	9,3
Schlechtes Wetter	2,6	2,8	6,6	7,5	6,1

Tabelle E 23: Beurteilung der Aktivität nach Verkehrsbereichen

Beurteilung der Aktivität	zu Fuß (n = 3739) [%]	Rad (n = 2029) [%]	ÖV (n = 1630) [%]	mIV (n = 14004) [%]	Alle (n = 21402) [%]
War verpflichtend/musste (dringend) dort hin	26,6	35,0	43,3	35,4	34,4
Hätte ich ein anderes mal erledigen können	2,9	2,1	1,3	1,7	1,9
Hatte ich vorher geplant	41,4	40,7	34,6	44,8	42,9
War kurzfristig	8,5	6,9	2,6	6,5	6,6
Ist mir unterwegs eingefallen	1,9	2,2	1,3	1,8	1,8
Lag gerade günstig	3,3	2,7	1,5	3,0	2,9

Tabelle E 24: Tatsächliche und als zum Verkehrsmittel passende Wegelänge nach Fortbewegungsarten

Verkehrsmittel differenziert	Durchschnittliche Wegelänge		Wegelänge (Percentilen)					
			25.		50.		75.	
	Alle [km]	Nur „pass. zur Entfern." [km]	Alle [km]	Nur „pass. zur Entfern." [km]	Alle [km]	Nur „pass. zur Entfern." [km]	Alle [km]	Nur „pass. zur Entfern." [km]
Zu Fuß (n_a = 3510; n_p= 1805)	1,2	0,7	0,4	0,3	0,6	0,5	1,2	1,0
Fahrrad (n_a = 2002; n_p= 827)	3,1	1,7	1,0	0,7	1,5	1,0	3,0	2,0
ÖV[1] (n_a = 1369; n_p= 241)	14,8	15,9	4,0	3,1	7,0	6,0	15,0	15,9
Park and Ride (Fahrer) (n_a = 57; n_p= 12)	47,4	67,9	14,5	30,0	20,0	65,0	93,4	105,9
Park and Ride (Mitf.) (n_a = 69; n_p= 17)	35,7	39,1	15,0	5,0	21,6	18,0	32,0	89,0

Tabelle E 24: Fortsetzung

Verkehrsmittel differenziert	Durchschnittliche Wegelänge		Wegelänge (Percentilen)					
			25.		50.		75.	
	Alle [km]	Nur „pass. zur Entfern." [km]	Alle [km]	Nur „pass. zur Entfern." [km]	Alle [km]	Nur „pass. zur Entfern." [km]	Alle [km]	Nur „pass. zur Entfern." [km]
Bike and Ride (n_a = 66; n_p= 13)	28,3	37,6	13,0	13,8	16,0	15,5	25,0	37,3
Pkw als Fahrer (n_a= 10383; n_p=1027)	12,6	22,7	2,0	5,0	5,0	10,5	12,0	25,0
Pkw als Mitfahrer (n_a = 3282; n_p= 488)	17,3	27,7	2,5	5,0	6,0	11,3	15,0	30,0
Kraftrad (n_a = 192; n_p= 50)	10,3	5,1	1,5	0,6	4,0	1,8	9,0	5,3

[1] ÖV inklusive Kombination mit Fußwegen, ohne Park and Ride und Bike and Ride

Tabelle E 25: Zielzwecke im Vergleich mit KONTIV '89

KONTIV-Zwecke	KONTIV '89[1] (n=109732 Wege)	Mobilität '97 (n=21474 Wege)
Arbeit	11,0	10,1
Dienstlich / geschäftlich	2,5	3,6
Ausbildung	3,8	2,9
Einkauf	12,0	12,7
Nach Hause	45,9	40,0
Wirtschaftliche Tätigkeit	0,1	0,0
Service	1,1	4,6
Freizeitwege	21,6	19,4
Inanspruchnahme von Dienstleistungen	2,0	6,7
Insgesamt	100,0	100,0

Quelle: [1] Eigene Berechnung mit dem KONTIV-Datensatz.

Tabelle E 26: Allgemeine Kennzahlen im Vergleich mit anderen Erhebungen

Indikator	**Mobilität '97 (Bayern, 1997)**	**Vergleichserhebungen**		
		Mobilitätspanel (Deutschland, 1996)[1]	**Verkehrsverhalten in der Schweiz 1994**[2]	**KONTIV '89 (alte Bundesrepublik, 1989)**[3]
Anteil mobiler Personen [%]	94	93	88	85
Mobilitätsrate aller Personen	3,9	3,5	3,2	2,8
Mobilitätsrate mobiler Personen	4,2	3,7	3,7	3,2
Mobilitätsstreckenbudget aller Personen [km]	44	40	33	27
Mobilitätsstreckenbudget mobiler Personen [km]	46	43	38	32
Mobilitätszeitbudget aller Personen [min]	82	81	83	61
Mobilitätszeitbudget mobiler Personen [min]	88	87	88	72
Durchschnittliche Wegelänge [km]	10,8	11,5	10,2	9,8
Durchschnittliche Wegedauer [min]	21	–	26	22

Quellen: [1] Chlond et al., 1997, S. 85
[2] BAfSt, 1996, S. 76 u. S. 104
[3] Kloas und Kunert, 1993, S. 87

Epilog

alles tun auf dieser welt
hat seine *mobilität*
es gibt einen weg zur arbeit
und einen weg zur ruhe
eine mobilmachung für den krieg
und eine friedensbewegung
der pilger fliegt zur heiligen stadt
in der schlucht raftet der manager
nichts geht ohne bewegung
selbst die langsamkeit braucht sie
um erkannt zu werden
auch der stillstand wäre nichts
ohne den vergleich
die schwingung der atome
die blätter im wind
die gestirne im all
alles fließt
durch raum und zeit

bewegung
heißt
leben

Aristoteles: Über die Seele (I,2)